Safari-Reiseführer
Gambia & Senegal

SÄUGETIERE, REPTILIEN, VÖGEL UND NATIONALPARKS

RUUD TROOST

ISBN9789082208146

Vorwort

1990 habe ich zum ersten Mal die Länder Gambia und Senegal besucht. Der Tourismus steckte damals noch in den Kinderschuhen - an der senegalesischen Küste traf man hauptsächlich Franzosen und in den Strandhotels Gambias Briten. In den letzten 30 Jahren hat das Interesse an beiden Ländern enorm zugenommen, und auch das weite Hinterland wird immer öfter bereist. In beiden Ländern kann man sehr gut Rundreisen mit Strandurlaub kombinieren. Vor allem für Vogelbeobachter ist dieser Teil Westafrikas mit seiner schier unerschöpflichen Artenvielfalt ein echtes Paradies.

Der vorliegende Safari-Reiseführer ist der zweite von Africa Safari Media herausgegebene Feldführer. Bereits erschienen ist der „Afrika Safari-Reiseführer" über das östliche und südliche Afrika. Das Wort „Safari" stammt aus dem Ki-Swahili und bedeutet „Reise". Die meisten Leser werden bei dem Wort „Safari" auch gleich an Naturparks und Tierbeobachtung denken. Viele Naturparks in Gambia und im Senegal haben im Gegensatz zu den Parks in den sogenannten Safari-Ländern meist keinen Schutzstatus und kaum Infrastruktur oder Kontrollen. Der Parc National du Niokolo-Koba im Senegal ist eine Ausnahme: In diesem Naturschutzgebiet wird aktiv Artenschutz betrieben - einer der Gründe dafür, warum hier noch Löwen und Elefanten leben. Reisen finden in speziell ausgestatteten Fahrzeugen mit einem Guide statt.

Im Norden herrschen wüstenähnliche klimatische Bedingungen, im Süden ist es hingegen deutlich feuchter und subtropisch. Der Effekt der verschiedenen Klimazonen in diesen Ländern ist besonders faszinierend. So auch in den Nationalparks in der nördlichen und südlichen Ferlo-Region mit Sahara-Einfluss, den Savannen des Niokolo Koba im Südosten und den Deltas der Flüsse Casamance und Saloum im Westen.

In diesem Feldführer finden Sie Informationen über die Tierarten, die Sie hier beobachten können. Viele Vogel- und Affenarten leben auch in den Gärten der Strandhotels, das ist jedoch kein Vergleich zu den Eindrücken auf einer Entdeckungsreise durch die wunderschöne, abwechslungsreiche Flora und Fauna dieser Länder.

Ruud Troost

Inhalt

SENEGAL 4
GAMBIA 6
NATURPARKS SENEGAL 9
NATURPARKS GAMBIA 15
JAHRESZEITEN 18
ALGEMEINE INFORMATIONEN 20
SÄUGETIERE 24
REPTILIEN 83
VÖGEL 102
INDEX 256
CHECKLISTE 276

Senegal

Die Republik Senegal (Hauptstadt: Dakar) grenzt an Mali, Guinea, Guinea-Bissau, Gambia und Mauretanien und umfasst eine Fläche von 197.000 km^2. Der Senegal-Strom bildet die nördliche Grenze zu Mauretanien. Senegal hat um die 16 Millionen Einwohner.
Etwa 40 Prozent der Bevölkerung lebt auf dem Land. 2017 betrug das Pro-Kopf-Einkommen 2.620 US $ (in Deutschland 51.760 US $).
Wichtige Wirtschaftszweige sind: Bergbau, Bauwesen, Tourismus, Landwirtschaft und Fischerei. Exportiert werden vor allem Fisch, Erdnüsse, Erdölprodukte, Futtermittel und Baumwolle. Etwa 95 % der Bevölkerung sind muslimisch. Die Amtssprache ist Französisch, die ethnische Vielfalt ist jedoch sehr groß und entsprechend auch die Anzahl regionaler Sprachen. Die wichtigsten ethnischen Gruppen sind die Wolof, Fulbe, Sérères, Tukulör, Diola und Madingo. Das Klima im Norden Senegals wird von der Sahara beeinflusst, während der mittlere Teil des Landes in der Sahelzone liegt (weniger als 600 mm Niederschlag pro Jahr). Ganz im Süden herrscht tropisches Savannenklima. Die Trockenzeit dauert im Norden von Mitte Oktober bis Mitte Juni und im Süden von November bis Mitte Mai.
Im Süden beginnt die Regenzeit mit dem afrikanischen Monsun ab Mitte Juni und dauert bis Mitte Oktober. Wenige Wochen später beginnt der Monsun auch im Norden, die Niederschlagsmenge beträgt dort jedoch aufgrund der stärkeren Verdunstung nicht einmal die Hälfte.
Der Atlantik prägt das Klima in Dakar mit nur geringen Temperaturunterschieden. In anderen Landesteilen sind die Temperaturunterschiede größer, vor allem vor dem Monsun ist es sehr warm. Auch während der Regenzeit („hivernage") ist die Hitze enorm, vor allem im Süden.

Ab dem 15. Jahrhundert konkurrierten die Niederlande, Portugal und England um das Handelsgebiet des heutigen Senegals. Die erste französische Handelsniederlassung wurde hier 1624 gegründet. Ab 1677 hatte Frankreich auf der Insel Gorée (einst nach der südholländischen Insel Goeree benannt) vor der Küste bei Dakar einen wichtigen Ausgangspunkt für den Sklavenhandel. Ab 1850 vergrößerte Frankreich seinen Einfluss auf dem Festland und gründete 1854 eine Kolonie. 1890 wurde die Kolonie in „Französisch-Sudan" umbenannt.
Der Senegal wurde am 20. August 1960 unabhängig. Dies geschah nach dem Rückzug aus der knapp einen Monat zuvor von Frankreich unabhängig gewordenen Mali-Föderation, einem losen Bündnis zwischen Senegal und Mali nach der Unterzeichnung eines Unabhängigkeitsvertrags mit Frankreich am 4. April desselben Jahres. Zwischen 1982 und 1989 bildete der Senegal unter dem Namen „Senegambia" eine Konföderation mit dem vom Senegal umschlossenen Gambia. Die beiden Länder fanden jedoch nie richtig zusammen. Bis 2004 war in der Casamance-Provinz eine bewaffnete Unabhängigkeitsbewegung (Movement of Democratic Forces of Casamance) aktiv. Deren Anhänger fühlten sich von der senegalesischen Wolof-Mehrheit unterdrückt. Im September 2002 wurde dann ein Waffenstillstand vereinbart, und es fanden Friedensgespräche statt.
Im Januar 2003 entbrannten die bewaffneten Konflikte zwischen der Armee und dem MDFC jedoch aufs Neue. Am 31. Dezember 2004 unterzeichneten die Rebellen und die Regierung offiziell einen Friedensvertrag, und im Februar und März 2012 fanden Wahlen ohne nennenswerte Zwischenfälle statt. Am 26. März 2012 wurde der neue Präsident Macky Sall gewählt, und seit Juli 2014 ist Mohammed Dionee Präsident.

Gambia

Die Republik Gambia ist ein vom Senegal umgebenes westafrikanisches Land am Atlantik mit der Hauptstadt Banjul. Das Land besteht aus einem schmalen Landstreifen entlang des Gambia-Flusses. Mit einer Fläche von 11.300 km^2 ist es das kleinste Land des afrikanischen Kontinents. Von Ost nach West misst Gambia etwa 320 km. Und von Nord nach Süd variiert die Breite zwischen 20 und 50 km. In Gambia wohnen gut zwei Millionen Menschen. Amtssprache ist Englisch, aufgrund der großen Vielfalt an ethnischen Gruppen werden jedoch viele regionale Sprachen gesprochen.
Die wichtigsten Stämme sind die Mandinka, Wolof, Fulani, Dyda, Sérères und Serahule. Gambia ist ein weitgehend islamisches Land. Etwa 90 % der Bevölkerung sind sunnitisch.
Das Klima ist subtropisch, mit einer Trocken- und einer Regenzeit. Die Trockenzeit ist von Mitte Oktober bis Mitte Juni, März bis Mai sind mit durchschnittlich zehn Sonnenstunden pro Tag die sonnenreichsten Monate. Der Nordostwind (Harmattan) weht in diesen Monaten aus der Sahara und bringt teilweise Sand statt Regen. Gegen Ende der Trockenzeit kann das Thermometer bis auf 40° steigen. Durch die Wärme entstehen regelmäßig Wirbelstürme: die „Tonkolong". Die Regenzeit erstreckt sich von Mitte Juni bis Mitte Oktober. Im Juli, August und September fällt der meiste Regen, und die Hälfte der Gesamtmenge im August. Meistens regnet es nachts und morgens.
Wirtschaftlich gehört Gambia zu den schwächsten Ländern der Welt. 2017 betrug das Pro-Kopf-Einkommen 1.670 $ (in Deutschland 51.760 $). Agrarprodukte machen ein Drittel der Wirtschaftsleistung Gambias aus. Wichtige Exportprodukte, insbesondere nach China, sind Cashew- und Erdnüsse, Fisch und Leder. Der Tourismus trägt derzeit etwa 20 % zur Wirtschaftsleistung bei.
Nach einer bewegten Geschichte, in der mehrere Völker benachbarter Königreiche in das Land eindrangen, rückten 1456 die Portugiesen auf dem Gambia-Fluss vor. Auf einer Insel im Fluss wurde ein Handelsposten namens Ilha de San André gegründet, und die Portugiesen beherrschten das gesamte Gebiet entlang des Flusses. Ab 1501 wurden die ersten Sklaven verkauft, vor allem nach Spanien. Die Briten betrieben den Sklavenhandel noch stärker, und der erste große Sklaventransport nach Großbritannien fand 1562 statt. Unmittelbar danach begannen die Sklaventransporte nach Amerika und in die Karibik. Zwischen 1501 und 1856 wurden schätzungsweise drei Millionen Sklaven aus Senegambia nach Amerika transportiert. 1856 schaffte Amerika die Sklaverei ab. Gambia und der Sklavenhandel sind das Hauptthema in Alex Haleys Bestseller „Roots", und auch die gleichnamige Fernsehserie war sehr beeindruckend. Später wurde Gambia zum Spielball der Großmächte Frankreich und Großbritannien, seine Grenzen wurden auf der Berliner Konferenz 1884 festgelegt. Es heißt, dass die Grenzen rundum Gambia außerhalb der Schussweite der damaligen britischen Kanonenboote gezogen wurden.

Am 18. Februar 1965 wurde Gambia unabhängig vom Vereinigten Königreich. 1967 unterzeichneten Gambia und der Senegal ein Kooperationsabkommen, das beide Länder zu einem Land vereinen sollte: Senegambia. 1976 wurden die Grenzen zwischen den beiden Ländern neu festgelegt, und zwischen 1982 und 1989 bildeten sie einen Staatenbund. Dieser Vertrag wurde 1989 aufgekündigt, weil Senegal den Eindruck hatte, dass Gambia sich nicht schnell genug entwickelte. Gambia entschied sich daraufhin für eine erneute Selbständigkeit. 1970 wurde Gambia eine Republik und Jawara ihr erster Präsident. In der Republik kam es von Anfang an zu Verschwörungen und diversen Machtwechseln, was auch wirtschaftliche Konsequenzen zur Folge hatte. Die politischen Unruhen dauerten lange an. Im Dezember 2016 wurde der heutige Präsident Adama Barrow gewählt, und der autoritäre Herrscher Yahya Jammeh trat ab.

Senegal

1 Parc National Djoudj
2 Réserve de Faune du Ndiaël
3 Réserve Sylvo-Pastoral
4 Réserve de Faune du Ferlo Nord & Sud
5 Parc National du Niokolo-Koba
6 Forêt de Thies & Reserve de Bandia
7 Parc National de la Basse Casamanche
8 Parc National du Delta du Saloum

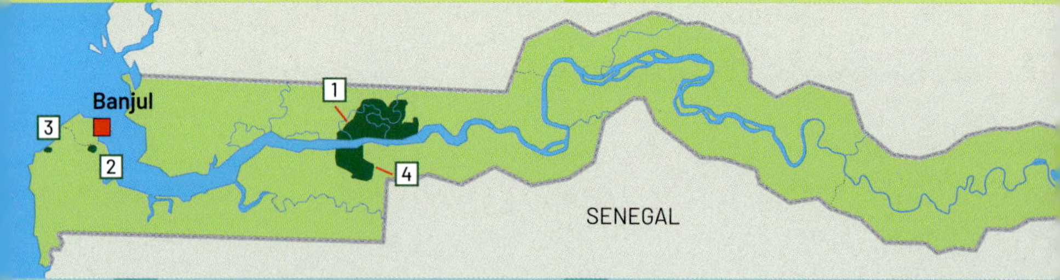

Gambia

1 Bao Bolong Wetland Reserve
2 Abuko Nature Reserve
3 Bijilo Forest Park
4 Kiang West National Park

NATURPARKS SENEGAL

Parc National Djoudj

Im Nordwesten des Senegals, etwa 60 km nördlich von St. Louis, an der Mündung des Senegal-Stroms in den Atlantik, liegt der Nationalpark Djoudj. Ein fast 16.000 Hektar großes Feuchtgebiet mit Inseln und Mangroven. Seit 1981 gehört der Park zum UNESCO-Weltkulturerbe. Es handelt sich hierbei auch um ein geschütztes Feuchtgebiet (Ramsar-Gebiet) von internationaler Bedeutung, besonders als Lebensraum für Wasser- und Watvögel. Der Park liegt auf der Route der Zugvögel, die im Winter von Europa nach Afrika ziehen. Nach der Überquerung der Sahara ist dies der erste Ort mit Wasser für die Vögel. In einem Jahr ziehen hier über eine Million Vögel vorbei. Schätzungen gehen von 400 verschiedenen Vogelarten aus, darunter viele Pelikane und Flamingos. Die Biosphäre ist seit der Errichtung des Diama-Damms, weiter flussaufwärts im Senegal-Strom, gefährdet, da die Süßwasserzufuhr abgenommen hat und das Wasser zunehmend versalzt. Durch die Versalzung verstopfen die schmalen Kanäle, weshalb das Süßwasser noch schlechter abfließen kann. Es fanden bereits verschiedene Maßnahmen zur Verbesserung statt, offenbar jedoch von nur vorübergehender Wirkung. Das Gebiet ist ausschließlich mit dem Boot zugänglich. In St. Louis gibt es Veranstalter, die diese Touren gerne für Sie organisieren.

Réserve de Faune du Ndiaël & Réserve Sylvo-Pastoral

Unterhalb des Parc National Djoudj, im Nordwesten des Senegals, liegt das Réserve de Faune du Ndiaël. Zu diesem Park gehören auch der Lac de Guiers und die Sumpfgebiete Trois Marigots. Dieses Naturgebiet wurde durch angeschwemmte Ablagerungen des Senegal-Stroms gebildet, und vor allem der See in der Mitte des Sahels spielt eine für Stand- und Zugvögel gleichermaßen wichtige Rolle. Der Lac du Guiers ist der einzige Süßwassersee im Senegal und stark niederschlagsabhängig. Bei Überschwemmungen des Senegal-Stroms gelangt über den Kanal bei Richard-Toll zusätzlich Wasser in den See. Der See ist 35 km lang und stellenweise bis zu 7,5 km breit. Bei Hochwasser misst der See 17.000 Hektar, er ist ansonsten aber wesentlich kleiner. Aus ihm stammt auch das Trinkwasser von Dakar. Für die Landwirtschaft wird ebenfalls Wasser aus dem See genutzt, was mit ein Grund dafür ist, warum seine Anerkennung als Ramsar-Gebiet gefährdet ist. Der See ist von Savanne mit zahlreichen Dornbüschen, Zuckerrohrplantagen und Reisfeldern umgeben. An seinen von Akazien bewachsenen Ufern liegen häufig die Brutplätze von Reihern. Südlich von Faune du Ndiaël liegt das Réserve Sylvo-Pastoral. Auch hier trifft man auf typische Sahellandschaft, trocken und mit karger Vegetation.
Eine einzige Straße verbindet die beiden Naturschutzgebiete miteinander

Réserve de Faune du Ferlo Nord & Sud

Das Réserve de Faune du Ferlo Nord (6.000 km^2) ist ein Naturschutzgebiet südlich und westlich des Senegal-Stroms. Es wurde am 21. März 1972 per Dekret gegründet. Das Gebiet ist nirgendwo höher als 100 m, und es herrscht Sahelklima mit Steppen- und Strauchsavanne. Es wird von mehreren nur saisonal vorhandenen Flüssen wie dem Ferlo durchzogen. Die Vielfalt der Flora verringert sich hier immer mehr. Gründe sind die Überweidung durch lokales Vieh, aber auch zu lange Dürren, die sich sogar auf die an sich schon kargen Gräser und harten Sträucher auswirken. Dennoch gibt es hier eine große Vielfalt von über 180 Vogelarten, wie etwa Sudanhornraben, Einfarb-Schlangenadler und Wiesenweihen.

Der Ferlo war einst der einzige Ort im Senegal, an dem Straußen vorkamen. Zurzeit weiß man jedoch nicht, ob es hier noch Straußen gibt. Auf Säugetiere trifft man nur selten. Es gibt jedoch noch einige Herden Koring-Gazellen und ein Programm zur Wiedereinführung der Säbelantilope und der Damagazelle. Das große Gebiet Ferlo Sud (6.337 km^2) südlich von Ferlo Nord ist ebenfalls vom Sahelklima geprägt und hat die gleichen Landschaftsmerkmale wie der nördliche Teil. Weiter südlich ist das Klima weniger vom Sahel beeinflusst, und es fällt mehr Niederschlag, weshalb es auch mehr Vegetation gibt.

Die N3 bildet die Grenze zwischen Norden und Süden.

Einfarb-Schlangenadler

Parc National du Niokolo-Koba

Der Nationalpark Niokolo-Koba liegt im Südosten des Senegals, an der Grenze zu Nord-Guinea. Dieser Park ist mit 900.000 Hektar das größte zusammenhängende Naturschutzgebiet Westafrikas. 1954 erhielt der Park den Schutzstatus zum Erhalt der gefährdeten Tier- und Pflanzenwelt. 1981 wurde der Nationalpark Niokolo-Koba zum UNESCO-Weltnaturerbe erklärt. Der Park wurde bis Anfang der 90er Jahre komplett vernachlässigt, aber dank internationaler Mittel konnte er wieder entwickelt werden und bildet nun zusammen mit dem Badiar-Park in Guinea den Nationalpark Niokolo-Badiar. Heute gibt es verschiedene NGOs, die mit der lokalen Bevölkerung bei der Pflege des Parks zusammenarbeiten. Mit Ausnahme kleinerer Hügel wie dem Assirik (311 m) weist das Gebiet kaum Höhenunterschiede auf, und der Gambia-Fluss mit seinen zwei Nebenflüssen Niokolo-Koba und Koulountou fließen durch ihn hindurch. Die Landschaft ist dank dieser permanenten Wasserquellen sehr vielseitig, und es kommen so gut wie sämtliche Pflanzen- und Tierarten vor, die in den Savannen Westafrikas leben. Trockensavannen, Flusswälder und Seen finden sich hier ebenso wie Sumpfgebiete: Lebensraum für 350 Vogel- und 80 Säugetierarten, darunter Affen, Nilpferde, Krokodile, Antilopen, Löwen, Büffel und Leoparden. Zudem gibt es Schimpansen und afrikanische Wildhunde und auch eine kleine Elefantenherde. Die lange Dürre der 80er Jahre und Wilderer haben die Elefantenbestände leider stark reduziert.
Die beste Reisezeit ist von März bis Mai, also gegen Ende der Trockenzeit. Dann kann man Tiere besonders gut beobachten, weil sie sich um die wenigen Wasserstellen die dann noch übrig bleiben sammeln. In der Regenzeit von Juni bis November bleibt der Park geschlossen.

Forêt de Thies & Réserve de Bandia

Der Forêt de Thies ist ein kleiner Naturpark eine Autostunde von Dakar entfernt. Mitten in den Savannen erstreckt sich hier auf einem Plateau eine leicht hügelige Landschaft mit einer ungewöhnlichen Vogelvielfalt. Dieses Gebiet kann nur zu Fuß erkundet werden. Obwohl hier Rinder weiden und es im Laufe der Zeit zu starker Erosion gekommen ist, existiert die ursprüngliche Vegetation noch. Sie besteht aus Gräsern, Sträuchern, Dornbüschen, Akazien und einzelnen Baobabs. Das Waldgebiet ist etwa 12 km lang und 5 km breit. Südlich des Forêt de Thies liegt das fast ebenso große Réserve de Bandia. Dieses 3.500 ha große Naturschutzgebiet ist komplett umzäunt und wird kommerziell betrieben. In dem Savannengebiet wachsen Baobabs, Akazien und anderen Baumarten sowie Dornensträucher und Gräser. In diesem Park gibt es auch ein Restaurant mit einer Terrasse. Von dort hat man einen wunderschönen Blick auf das Wasserloch und die Savanne.

Aufgrund des Bevölkerungswachstums und der Zunahme des Viehbestandes gibt es immer weniger Futter und Ruhe für die Tiere, daher sind viele Wildtiere weitergezogen. Alle Tierarten, die heutzutage hier zu sehen sind, wurden (wieder) eingeführt, einige von ihnen haben früher schon hier gelebt. Bandia können Sie im Rahmen einer Geländewagentour unter Leitung eines Guides besuchen oder auch mit eigenem Wagen und einem Guide.

Tierarten, die hier, aber nirgendwo sonst in Gambia oder Senegal vorkommen, werden in diesem Buch nicht aufgeführt (Rothschild-Giraffe, Weiße und Schwarze Nashörner, Spießbock, Impala, Nyala, Zebra, Kudu).

Parc National de la Basse Casamanche

Aufgrund des Konflikts der senegalesischen Regierung mit der Bewegung „Movement of Democratic Forces of Casamance" ist dieser Park seit Jahren geschlossen. Seit dem 1. Mai 2014 hat das MDFC einen einseitigen „Waffenstillstand" angekündigt, der Park bleibt jedoch wegen Landminen geschlossen. Am Erscheinungsdatum dieses Buches (2019) war die Situation noch unverändert.

Parc National du Delta du Saloum

Das Naturschutzgebiet, seit 1976 offiziell ein Nationalpark, ist ca. 760 km^2 groß und umfasst das Gebiet um das Delta des weitverzweigten Saloum-Stroms und des saisonal auftretenden Flusses Sine. Der Nationalpark liegt 150 km südlich von Dakar. Inzwischen ist der Park als UNESCO-Welterbe wie auch als Ramsar-Gebiet gelistet. Diese Gegend besteht aus breiteren und schmaleren Wasserstraßen, Inseln, Seen, Mangrovenwäldern, Sandbänken und Landstreifen mit tropischen Bäumen. Am besten lässt sich diese unberührte Wildnis mit dem Boot erkunden. Sie ist ein wichtiger Brutplatz für jährlich wiederkehrende Zugvögel aus Europa und anderen afrikanischen Ländern. Das Gebiet stellt auch einen idealen Laichplatz für Fische dar, was die ständige Anwesenheit zahlreicher Wasservögel und Delfine erklärt, die hier auf Nahrungssuche gehen. Verschiedene Huftierarten findet man vor allem in den flussaufwärts gelegenen Gebieten, in denen das Wasser noch nicht salzig ist.

Küstenreiher

NATURPARKS GAMBIA

Bao Bolong Wetland Reserve

Heiliger Ibis

Etwa 100 km von der Mündung des Gambias entfernt liegt am nördlichen Flussufer ein kleiner Nationalpark namens Bao Bolong Wetland Reserve. Zu diesem Park gehört das Gebiet rund um den Bao Bolon, einem Nebenfluss des Gambias. Der Park ist fast 200 km² groß und besteht hauptsächlich aus Sumpfgebiet und Grasland. Er erstreckt sich vom Gambia aus 22 km in Richtung Norden und ist etwa neun km breit. Ein Teil des Bao Bolon besteht aus Mangrovenwäldern, und in den salzigen Sumpfgebieten kommen verschiedene Gräser und Wasserpflanzen vor.
Für Vogelbeobachter ist dieser Park mit seinen 540 verschiedenen Vogelarten ein Paradies. Aber auch Reptilien und Säugetiere können hier beobachtet werden, gelegentlich sogar Fleckenhyänen und Leoparden.

Kiang West National Park

Der Kiang West Nationalpark liegt auf gleicher Höhe wie das Bao Bolong Wetland Reserve, jedoch auf einem niedrigen Plateau am Südufer des Gambias. Abgesehen von einigen Wasserläufen ist die Landschaft hier überwiegend von dicht beieinander liegenden Bäumen, niedrigen Sträuchern und Grasland geprägt. Näher am Fluss gibt es Gezeitenbänke und Mangrovenarme. Hier kommen nicht nur viele verschiedene Vögel (300 Arten), sondern auch zahlreiche Säugetierarten vor. Auch Huftiere wie Buschböcke, Kronendücker, Sitatungas und Warzenschweine leben hier sowie Servale, Karakale, Leoparden, Kapottern, westafrikanische Krokodile, verschiedene Schlangenarten und Sumpfmangusten. In dieser Gegend besteht keine Gefahr von Überweidung durch Rinder, wie so oft in anderen Parks. Kiang West ist nicht bewohnt und wird nicht kultiviert. Von Tendaba aus können Sie an Ausflügen in diesen Naturpark teilnehmen, der von Banjul 145 km entfernt liegt.

Buschbock

Abuko Nature Reserve

Die Verantwortung für den Abuko Nationalpark trägt seit 1968 das gambische Ministerium für Parks und Naturschutz. Das Gebiet liegt 50 km von Banjul entfernt in der Nähe der Stadt Abuko. Obwohl es nur 106 Hektar groß ist, hat diese von Ackerland und Dörfern umgebene Naturoase eine bemerkenswert vielfältige Wildpopulation. Darüber hinaus leben hier rund 250 verschiedene Vogelarten dauerhaft oder saisonal. Es gibt insgesamt 5 km Wanderwege. Diese schlängeln sich durch den Park und führen Besucher zu verschiedenen Wasserstellen, „Birdhides" zum Fotografieren von Vögeln, einem Aussichtspunkt auf den Bamboo Pool, zu einem Spazierweg entlang des Lamin-Flusses, einem Wald mit 52 verschiedenen Baumarten, darunter Ölpalmen, Mahagoni- und Irokobäume und Enzianbäume. Nach den meisten Tierzählungen leben hier 52 verschiedene Säugetierarten, darunter Buschböcke, Duckerarten, Stachelschweine, Galagos, Borstenhörnchen und verschiedene Affenarten. Zu den hier lebenden Reptilien zählen das westafrikanische Krokodil, der westafrikanische Nilwaran und verschiedene Schlangenarten. Von den Strandhotels ist es nicht weit bis zu diesem Nationalpark - eine gute Gelegenheit, einmal einen Tropenwald samt Bewohnern zu sehen. Der Park kann auf eigene Faust besucht werden oder mit einem Guide.

Galago

Bijilo Forest Park

Südlich des senegambischen Hotelbereichs liegt der 50 Hektar große Bijilo Forest Park. 1991 wurde hier ein Gehweg angelegt, und seither kommen das ganze Jahr über Besucher. Die ausgeschilderten Trails mit schattigen Sitzbänken sind etwa 4,5 km lang. Unterwegs können Sie Küstenvegetation, Sanddünen, bewachsene Hügel, ein Wasserloch und Waldgebiete erkunden. Insbesondere im bewaldeten Teil kann man verschiedene Affenarten wie Grüne Meerkatzen, Stummelaffen und Campbell-Meerkatzen beobachten. Weitere Tiere, die man gelegentlich in der Dämmerung zu sehen bekommt, sind: afrikanische Zibetkatzen, Ginsterkatzen, Mangusten und Stachelschweine. Mit insgesamt 130 Arten ist zudem der Artenreichtum an hier lebenden Vögeln sehr groß. Von den Hotels Kairaba und Senegambia ist es nur ein kurzer Fußweg bis zu dem an den Kololi Beach Club angrenzenden Park. Bitte beachten Sie, dass Sie bei einem Parkbesuch niemals Affen oder anderen Tieren Essen geben sollten. Die Tiere verlieren sonst ihre natürliche Angst vor den Menschen, was zu aggressivem Verhalten mit Beißgefahr führen kann.

Temminck-Stummelaffe

Jahreszeiten

SENEGAL	Jan	Feb	Mrz	Apr	Mai	Jun	Jul
St. Louis							
Temperatur	31°C	33°C	35°C	35°C	36°C	36°C	34°C
Niederschlag	10mm	7mm	6mm	4mm	4mm	10mm	40mm
Dakar							
Temperatur	25°C	25°C	25°C	25°C	26°C	28°C	30°C
Niederschlag	1mm	1mm	0mm	0mm	0mm	10mm	60mm
Tambacounda							
Temperatur	34°C	37°C	39°C	40°C	40°C	36°C	32°C
Niederschlag	0mm	1mm	0mm	1mm	10mm	100mm	180mm

GAMBIA	Jan	Feb	Mrz	Apr	Mai	Jun	Jul
Banjul							
Temperatur	33°C	34°C	36°C	36°C	36°C	35°C	33°C
Niederschlag	25mm	18mm	11mm	7mm	5mm	36mm	160mm
Tendaba							
Temperatur	32°C	34°C	36°C	38°C	37°C	34°C	32°C
Niederschlag	0mm	0mm	0mm	0mm	3mm	60mm	170mm

Klimazonen

Aug	Sep	Okt	Nov	Dez
33°C 115mm	34°C 97mm	35°C 47mm	34°C 22mm	32°C 17mm
30°C 165mm	30°C 135mm	30°C 37mm	29°C 1mm	27°C 1mm
31°C 220mm	32°C 175mm	34°C 60mm	36°C 2mm	34°C 1mm

Aug	Sep	Okt	Nov	Dez
32°C 290mm	32°C 240mm	34°C 120mm	35°C 60mm	33°C 40mm
32°C 260mm	32°C 185mm	32°C 60mm	34°C 5mm	32°C 0mm

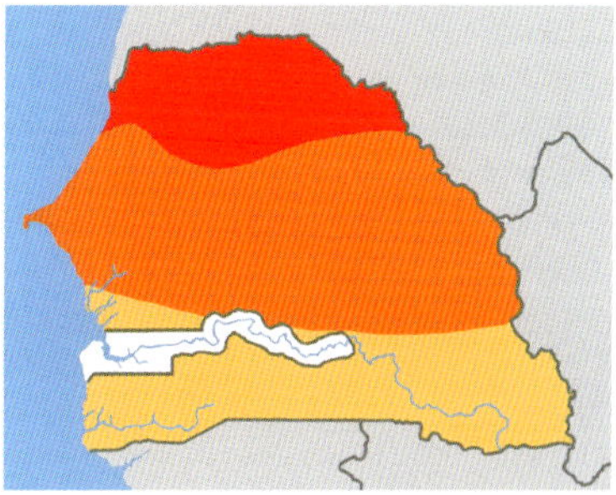

Das Klima im nördlichen Teil des Senegals ist von der Sahara beeinflusst, und der mittlere Teil gehört zum Sahel (weniger als 600 mm Niederschlag pro Jahr). Im Süden des Landes herrscht tropisches Savannenklima mit einer Trockenzeit und maximalen Niederschlagsmenge von 2.500 mm pro Jahr. Gambia ist ganzheitlich von Savannenklima geprägt.

Allgemeine Informationen

Kleidung, Gepäck und Zubehör

Falls Sie zum ersten Mal auf eine mehrtägige Safari gehen, fragen Sie sich wahrscheinlich, welche Kleidung und Schuhe empfehlenswert sind. Die Antwort ist eigentlich sehr simpel: Einfache Wanderschuhe, also Schuhe mit etwas dickerer Sohle, kurze Hosen, Shirts, Polohemden, Blusen etc. - kurzum alles, was keine Wärme speichert. Dazu ein Sweater oder Pulli für die kühlen, zum Teil sehr kalten, Morgenstunden und eine lange Hose oder ein Hemd mit langen Ärmeln gegen die Mücken.
In den Schlafzimmern von fast allen Hotels gibt es Mückennetze, die Sie nachts schützen. Häufig wird auch ein Spray bereitgestellt, mit dem Sie vor dem Abendessen Ihr Zimmer von Mücken befreien können. Trotzdem möchten wir Ihnen empfehlen, bereits in Deutschland ein für tropische Gebiete geeignetes Mückenspray oder -gel namens „Deet" zu kaufen. Dieses tragen Sie auf Hände, Hals und Stirn auf, vor allem oberhalb der Socken, da die Mücken sich gerne im windgeschützten Bereich unter Tischen oder Stühlen aufhalten. In dem seltenen Fall, dass Sie von einem anderen Insekt gestochen werden, kann die betroffene Stelle unter Umständen stärker anschwellen als gewöhnlich, da Ihr Körper den Stich nicht direkt als solchen erkennt. Nach ein paar Tagen wird die Schwellung aber wieder abklingen. Falls Sie in die Hand gestochen werden, ist es besser, Ihre Ringe abzunehmen. Sollte die Schwellung länger als fünf Tage anhalten, kontaktieren Sie einen Arzt und sprechen Sie mit Ihrem Guide.

Auf mehrtägigen Safaris reisen Sie häufig in Gesellschaft. Bei Ihren Mitreisenden kann es sich um Landsleute, aber auch Angehörige anderer Nationalitäten handeln. Von jedem Teilnehmer wird erwartet, mit einer flexiblen Tasche und begrenztem Handgepäck zu reisen. In Ihrem Handgepäck dürfen dabei folgende Dinge nicht fehlen: Ihre Reisedokumente, Bargeld, Reiseplan, Malariatabletten und andere Medikamente (evtl. Wiederholungsrezepte in lateinischer Schrift), Fotoutensilien, dieser Safari-Reiseführer, Taschenlampe, Fernglas, ggfs. eine Routenkarte und die Kontakttelefonnummern von zuhause. Hinsichtlich des Fotomaterials empfehlen wir Ihnen eine Kamera mit Zoom. Das kann eine Kompakt-, System- oder Spiegelreflexkamera sein. Letztere wird vor allem von professionellen Fotografen benutzt. Ein Zoombereich ab 300 mm wird Ihren Aufnahmen zugutekommen. Wenn Sie speziell für Ihre Reise in Afrika eine Kamera anschaffen möchten, empfehlen wir Ihnen dringend, vorher Probeaufnahmen mit dieser Kamera zu machen. Camcorder sind mittlerweile so kompakt, dass sie problemlos ins Handgepäck passen. Wenn ein und dieselbe Person Filmen und Fotografieren möchte, funktioniert das in der Praxis meist nicht gut. Sprechen Sie sich daher vorher ab. Je nach Land können andere Stecker erforderlich sein.

Für das Aufladen elektronischer Geräte benötigen Sie im Senegal meist keinen Adapter. Es gibt auch dreipolige Steckdosen. Entsprechende Adapter kann man mitnehmen, sie werden jedoch oft auch von Hotels bereitgestellt. In Gambia sind dreipolige Steckdosen Standard, aber in Hotels gibt es zum Teil auch zweipolige. Die Netzspannung ist die gleiche wie in Europa. Wir empfehlen Ihnen ein 8x42 oder ein 7x50 Fernglas. In Hotels können Sie bar oder mit Kreditkarte bezahlen. Vergessen Sie nicht, genügend zu trinken - an warmen Tagen mindestens zwei Liter!

Safari so, wie Sie sie erleben möchten

Auf Afrikareisen stehen meist die Natur und Tierwelt im Mittelpunkt. Organisierte Reisen werden von Fahrern begleitet, die zugleich Ihre Guides sind. Sie kennen sich mit den Parks und Routen gut aus. Verschiedene Autoverleihe stellen passende Autos mit Fahrern bereit. Diese sprechen oft mehrere Landessprachen und kennen ihr Land und die Straßen sehr gut. Die Kosten für Unterkunft und Verpflegung der Fahrer sind im Mietwagenpreis inbegriffen. Nach Absprache mit Ihrem Reiseveranstalter ist es möglich, eine Route festzulegen, wobei die Erfahrung der Anbieter sehr hilfreich ist. Diese können besser einschätzen, ob die Route für die aktuelle Reisezeit geeignet ist und Straßen gut befahrbar sind. Sie können auch Übernachtungen für Sie buchen.

Begriffe

Im Register der Einleitung über die Säugetiere und Reptilien finden Sie Symbole, die sich auf die nachfolgenden Begriffe beziehen.

Savanne Die Savanne ist eine Kombination aus Grasflächen, Sträuchern und Bäumen. Savannen findet man zwischen 23,5 Grad nördlicher und 23,5 Grad südlicher Breite. Die Temperaturen sind dort das ganze Jahr über hoch, und es fällt meist nur wenig Niederschlag. Es gibt eine Regen- und einer Trockenzeit. Viele Savannenpflanzen haben sich der „Feuersaison" angepasst. Kurz vor oder kurz nach dem Feuer bilden sich Früchte, welche Jungpflanzen und Kräutern, die nach dem Feuer wachsen, als Nährstoffe dienen. Die bemerkenswertesten Pflanzenarten in der Savanne sind das Elefantengras *(Pennisetum purpureum)* und der Affenbrotbaum oder Baobab *(Adansonia digitata)*. In den Savannen haben sich die Tiere ihrem Lebensraum angepasst, und nehmen bei Wasserknappheit Feuchtigkeit über die Nahrung auf.

Grasland Diese Bezeichnung wird später im Buch als Symbol verwendet, um anzugeben, wo sich das betreffende Tier am liebsten aufhält. Es kann sich dabei um eine Bodenmulde mit feuchtem Grasland handeln, oft eine Waldlichtung. Manche dieser Orte sind nur wenige Meter breit, andere so groß wie ein Fußballplatz. Verschiedene Gras-, Blumen- und Kräutersorten wechseln sich im Grasland mit Sträuchern ab. Die Pflanzen dienen als Nahrung für Huftiere und die Samen für Vögel. Diese Vegetation zieht zudem zahlreiche Insektenarten an, die von Reptilien und Vögeln gefressen werden. Aufgrund der klimatischen Bedingungen bietet von Savannen umgebenes Grasland in diesem Teil Afrikas keine permanente Nahrungsversorgung, weshalb Pflanzenfresser hier nur temporär vorkommen.

Wald Waldreiche Gebiete findet man in diesen Ländern nur an Flussufern und in den Savannen. Vor allem wegen des Schattens kommen viele Tiere hierher und suchen unter dem Blätterdach Schutz vor der sengenden Sonne. Für Vögel gibt es hier viele Insekten. Antilopen und Schweine fressen Gras und Kräuter, und Raubtiere können sich im Schutz der Bäume an ihre Beute heranpirschen.

Felsen In erosionsreichen Gebieten haben sich in der Landschaft im Laufe der Jahre Felsformationen gebildet. Diese Felsen sind nicht etwa Berge oder Hügel, die aus dem Erdinneren an die Oberfläche gedrückt wurden, sondern komplett erodierte Landflächen. Zwischen diesen Felsformationen wachsen Gräser, Kräuter, Sträucher und Bäume. Manche Tierarten suchen zwischen den Steinen und in den Hohlräumen der Baumwurzeln Schutz, vor allem Schlangen, Eidechsen und Schliefer.

Wasser & Sumpf Ein Sumpfgebiet ist die Übergangszone zwischen Wasser und Land. Das Wasser wird entweder laufend aus Quellen zugeführt oder aufgrund von starken Niederschlägen. Je nach Lage der Sumpfgebiete bieten diese Lebensraum für eine reiche Vielfalt an Pflanzen und Tieren. „Wasserreiches Gebiet" kennzeichnen Wasserlöcher, Seen, Flüsse und kleine Wasserläufe. Hier jagen Wasservögel Fische, Frösche und Eidechsen, blühende Wasserpflanzen ziehen Insekten und Vögel an, und Tiere, die hier ihren Durst löschen, werden nicht selten zur Beute von Krokodilen. Manche Säugetiere wie etwa Sitatungas und Wasserböcke, aber auch Nilpferde, haben hier ihren festen Lebensraum.

Halbwüste Als „Halbwüste" oder „Steppe" wird das Übergangsgebiet zwischen den Subtropen und der Wüste bezeichnet. Im Senegal heißt dieses Gebiet „Sahel". Die Sahelzone liegt zwischen der Sahara und den südlicheren Savannen und erstreckt sich vom Atlantik bis zum Roten Meer. Klimatologisch hat die Sahara starken Einfluss auf diese Übergangsregion, und es bildet sich in der angrenzenden Savanne immer mehr Wüstenlandschaft aus. Da hier nur sehr wenig Niederschlag fällt, gedeihen in der Sahelzone nur wenige widerstandsfähige Gräser und Sträucher. Die Tiere hier sind entweder nomadisch oder haben sich dem knappen Nahrungsangebot angepasst.

Wüste Kennzeichnend für eine Wüste ist vor allem die sehr geringe Niederschlagsmenge. In Afrika sind Wüsten riesige flache Gebiete mit Sanddünen und hohen Temperaturen, wie etwa die Sahara in Nordafrika oder die Namib in Namibia. Der Wüstenboden kann die geringe Niederschlagsmenge nicht speichern, daher wachsen und blühen Pflanzen hier nur für sehr kurze Zeit. Dann ziehen Pflanzenfresser, Insekten und Vögel in die Randgebiete dieser Wüsten, um dort nach Nahrung zu suchen.

Zeitunterschiede

Senegal	im Winter 1 Stunde früher	im Sommer 2 Stunden früher
Gambia	im Winter 1 Stunde früher	im Sommer 2 Stunden früher

Währungen

Senegal **Westafrikanische Währung CFA-Franc**

CFA ist die Abkürzung für: Communauté Financiaire Africaine. Der Senegal bildet eine Finanzgemeinschaft mit Benin, Burkina Faso, der Elfenbeinküste, Mali, Niger, Togo und Guinea-Bissau. Banknoten gibt es in folgenden Größen: 10.000 - 5.000 - 2.000 und 1.000. Für einen Euro erhalten Sie etwa 590 CFA. Bezahlung mit Kreditkarte wird immer gebräuchlicher (vor allem in Hotels), in Lokalen wird Bargeld bevorzugt. Geldautomaten (Cirrus - Maestro) gibt es nur in beschränkter Anzahl. Wir empfehlen Ihnen dringend, Geld bei Banken und nicht bei Straßenhändlern zu wechseln.

Gambia **Der Gambia Dalasi**

Banknoten gibt es in folgenden Größen: 100 - 50 - 25 und 5. Für einen Euro erhalten Sie etwa 50 Dalasi. Bezahlung mit Kreditkarte wird immer gebräuchlicher (vor allem in Hotels), in Lokalen wird jedoch Bargeld bevorzugt. Geldautomaten (Cirrus - Maestro) gibt es nur in beschränkter Anzahl. Wir empfehlen Ihnen dringend, Geld bei Banken und nicht bei Straßenhändlern zu wechseln.

Säugetiere und Reptilien

Wir haben diejenigen Säugetiere und Reptilien ausgewählt, die man am häufigsten beobachten kann. Ratten, Mäuse, Fledermäuse und Flughunde sind hier aus diesem Grund nicht aufgeführt.

Säugetiere

RÖHRENZÄHNER

Erdferkel 26

SCHLIEFER

Schliefer 27

RÜSSELTIERE

Elefant 28

PRIMATEN

Altweltaffen 30
Menschenartige 36
Feuchtnasenprimaten 38

NAGETIERE

Stachelschwein 39
Hörnchen 40
Hasen 42

SCHUPPENTIERE

Schuppentier 44

RAUBTIERE

Katzenartige 45
Hyänen 51
Schleichkatzen 52
Mangusten 55
Hundeartige 60
Marder 63

PAARHUFER

Altweltliche Schweine 65
Flusspferd 67
Hornträger 69

Reptilien

SCHUPPENKRIECHTIERE

Schlangen 83
Krokodile 95
Warane 97
Geckos & Agamen 99
Chamäleons 101

Legende

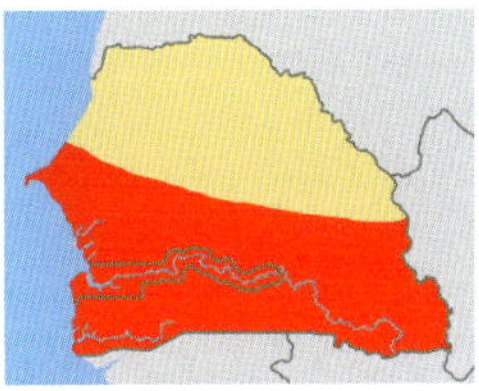

Rot ist Verbreitungsgebiet

Maße und Gewichte

Kopf-Rumpf-Länge | Schulterhöhe | Gewicht Männchen | Gewicht Weibchen

Activ

Tag | Dämmerung | Nacht

Lebensraum

Savanne | Grasland | Wald | Felsen | Wasser & Sumpf | Halbwüste | Wüste

Population

- **LC** = gesund (**L**east **C**oncern)
- **NT** = abnehmend (**N**ear **T**hreatened)
- **VU** = schutzbedürftig (**Vu**nerable)
- **EN** = bedroht (**En**dangered)
- **CE** = kritisch bedroht (**C**ritically **E**ndangered)

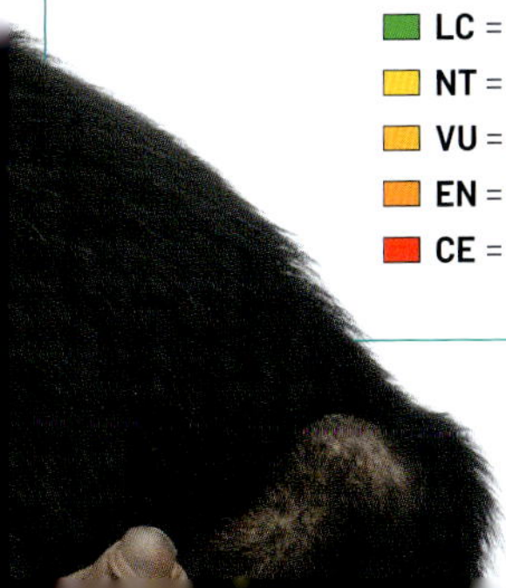

RÖHRENZÄHNER - ERDFERKEL

Heutzutage besteht die Ordnung der Röhrenzähner aus einer Familie mit nur noch einem Vertreter: dem Erdferkel. Der Name „Röhrenzähner" verweist auf den Aufbau der Zähne. Diese bestehen aus dicht aneinander liegenden Röhrchen aus Dentin und zusammengehalten durch Zahnzement. Sie sind nicht mit Zahnschmelz bedeckt. Röhrenzähner haben vage Ähnlichkeit mit der Familie der Schweine, gehören aber nicht zu ihr, sondern sind eher mit Elefanten, Seekühen und Schliefern verwandt. Diese Nachttiere sind sehr scheu. Sie bevorzugen trockenere Gebiete wie Savannen mit Wäldern, Sträuchern und Grasland, vor allem aber Gebiete mit Termitenhügeln.

100-120cm

50-60cm

♂ 40-70kg

♀ 40-70kg

LC NT VU EN CE

Erdferkel *(Orycteropus afer)* **Aardvark**
Erdferkel sind leicht an ihren großen spitzen Ohren, den kurzen Pfoten mit großen Klauen und der Schweineschnauze erkennbar. Ihre Nahrung besteht aus Termiten und Ameisen. Um diese zu fangen, benutzen sie ihre 50 cm lange, klebrige Zunge. Sie haben eine wenig behaarte, braungraue Haut. Die Schnauze ist rund, weich und beweglich mit kleinen fleischigen Tentakeln, die als Tastorgane dienen. Erdferkel verfügen über einen ausgezeichneten Geruchssinn und ein gutes Gehör, sie sehen jedoch schlecht. Diese scheuen Tiere sind Einzelgänger. Nach Sonnenuntergang gehen sie auf Nahrungssuche. Den Tag verbringen sie in tiefen, selbst gegrabenen Höhlen, die sie an verschiedenen Orten haben, um jederzeit flüchten zu können. Diese permanenten Höhlen haben verschiedene Gänge, Kammern, mehrere Eingänge und ein kleines Luftloch in der Decke. Als Toilette verwenden sie kleine Kuhlen, die sie wieder mit Erde bedecken. Ihr Territorium stecken sie durch Duftmarkierungen ab. In Gebieten, wo Erdferkel sehr verbreitet sind, kann es vorkommen, dass Höhlen mit zwei oder drei Artgenossen geteilt werden. Auch andere Tiere benutzen die Höhlen. Das Weibchen trägt sein Junges ca. sieben Monate lang aus. Sie gebiert vor, manchmal auch während der Regenzeit, wenn das Nahrungsangebot gut ist. Erdferkel werden bis zu 18 Jahre alt.

SCHLIEFER - SCHLIEFER

Die Schliefer oder „Dassies", wie sie in Südafrika genannt werden, ähneln zwar Nagetieren, sind jedoch keine. Die Familie der Schliefer hat in Afrika fünf Vertreter: zwei Klippschlieferarten and drei Baumschlieferarten. Die Arten haben verschiedene Unterarten. Schliefer sind eng mit Rüsseltieren wie z. B. Elefanten und Seekühen verwandt. Schliefer sind gedrungene Tiere mit einem kurzen, dichten Fell. Sie haben große, dunkle Augen und am Kopf kleine runde Ohren und Tasthaare. Von Natur aus eher scheu werden sie in der Nähe von Hotels gerne zutraulich. Ihre Nahrung besteht vor allem aus Blättern, Blüten, Früchten und Bast. Schliefer haben eine Tragezeit von 210 bis 240 Tagen und bekommen meistens ein bis drei Junge pro Wurf. Schliefer werden 9 bis 12 Jahre alt.

40-50cm

10-14cm

♂ 4-5kg

♀ 3,5-4,5kg

LC NT VU EN CE

Klippschliefer *(Procavia capensis)* Rock Hyrax

Der Klippdachs oder Klippschliefer ist die am häufigsten vorkommende Schlieferart. Das Fell variiert zwischen blassgrau, beigefarben und braun. Die Unterseite ist heller. Klippdachse leben in Gruppen von vier bis zu fünfzig Tieren, bestehend aus einem dominanten Männchen, Weibchen mit Jungen und einigen halbwüchsigen Männchen. Die Männchen sind territorial und bauen zwischen den Felsen „Nester" aus Gras. Über die Felsen verteilt hat die Kolonie einige „Latrinen" für Kot und Urin. Der starke Geruch ist zugleich ein Unterscheidungsmerkmal zwischen den Kolonien. Urin wird meistens auf hervorstehenden Felsen hinterlassen, das Salz des Urins hinterlässt dort helle Flecken. Klippschliefer sind überwiegend tagaktiv. Wenn einige Tiere fressen, halten andere Wache. Wenn Gefahr, zum Beispiel durch Greifvögel oder Paviane, droht, schlagen diese Wächter mit Rufen Alarm, und die gesamte Gruppe flieht in ihre Höhlen. In der Paarungszeit gibt das Männchen sehr durchdringende Laute von sich. Es schüttelt den Kopf, wenn er auf ein Weibchen zugeht, während die Drüse auf seinem Rücken starken Duft ausscheidet. In jeder Gruppe gibt es ein Alphatier, das die Rangordnung bestimmt.

Heutzutage gibt es noch drei Arten: den Indischen Elefanten mit vier Unterarten und die Gattung der Afrikanischen Elefanten mit zwei Arten (Afrikanischer Elefant und Waldelefant). In Afrika ist der Savannenelefant der größte und häufigste beider Elefantenarten (einige Studien verweisen auf den Wüstenelefanten im Nordwesten Namibias als dritte Unterart). Sie sind am nächsten verwandt mit der Seekuh und dem Schliefer. Die Ordnung der Rüsseltiere stammt aus Afrika und hat eine lange und bewegte Geschichte. Die meisten ihrer Vertreter sind jedoch ausgestorben, wenn auch erst seit relativ kurzer Zeit (zum Ende der letzten Eiszeit oder noch später). Ihre dicke Haut ist von Natur aus hellgrau und verfärbt sich abhängig vom Lebensraum. Die großen Ohren sind stark durchblutetet und werden wedelnd zur Körperkühlung eingesetzt. Beide Geschlechter haben Stoßzähne, die in einem Jahr ca. 16 cm wachsen und sich im Laufe des Lebens abnutzen. Die Füße haben vier Nägel, eingebettet zwischen Kissen, die so weich sind, dass sich die Tiere lautlos fortbewegen können. Die Fußabdrücke unterscheiden sich von Tier zu Tier. Die Spitze des langen Rüssels ist sehr geschickt und äußerst empfindlich (z. B. bei Ameisen- oder Bienenstichen). Elefanten sehen nicht besonders gut, können aber ausgezeichnet riechen und hören.

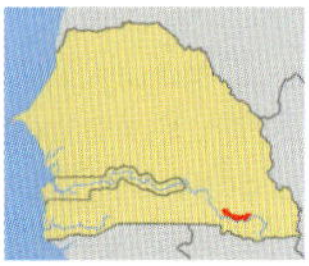

450-700cm

250-350cm

♂ 5000-7000kg

♀ 2800-3500kg

LC | NT | **VU** | EN | CE

Afrikanischer Elefant *(Loxodonta africana)* **Savanna Elephant**

Elefanten sind nicht wählerisch. Sie fressen alle Pflanzen und bis zu 250 kg pro Tag (große Exemplare produzieren 2.000 Liter Methan am Tag). Sie trinken ca. 170 Liter Wasser täglich und bevorzugen in der Regenzeit Gräser, in der Trockenzeit Sträucher und junge Bäume. Auch Früchte, Zweige, Bast und Blätter werden gefressen. Sie sind den ganzen Tag aktiv, 12 bis 16 Stunden davon verbringen sie mit der Nahrungsaufnahme. Ein Bulle wiegt um einiges mehr als eine Kuh. Der Gewichtsrekord bei Bullen liegt bei 10.800 kg, ein anderes Tier hatte eine Schulterhöhe von etwas mehr als vier Metern. Nach einer Trächtigkeitsperiode von 22 Monaten wird ein Junges geboren, an einem Ort und zu einer Zeit mit viel Wasser und Nahrung. Die Kühe leben in Gruppen unter der Führung einer Leitkuh, meist ist es die älteste Kuh. Die übrigen Mitglieder sind ihre erwachsenen Töchter und Schwestern sowie ihre noch nicht ausgewachsenen Kinder und Enkel. Meistens spalten sich Gruppen auf, wenn sie zu groß werden, und sie bestehen selten aus mehr als 20 Tieren. Verwandte Gruppen halten jedoch über viele Jahre Kontakt zueinander, über Frequenzen, die für den Menschen nicht wahrnehmbar sind (Infraschall unter 16 Hz). Diese Töne sind für Elefanten kilometerweit zu hören. Wenn Bullen zwischen zehn und 14 Jahre alt sind, werden sie aus der Herde vertrieben und schließen sich anderen Bullen an. Ältere Männchen leben im Allgemeinen allein. Elefanten verfügen über ein ganzes Sortiment an komplexen Geräuschen. Durch Brummen, Trompeten und lautes Brüllen drücken sie Emotionen aus und geben Signale. Sie kommunizieren, indem sie stampfend seismische Vibrationen verursachen, die noch mindestens vier Kilometer weiter für andere Elefanten spürbar sind. Elefanten werden ca. 60 Jahre alt, zum Teil auch deutlich älter. Sie sterben eines natürlichen Todes, wenn sich die Qualität ihrer Zähne nach dem sechsten (manchmal erst nach dem siebten) Zahnwechsel rapide verschlechtert und sie ihre Nahrung nicht mehr zermahlen können. Als „Musth" wird die Zeit bezeichnet, in der ein Bulle brünstig ist, sie kann einen bis 103 Tage dauern. Eine geschwollene Drüse auf der Schläfe scheidet dann permanent ein Sekret aus. Aus dem fast steifen Penis tropfen Urin und eine grünliche Flüssigkeit. Während dieser Zeit sind die Tiere durch den hohen

Testosteronspiegel viel aggressiver. Sie kämpfen miteinander um das Recht, sich zu paaren. Der Mensch jagt Elefanten immer noch wegen der Stoßzähne aus Elfenbein und auch, weil sie landwirtschaftliche Flächen verwüsten. In Nationalparks sind sie zum Teil so zahlreich, dass andere Tierarten Mühe haben zu überleben. Geschwächte Tiere und Kälber brauchen sich außer vor dem Menschen nur vor Löwen zu fürchten, vor allem nachts.

PRIMATEN - ALTWELTAFFEN

Bei den Meerkatzenartigen (Cercopithecini) oder Meerkatzen im weiteren Sinne handelt es sich um eine Gattungsgruppe der Primatenfamilie der Meerkatzenverwandten (Cercopithecidae) - mit ca. 60 Arten eine der artenreichsten Gattungen innerhalb der Primaten. In Mischwäldern kommen oft mehrere Arten nebeneinander vor. Manche von ihnen sind Baumbewohner, während andere auf dem Boden nach Nahrung suchen. Es existieren Unterschiede in Größe und Futter. Vermutlich haben die meisten Arten ein eigenes Territorium, sind aber nicht aggressiv gegenüber Artgenossen. Meerkatzen haben einen schlanken Körper mit langen Füßen und einen Schwanz, der länger ist als ihr Körper. Das Fell der Männchen ist auffälliger gefärbt als das der Weibchen. Alle Arten haben Backentaschen, und die Männchen sind wesentlich größer als die Weibchen. Die meisten Arten sind wie viele afrikanische Waldtiere durch Waldrodung und die Jagd auf „Bushmeat"

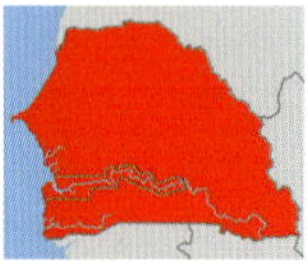

50-90cm

25-35cm

♂ 8-13kg

♀ 4-8kg

LC | NT | VU | EN | CE

Husarenaffe

(Erythrocebus patas)

Patas Monkey

Der Husarenaffe ist eine afrikanische Meerkatze und die einzige Art der Gattung *Erytrochebus* (Husarenaffen). Das raue Fell ist meist rötlich-braun. Brust, Bauch und Gliedmaßen sind weiß oder cremeweiß. Die Augenpartie und Nase sind dunkelgrau und der Rest des Gesichts zwischen den voll behaarten Wangen ist weiß. Die Weibchen sind etwas blasser in der Farbe. Der lange, dünne Schwanz ist etwa so lang wie der Körper und wird beim Gehen auf dem Rücken getragen. Die Männchen sind einiges größer als die Weibchen. Dünn bewachsene Savannen mit Akazien und Sträuchern sind ihr bevorzugter Lebensraum. Die Tiere sind tagaktiv und schlafen nachts alleine oder zu zweit in Baumwipfeln. Ihre Hauptfeinde sind Leoparden und Löwen. Husarenaffen sind auf ein Leben am Boden spezialisiert. Dank ihrer langen Gliedmaßen erreichen Sie Geschwindigkeiten von bis zu 55 km/h und sind damit die schnellsten Primaten.

Eine Gruppe besteht aus zehn bis 20 Tieren: ein dominantes Männchen mit mehreren Weibchen und Jungtieren. Erwachsene Männchen außerhalb der Gruppe leben alleine oder in Junggesellengruppen. Das Männchen ist sehr wachsam und schützt seinen Harem und seine Nachkommen. Bei Konfrontationen mit anderen Husarenaffen verhält sich die gesamte Gruppe aggressiv. Andere Affenarten werden hingegen toleriert. Je nach Jahreszeit und Nahrungsreichtum ist der Lebensraum unterschiedlich groß und überschneidet sich meist mit dem einer anderen Gruppe. Brünstige Weibchen blasen die Wangen auf, ziehen die Lippen zusammen und geben stöhnende Geräusche von sich. Während dieser Zeit stoßen mehr Männchen zur Gruppe. Die Schwangerschaft dauert 24 Wochen. Weibchen sind nach drei bis vier Jahren ausgewachsen, Männchen nach fünf Jahren. Husarenaffen werden etwa 20 Jahre alt. Sie essen hauptsächlich Pflanzliches wie Samen, Hülsenfrüchte, Blätter, Gräser, Früchte, Gummi, Blumen und Pilze, manchmal auch Insekten und andere Wirbellose, Eier und kleine Säugetiere.

50-75cm

35-45cm

♂ 5-8kg

♀ 4-5kg

LC | NT | VU | EN | CE

Westliche Grünmeerkatze *(Chlorocebus sabaeus)* **Green Monkey**
Diese Meerkatzen *(Chlorocebus)* sind eher grau als grün, das schwarze Gesicht ist mit weißen Haaren umrandet, und der lange Schwanz misst etwa 70 cm. Sie leben in den offenen Savannen Afrikas, südlich der Sahara. Grüne Meerkatzen sind oft in Hotelgärten anzutreffen. Dort sind sie meist sehr frech und stehlen vor allem Zucker und Kekse vom Tisch. Vor Touristen haben sie keine Angst, den die "gönnen" ihnen manchmal die ungesunden Sußigkeiten. Die Meerkatzen leben in Gruppen von sechs bis 20 Tieren. Jede Gruppe hat ihr Territorium mit hohen Bäumen oder Sträuchern in der Mitte als Hauptort. Am Rande überschneiden sich die Territorien. Solitäre Tiere gibt es bei diesen Westlichen Grünmeerkatzen nicht, obwohl manche Tiere etwas zurückgezogen am Rande der Gruppe leben. Eine Gruppe besteht aus Männchen und Weibchen aller Alterskategorien. Die Männchen sind am hellblauen Hodensack zu erkennen. Die Tiere schlafen in den Bäumen oder im Gebüsch in der Mitte ihres Territoriums, wo sie morgens und abends auch fressen. Nachmittags begeben sich die Tiere aufs offene Feld. Für die Nahrungssuche legen sie weite Strecken zurück und entfernen sich dazu bis zu 300 Meter voneinander. Auf dem Speiseplan dieser Meerkatze stehen hauptsächlich Blätter, zum Teil auch Früchte und Blüten. Wenn zwei Gruppen aufeinandertreffen, gibt es keine Feindseligkeiten. Nach einer Trächtigkeitsperiode von etwa 210 Tagen bringt das Weibchen jeweils ein Jungtier zur Welt.

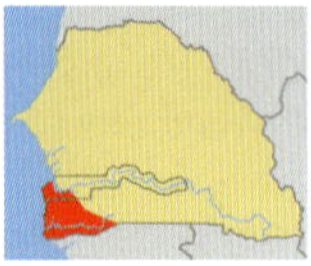

50-70cm

25-35cm

♂ 5-8kg

♀ 3-5kg

LC | NT | VU | EN | CE

Campbell-Meerkatze

(Cercopithecus campbelli)

Campbell's Guenon oder **Monkey**

Genau wie die anderen Meerkatzen sind auch die Campbell-Meerkatzen soziale Tiere, die in kleinen Gruppen mit etwa acht Tieren leben. Bei Einbruch der Dämmerung klettert das dominante Männchen zu einem äußeren Ast eines Baums und gibt kräftige Rufe von sich. Diese sind im Umkreis von mindestens einem Kilometer zu hören und werden von anderen Männchen beantwortet. Man geht davon aus, dass so die Territorien abgesteckt werden. Unbestätigte Studien aus dem Jahr 2009 zeigen, dass diese Tiere eine entwickelte Sprache zur Kommunikation nutzen, die sogar über eine gewisse Grammatik verfügt. Meerkatzen der Gattung *Cercopithecus* sind ruhige Tiere. Auch diese Campbell-Meerkatze frisst langsam, macht einen entspannten Eindruck und ist wenig schreckhaft. Ihre Nahrung besteht hauptsächlich aus Obst, aber auch Samen, Insekten und Eidechsen stehen auf dem Speiseplan. Durch die langen Haare scheint das Fell dick. Kopf und Rücken sind beigefarben, braun und schwarz. Augenpartie und Nase sind dunkelgrau, die üppigen Wangen färben sich grün und braun. Brust und Bauch sind weiß und die Gliedmaßen schwarz. Die Schwanzlänge beträgt etwa 70 cm. Nach einer Trächtigkeit von etwa 180 Tagen bringt das Weibchen je ein Jungtier zur Welt.

Paviane (Papio) gehören zu den sogenannten Hundeaffen (Papionini). Ihr Schwanz ist halblang und hat einen Knick. Paviane kennzeichnet ein unbehaartes Gesicht und große Eckzähne. Es sind tagaktive Tiere, die gut sehen, hören und riechen können. Männchen werden deutlich größer als Weibchen und haben längere Schnauzen. Paviane leben in Gruppen, die meist aus einigen dominanten Männchen sowie Weibchen mit jungen und halbwüchsigen Tieren bestehen. In ihnen herrscht eine strenge Rangordnung, auch unter den weiblichen Tieren. Die größten und stärksten Männchen (Bären) sind die dominantesten. Sie haben das Vorrecht auf Paarung, das beste Futter und den besten Schlafplatz. Diese Männchen interessieren sich nur für brünstige Weibchen, alle anderen Weibchen ignorieren sie. Durch gegenseitige Fellpflege werden soziale Bindungen innerhalb der Gruppe gepflegt. Weibchen gebären jeweils ein Jungtier, das sie einige Tage bei sich tragen. Mit zwei Wochen beginnt das Junge unter Aufsicht seiner Mutter, die Umgebung zu erkunden. Nach drei Monaten ist das Jungtier selbstständig und sucht nur noch bei Gefahr Schutz bei seiner Mutter. Weibchen bleiben ihr ganzes Leben bei der Gruppe, während viele Männchen die Gruppe verlassen, sobald sie geschlechtsreif sind. Paviane leben vorrangig in bewaldeten Savan-

nen, vorausgesetzt es gibt dort Wasser. In offenen Gebieten und dichten Wäldern findet man sie hingegen nicht. Ihr Futter suchen sich diese anpassungsfähigen Allesfresser am Boden. Dazu gehören Gräser, Wurzeln und Früchte, aber auch Heuschrecken, Schnecken, Skorpione, Eidechsen, Eier, Fische und Frösche. Manchmal jagen sie auch Vögel und kleine bis mittelgroße Säugetiere. Paviane haben viele Feinde, der Wichtigste ist der Leopard. Und sogar Schimpansen und Pythons erbeuten manchmal einen Pavian. Bei Gefahr warnt ein Pavian die anderen mit einem Schrei, worauf die Tiere in alle Richtungen davonrennen.

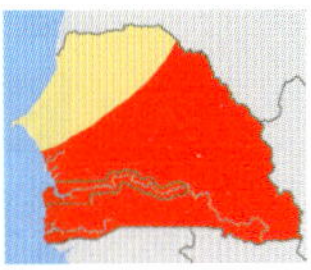

60-100cm

40-75cm

♂ 25-45kg

♀ 12-28kg

LC | NT | VU | EN | CE

Guinea-Pavian *(Papio papio)* **Guinea Baboon**

Der Guinea-Pavian ist der kleinste der fünf Pavianarten Afrikas. Er hat volles rotbraunes Fell und eine graue, längliche und unbehaarte Schnauze. Das Gesicht ist von einer grauen Mähne umrandet. Die Schwanzlänge beträgt etwa 70 cm. Guinea-Paviane bewohnen Trockenwälder und die angrenzenden baumbestandenen Savannen, wo sie gemeinsam nach Nahrung suchen. Dabei sind sie stark auf Wasser angewiesen. Der braune Pavian kann auf viele Arten kommunizieren. Die ältesten Männchen (Bären) sind dominant. Am Rande der Gruppe gibt es jedoch auch so genannte Leutnants: Sobald einer der Anführer Schwäche zeigt, ergreifen sie ihre Chance und erobern sich einen Platz unter den dominanten Bären. Nach einer Trächtigkeit von etwa 180 Tagen bringt das Weibchen je ein Jungtier zur Welt. Diese Pavianart wird 35 bis 45 Jahre alt.

PRIMATEN - MENSCHENAFFEN

Drei Affenarten aus der Familie der Menschenartigen oder Menschenaffen (Hominidae) leben in Afrika. Die meisten Menschenaffenarten kommen nur noch selten vor oder sind vom Aussterben bedroht. Dabei sind die größten Bedrohungen der Verlust ihres Lebensraums im tropischen Regenwald und die Jagd auf ihr Fleisch. Die genetische Ähnlichkeit zwischen Schimpansen und Menschen ist Gegenstand vieler Studien – vor allem, seit das menschliche Genom (genetische Information) fast vollständig entschlüsselt wurde. Da nun auch vom Schimpansen immer mehr DNA-Sequenzen zur Verfügung stehen, können Forscher das menschliche Genom mit dem der Schimpansen vergleichen und Übereinstimmungen bzw. Unterschiede quantitativ bestimmen: Die Übereinstimmung liegt zwischen 94,6 % und 99,4 %. Zwischen Schimpansen und Menschen ist die Verwandtschaft also größer als zwischen Schimpansen und Gorillas. In der Wildnis werden Schimpansen nur selten älter als 50 Jahre.

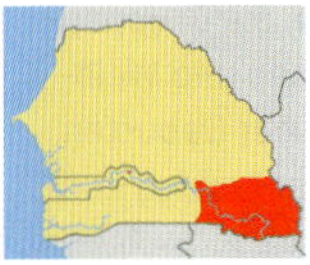

75-95cm

60-80cm

♂ 35-45kg

♀ 30-35kg

LC NT VU **EN** CE

Schimpanse *(Pan troglodytes)* **Common Chimpanzee**
Schimpansen kennzeichnet ein gedrungener Körperbau. Aufrecht stehend sind sie zwischen 100 und 170 cm groß, mit ausgestreckten Armen erreichen sie eine Höhe von 270 cm. Bei erwachsenen Weibchen ist die Gesäßhaut geschwollen und rosafarben. Die Größe der Schwellung ist abhängig von der Phase des Menstruationszyklus, der ungefähr 36 Tage dauert. Aktiv sind Schimpansen vor allem am frühen Morgen und am Nachmittag. Die Tiere verbringen viel Zeit auf dem Boden, klettern jedoch zur Nahrungssuche auch auf Bäume. Sie schlafen in Nestern, die sie sich nachmittags aus Blättern und Ästen bauen. Ihr Futter besteht vor allem aus Früchten und Nüssen sowie aus Blättern, Zweigen und Rinde. Tierische Nahrung wie kleinere Affen (Stummelaffen und junge Paviane), junge Antilopen, Wildschweine und Vögel stehen auch auf ihrem Speiseplan. Sie verwenden einfache Werkzeuge, um Insekten und deren Larven zu fangen und Nüsse zu knacken. Dieses Verhalten ist nicht angeboren, sondern erlernt. In manchen Kolonien werden keine Werkzeuge eingesetzt. Die Tiere leben in kleinen, losen Gruppen aus üblicherweise sechs bis zehn Affen. Eine solche Gruppe ist ihrerseits Teil einer Kolonie von bis zu 120 Tieren. Die Gruppe bewohnt ein großes Territorium, das von beiden Geschlechtern gleichermaßen verteidigt wird. Männchen kämpfen oft untereinander um die hierarchische Stellung in der Gruppe und sind äußerst aggressiv gegenüber Fremden. So töten sie teilweise systematisch ihre Artgenossen aus benachbarten Gruppen, um ihr eigenes Territorium zu erweitern. Fremde läufige Weibchen werden jedoch meistens toleriert. Ein Affenweibchen bekommt alle drei bis acht Jahre nach 240 Tagen ein einzelnes Junges. Schimpansenjunge sind mit ca. zwölf Jahren ausgewachsen, die Beziehung zur Mutter besteht jedoch oft ein Leben lang. Weibchen werden mit elf bis zwölf Jahren geschlechtsreif, Männchen ebenfalls ab einem Alter von elf oder zwölf Jahren sexuell aktiv.

Die Galagos gehören zur Unterordnung der kleinen, nachtaktiven Feuchtnasenprimaten. Es gibt viele Unterarten. Mit beeindruckenden Sprüngen bewegen sie sich durch Bäume und Sträucher und halten dabei mithilfe ihres Schwanzes Balance. Mit ihren großen Augen und Ohren sind die Galagos gut an das Leben in der Dunkelheit angepasst. Ihre Ohren können sie unabhängig voneinander bewegen. Der Tastsinn ist stark entwickelt: an den Hand- und Fußsohlen und in Form von Tasthaaren auf dem Kopf und an den Fesseln. Galagos kommen vor allem in trockenen Wäldern vor. Ihre wichtigsten Feinde sind Uhus und andere Greifvögel, aber auch Affen. Tagsüber schlafen sie im Astwerk, in hohlen Bäumen oder in selbstgebauten Nestern. Weibchen mit Jungen schlafen in Gruppen. Galagos urinieren auf ihre Hände und Füße, vermutlich für besseren Halt, möglicherweise aber auch, um ihr Territorium zu kennzeichnen. Das Territorium wird mit Geruchsstoffen aus den Hautdrüsen an den Genitalien und auf der Brust markiert. Galagos kommunizieren vor allem über laute Rufe, die an Baby-Schreien erinnern. Galagos erkennen einander am Geruch. Wenn Sie abends mit Ihrer Taschenlampe in die Bäume leuchten und dabei weiß-grüne Augen entdecken, können Sie sicher sein, einen Galago vor sich zu haben!

Senegal-Galago *(Galago senegalensis)* **Senegal-Galago** oder **Lesser Bushbaby**
Senegal-Galagos sind grau mit einem leichten beigefarbenen Schimmer. Aus Angst, bemerkt zu werden, wagen sie sich kaum auf den Boden. Die Tiere sind flinke Kletterer und springen ohne Probleme mehr als vier Meter weit. Unter idealen Bedingungen leben einige hundert Exemplare in einem Gebiet von drei Hektar.
Auf dem Speiseplan dieser Allesfresser stehen kleine Vögel, Insekten, Früchte, Blumen, Eier, Gummi und Nüsse. Nach etwa 115 Tagen bringen die Weibchen meist zweimal jährlich ein oder zwei Junge zur Welt.

12-15cm

6-8cm

♂ 200-300gr

♀ 200-300gr

LC | NT | VU | EN | CE

NAGETIERE - EIGENTLICHEN STACHELSCHWEINEN

Von den Stachelschweinen (Hystrix) gibt es in Afrika zwei Sorten. Sie gehören zur Familie der Nagetiere und sind in weiten Teilen Afrikas verbreitet, außer in Wüsten und feuchten, tropischen Regenwäldern. Sie haben einen kompakten Körper mit kurzen Beinen und gehen vor allem nachts auf Futtersuche: Wurzeln, Knollen, Rinde, Früchte und ab und zu größere Insekten. Meist sind sie dabei alleine unterwegs. Tagsüber ruhen sie in ihrem unterirdischen Bau oder in Felsspalten.
Bei Gefahr ziehen sie sich dorthin zurück oder geben knurrende Geräusche von sich, begleitet von Stampfen mit den Hinterbeinen und Rasseln der hohlen Stacheln am Schwanz. Ist ihr Gegenüber davon noch nicht beeindruckt genug, rennen Stachelschweine seitwärts auf ihren Angreifer zu. Die Stacheln haben Widerhaken und lassen sich nur schwer aus der Haut entfernen. Zudem verursachen sie Entzündungen, da Stachelschweine gerne durch ihren eigenen Kot rollen.

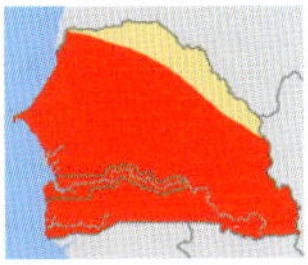

65-85cm

25-45cm

♂ 13-24kg

♀ 13-24kg

LC | NT | VU | EN | CE

Gewöhnliches Stachelschwein *(Hystrix cristata)* **Crested Porcupine**
Der Rumpf ist mit etwa 30.000 langen, scharfen Stacheln und der Bauch mit schwarzen Haaren bedeckt. Auch auf der Stirn wachsen Stacheln, die sich aufrichten können. Zur Verteidigung werden jedoch vor allem die Stacheln an den Flanken genutzt. An den Vorderbeinen haben Stachelschweine vier scharfe Krallen zum Graben, der Daumen ist kurz.
In der Paarungszeit sind die Pärchen ziemlich laut. Das Weibchen hebt die Stacheln des Hinterleibs an und ermöglicht so die Paarung. Nach etwa 100 Tagen bringt sie einmal jährlich ein bis vier Junge zur Welt. Deren Haare sind anfangs noch weich, härten jedoch bereits nach einer Woche beim ersten Verlassen des Baus aus.
Stachelschweine sammeln Knochen in ihrem Bau, auch von bereits ausgestorbenen Tieren. Durch das Kauen auf den Knochen gelangen sie an Kalzium und schleifen ihre Zähne. Stachelschweine leben als monogame Paare, gehen nach Sonnenuntergang auf Nahrungssuche und werden ungefähr zehn Jahre alt.

In Afrika leben dutzende Arten von Borstenhörnchen. Sie bewohnen bergige Gebiete, tropische Zonen, aber auch Halbwüsten. Ihre Fellfarbe variiert von grau bis rotbraun, gestreift oder ohne Streifen. Die meisten Arten gehören zur Gruppe der Erdhörnchen. Ihre Nahrung besteht aus Pflanzen, Wurzeln und Knollen sowie Termiten und Insekten. Bei der Nahrungssuche halten einige Hörnchen Wache. Dabei stehen sie auf den Hinterpfoten und beobachten die Umgebung. Da sie sehr scheu sind, flüchten sie bei der geringsten Störung. Die durch Tunnel verbundenen Höhlen dienen ihnen u. a. als Zufluchtsort und bilden ein weit verzweigtes System aus dutzenden Gängen. Wenn Jungtiere von Raubtieren angegriffen werden, kämpfen Borstenhörnchen unerschrocken, um den Angreifer zu verjagen. Oft fallen sie jedoch Greifvögeln, Waranen, Schakalen und Schlangen zum Opfer. Obwohl es keine echte Hierarchie gibt, pflanzen sich nur die dominantesten Männchen fort, Weibchen werfen nach 45 Tagen ein bis drei Junge. Diese tagaktiven Tiere leben immer in großen Gruppen und werden ca. sechs Jahre alt.

20-25cm

12-15cm

♂ 500-1000gr

♀ 500-1000gr

LC	NT	VU	EN	CE

Gestreiftes Borstenhörnchen *(Xerus erythropus)*

Striped Ground Squirrel

Die Oberseite des Körpers ist grau-braun, die Unterseite blass-grau, fast weiß. Die großen schwarzen Augen sind weiß umrandet, und über die Flanken läuft ein schmaler weißer Streifen. Der lange, buschige Schwanz ist grau-braun und fast so lang wie der Körper, die Ohren sind eher klein. Sie bewohnen Halbwüsten und Savannen. Das Gestreifte Borstenhörnchen lebt hauptsächlich auf dem Boden und klettert nur selten auf Bäume. Zur Begrüßung beschnuppern die Tiere sich gegenseitig an der Nase. Wenn das Echte Erdhörnchen den Schwanz anhebt und die Haare aufstellt, gibt es meist einen Alarmruf von sich, wenn es z. B. ein Raubtier entdeckt hat.

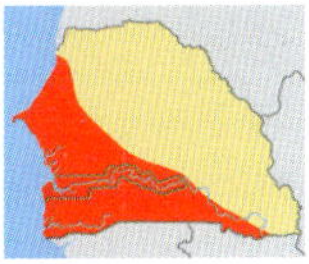

18-22cm

10-13cm

♂ 500-800gr

♀ 500-800gr

LC | NT | VU | EN | CE

Gambische Sonnenhörnchen *(Heliosciurus gambianus)*

Gambian Sun Squirrel

Seine Fellfarben verleihen dem Sonnenhörnchen einen leicht olivbraunen Glanz. Der schwarz-weiße Schwanz ist so lang wieder Körper und die Augen weiß umrandet. Am Unterkörper ist das Fell heller. Meist sieht man die Tiere in Grasland mit Bäumen als Schutzmöglichkeit. Ihre Nahrung besteht aus Pflanzen, Wurzeln und Knollen, Baumfrüchten sowie Termiten und Insekten. Das Sonnenhörnchen wird auch Graufußhörnchen genannt. Sie sind in Afrika südlich der Sahara weit verbreitet.

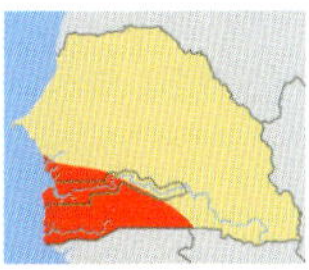

20-25cm

12-15cm

♂ 500-1000gr

♀ 500-1000gr

LC | NT | VU | EN | CE

Rotfüßige Sonnenhörnchen *(Heliosciurus rufobrachium)*

Red-legged sun squirrel

Das Rotfüßige Sonnenhörnchen verbringt die meiste Zeit in hohen Bäumen, wo es nach Samen, Obst und wirbellosen Tieren sucht. In Baumwipfeln fühlen sich diese Tiere besonders wohl. Dort schlafen sie auch, zusammen mit ihrem Partner. Aus Blättern und Ästen bauen sie sich dazu Nester, so etwa in Baumhöhlen. Zweimal jährlich bringt das Weibchen meist zwei Junge zur Welt. Diese sehen aus wie das Kleine Sonnenhörnchen, nur dass die Beine des Rotfüßigen Sonnenhörnchens rotbraun statt graubraun sind.

NAGETIERE - HASEN

Echte Hasen (Lepus) sind eine Säugetiergattung aus der Familie der Hasen und Kaninchen (Leporidae). Echte Hasen sind durch ihre Fellfarbe gut getarnt. Bei Gefahr legen sie sich flach auf den Boden und verharren dort, bis der Angreifer ganz nah ist. Erst dann ergreifen sie die Flucht. Im Gegensatz zu ihren Artgenossen sind Echte Hasen gute Langstreckenläufer und fliehen extrem schnell vor ihren Feinden.

Echte Hasen graben meist keinen unterirdischen Bau, sondern ruhen in flachen Bodenmulden (sog. „Sassen"), die durch Pflanzen gut verdeckt sind. Es gibt jedoch auch einige Hasenarten, die sich zum Schutz vor extremen Temperaturen einen Bau graben.

Sie leben meist solitär. In der Regel wird nur das Gebiet in unmittelbarer Nähe gegen Eindringlinge verteidigt, ansonsten sind sie nicht territorial. Gelegentlich sieht man mehrere Tiere gemeinsam an der gleichen Stelle auf Futtersuche. Sie ernähren sich pflanzlich und leben von Gräsern und Kräutern, Pflanzen der Landwirtschaft, Zweigen, Rinde, Stängeln und Samen.

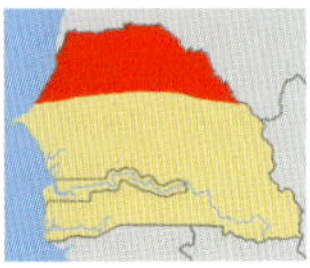

35-45cm

20-30cm

♂ 1500-2500gr

♀ 1500-2500gr

LC	NT	VU	EN	CE

Kaphase *(Lepus capensis)* **Cape Hare**

Der Kaphase hat gelbes oder graubraunes Fell. Sein Bauch ist meist sandfarben bis grau-weiß, die Beine rötlich. Je nach Lebensraum können diese Farben variieren. Die Beine sind lang und schlank und die Hinterbeine doppelt so lang wie die Vorderbeine. Auch die Ohren sind sehr lang. Kaphasen verstecken sich in Bodenmulden („Sassen") oder suchen Schutz zwischen Pflanzen. Im Gegensatz zu den meisten anderen Hasenarten gräbt der Kaphase vor allem in wärmeren Gegenden einen Bau.
Nur der Gepard ist noch schneller als der Kaphase. Nach einer Trächtigkeitsperiode von etwa 42 Tagen bringt das Weibchen bis zu vier Mal im Jahr ein bis drei Junge zur Welt.

35-45cm

20-30cm

♂ 1500-2500gr

♀ 1500-2500gr

LC NT VU EN CE

Savannen-Hase *(Lepus microtis)* **African Savanna Hare**
Kaphasen und Savannenhasen sind schwer voneinander zu unterscheiden. Sie sind etwa gleich groß, und die Farbe ihres Fells passt sich ihrem Lebensraum an. Beim Savannenhasen sind die Beine jedoch öfter rot-braun und die Ohrspitzen meist schwarz. Mit 70 km/h ist auch dieser Hase extrem schnell. Auch sie ernähren sich pflanzlich und leben von Gräsern und Kräutern, Pflanzen der Landwirtschaft, Zweigen, Rinde, Stängeln und Samen. In den Bereichen, in denen sich die Lebensräume des Savannen-Hasen und des Kaphasen überschneiden, weicht der Mosambik-Hase in buschigere und höhergelegene Lebensräume aus während der Kaphase im offenen Grasland lebt.
Daten und Beobachtungen zur Fortpflanzung sind kaum vorhanden.
Die Weibchen bekommen das gesamte Jahr über Jungtiere und die Wurfgrößen liegen bei durchschnittlich 1,6 Jungtieren pro Wurf sowie durchschnittlich 8 Jungtieren pro Weibchen und Jahr.

SCHUPPENTIERE - SCHUPPENTIER

Schuppentiere (oder: „Tannenzapfentiere") sind Säugetiere. Es gibt drei Gattungen mit insgesamt acht verschiedenen Arten, vier davon in Afrika, eine von ihnen in den Ländern dieses Reiseführers. Die Existenz der Schuppentiere ist durch Jagd, Wilderei, Waldbrände und Rodung bedroht. In Afrika und China gelten Schuppentiere als Delikatesse und sind daher auf Schwarzmärkten sehr populär. Hinzu kommt, dass man in Asien den Schuppen Heilkräfte zuschreibt. Das Schuppentier ist trotz des 2010 verliehenen Schutzstatus gegenwärtig eine der am häufigsten illegal nach Asien importierten Tierarten und sein Fortbestand stark bedroht. Die harten, scharfen Plättchen aus Keratin (einem zähen und unlöslichen Eiweiß, aus dem z. B. auch Fingernägel oder die Hörner von Nashörnern bestehen) liegen wie Hornschuppen auf dem Körper und bedecken alles außer Bauch und Innenseite der Beine. Bei Gefahr rollen die Tiere sich zusammen und schützen so die verletzlichen Teile des Körpers. Die Nahrung der Schuppentiere besteht vor allem aus Ameisen und Termiten. Sie haben eine lange, dünne Zunge, bedeckt mit klebrigem Speichel. Da sie zahnlos sind, zermahlen sie ihre Nahrung. Die Ohren sind klein. Ihre Vorderbeine werden als starke Grabwerkzeuge genutzt. Schuppentiere kommen in den Wäldern und Grasgebieten West- und Ostafrikas sowie Südasiens vor. Einige Arten leben auf Bäumen, andere auf dem Boden. Manche der baumbewohnenden Schuppentiere haben einen Greifschwanz. Es handelt sich um solitär lebende Tiere mit häufig nur einem einzelnen Jungen. Das Muttertier schützt den Nachwuchs bei Gefahr, indem es sich um ihn herumrollt. Nach zwei Jahren ist das Jungtier geschlechtsreif.

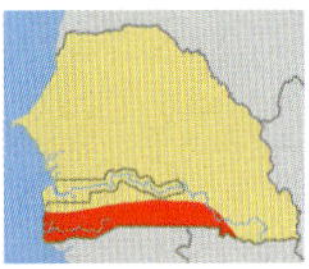

70-80cm

12-16cm

30-35kg

25-30kg

LC	NT	VU	EN	CE

Riesenschuppentier *(Smutsia gigantea)* **Giant Pangolin**

Von den acht Schuppentierarten in Afrika und Asien ist das Riesenschuppentier mit Abstand das größte. Es kommt in den Regenwäldern West- und Zentralafrikas vor. Riesenschuppentiere sind scheue Nachttiere, die sich bei der Nahrungssuche langsam über den Waldboden bewegen. Sie ernähren sich von Ameisen, Termiten und Larven. Die Augen sind durch dicke Augenlider geschützt, und zur Plünderung eines Ameisennests können sich die Nasenlöcher mit speziellen Muskeln verschließen. Der Schwanz misst etwa 60 cm. Bei Gefahr rollen sie sich zu einem Ball zusammen oder teilen mit ihrem mit messerscharfen Schuppen bedeckten Schwanz kräftig aus. Nur Raubtiere, wie z. B. Katzenartige (vor allem Leoparden und Hyänen) mit ihren großen Kiefern und enormer Beißkraft, können ihren Panzer durchdringen. Nach einer Trächtigkeit von fünf Monaten bringen die Weibchen in einem unterirdischen Nest je ein Jungtier zur Welt.

RAUBTIERE - KATZENARTIGE

Die Katzenartigen sind ausgesprochene Fleischfresser. An den Vorderbeinen haben sie fünf Zehen mit scharfen Krallen und an den Hinterbeinen vier. Katzenartige können die Krallen einziehen. Einzig der Gepard zieht die Krallen nicht ein und verbessert so seine Manövrierfähigkeit. Sie (ausgenommen Geparden) jagen vor allem nachts und dank einer reflektierenden Schicht hinter der Netzhaut sehen sie nachts sehr gut. Das Gehör ist ebenfalls gut entwickelt. Katzenartige findet man in Wäldern, aber auch in der Savanne. Sie leben meist solitär. Der Löwe bildet hier eine Ausnahme.
Die Katzen ersticken ihre Beute, indem sie ihre großen Eckzähne in den Hals des Opfers schlagen.

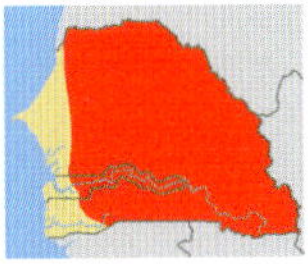

55-75cm

40-50cm

♂ 10-16kg

♀ 10-13kg

LC | NT | VU | EN | CE

Karacal *(Caracal caracal)*
Caracal

Sein breiter, runder Kopf ist durch eine kurze Schnauze, große Augen und dreieckige Ohren mit schwarzen Haarbüscheln an den Spitzen gekennzeichnet. Das Fell ist meist rotbraun und dabei unterschiedlich hell oder dunkel. Brust, Bauch und Innenseite der Beine sind weiß. Die muskulösen Hinterbeine sind länger als die Vorderbeine.
Er bevorzugt Ebenen mit Felsen, kurzem Gras und vielen Versteckmöglichkeiten. Karakale leben solitär in Territorien von einigen Quadratkilometern. Nur in der Paarungszeit verbringen die männlichen Tiere einige Zeit mit dem Weibchen. Dieses wirft nach einer Trächtigkeit von 79 Tagen ca. drei Junge. Nach einem Jahr ist der Nachwuchs selbständig. Wichtige Beutetiere sind Hasen, kleine Antilopen wie z. B. Gazellen und Schliefer. Auch Tauben, Hühner und sogar Adler und Strauße werden gerissen. Der Karakal schleicht sich an seine Beute an, die letzten fünf Meter legt er im Sprint oder mit einem einzigen Sprung zurück. Er fängt auch Vögel aus einigen Metern Höhe aus der Luft. Seinen Flüssigkeitsbedarf deckt er vor allem aus der Nahrung. Karakale reißen gelegentlich auch Ziegen, Schafe und Geflügel, wodurch es zu Konflikten mit den Viehhaltern kommt. Karakale werden etwa zwölf Jahre alt.

60-65cm

30-35cm

♂ 5-6kg

♀ 4-5kg

LC | NT | VU | EN | CE

Afrikanische Wildkatze *(Felis silvestris)* **African Wild Cat**
Die Wildkatze ist der Urahn der Hauskatze. Sie kommt in großen Teilen Europas und Afrikas sowie in Südwest- und Zentral-Asien vor. In Afrika haben Wildkatzen *(F.s. lybica)* ein hellgelbes bis dunkelgraues Fell mit dezenten Streifen und einen geringelten Schwanz. Sie kommen in Laubwäldern, Waldrändern, Halbwüsten und Savannen vor. Die Wildkatze hat mehrere Unterarten. Sie lebt allein und jagt in der Dämmerung oder nachts. Beutetiere sind vor allem Nagetiere, Hasenartige oder Vögel. Gelegentlich fängt sie auch kleine Säugetiere, Frösche, Reptilien, Fische und Insekten und frisst auch pflanzliche Nahrung, Aas jedoch nur selten. Während der Paarungszeit streifen die Kater monoton miauend durch ihr Territorium. Dabei markieren sie ihr Revier häufiger als normal. Die Weibchen sind ungefähr sechs Tage lang rollig und nur dann bereit zur Paarung. Nach einer Trächtigkeit von 56 bis 65 Tagen gebären sie an einem geschützten Ort drei bis vier Junge zum Beispiel in Baumhöhlen oder Hohlräumen zwischen Felsen. Hybridisierung mit verwilderten Hauskatzen stellt in vielen Gebieten die größte Bedrohung für den Bestand dieser Art dar. Die Tiere werden normalerweise zwölf Jahre alt.

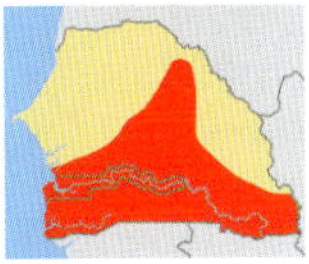

70-80cm

50-60cm

♂ 8-13kg

♀ 8-13kg

LC | NT | VU | EN | CE

Serval *(Leptailurus serval)* **Serval**

Der Serval ist eine der kleineren Katzenartigen. Sein Fell ist gelbbraun mit unregelmäßig verteilten schwarzen Streifen und Flecken. Die Männchen sind größer als die Weibchen. Servale leben vor allem in Savannen mit hohem Gras und Ebenen, aber auch in lichten Wäldern, an Waldrändern und im Schilf der Sümpfe. Ihre Nahrung besteht aus kleinen Säugetieren (bis zur Größe eines Hasen), Echsen, Schlangen, Vögeln und Insekten. Früchte, Fische und Frösche werden ebenfalls gefressen. Manchmal jagen Servale auch junge Antilopen. Die wichtigste Beute sind Mäuse, aufgespürt mithilfe des hervorragenden Gehörs im hohen Gras oder in der Erde.

Aufgrund seiner langen Beine kann der Serval über hohes Gras hinwegspähen. Hat er seine Beute entdeckt, setzt er zu einem hohen Sprung an. Unterirdische Beute wird ausgegraben oder aus der Höhle gezerrt. Auch Vögel kann er mit einem einzigen schnellen Sprung aus der Luft holen. Übrige Teile größerer Beutetiere werden unter der Erde versteckt. Serval leben allein in einem kleinen Territorium, das sie mit Urin abstecken. Als Versteck dienen Höhlen, Zwischenräume im Gestein oder dichte Vegetation. Dort wirft das Weibchen nach 67 bis 77 Tagen ein bis vier Junge. Diese sind bei der Geburt blind. Die Mutter schleppt ihre Jungen regelmäßig zu neuen Verstecken. Nach vier bis fünf Wochen bekommen diese zum ersten Mal Fleisch. Zusätzlich werden sie noch bis zum sechsten Monat gesäugt. Nach einem Jahr sind die Jungen unabhängig. Männliche Jungtiere werden dann verjagt, weibliche von der Mutter toleriert. Servale sind mit zwei Jahren geschlechtsreif und werden in freier Wildbahn ca. 13 und in Gefangenschaft bis zu 20 Jahre alt.

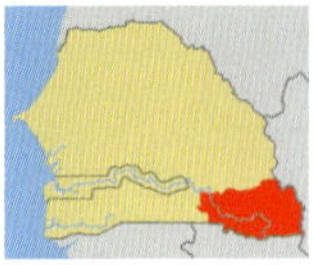

150-230cm

100-120cm

♂ 180-220kg

♀ 130-150kg

LC | NT | VU | EN | CE

Löwe *(Panthera leo)* **Lion**

Der Löwe ist nach dem Tiger die größte Art in der Familie der Katzenartigen. Das kurze Fell variiert von Ockerbraun bis fast Weiß mit einer dunklen Quaste am Schwanz. Über den Körper verteilt finden sich helle Flecken, die vor allem bei jüngeren Tieren noch gut zu erkennen sind. Die meisten Männchen tragen eine volle schwarze, braune oder gelbe Mähne an Kopf, Hals und Schultern, die in der Regel nach ungefähr sechs Lebensjahren komplett ausgebildet ist. Löwen werden in der Wildnis ungefähr zehn bis 14 Jahre alt. In Afrika stehen sie an der Spitze der Nahrungskette, bedroht einzig durch den Menschen oder Artgenossen und durch Krankheiten wie TBC und FIV (Katzen-Aids). Der weitaus größte Teil von ihnen lebt in offenen Savannen, Grasebenen und dünn bewaldeten Regionen von Wildparks. Da sie eine Bedrohung für das Vieh darstellen, werden Löwen in diesen Gebieten, manchmal sogar in Reservaten, gejagt. Löwen leben in Rudeln, die aus erwachsenen Weibchen, einem oder zwei Männchen sowie deren noch nicht ausgewachsenen Nachkommen bestehen und manchmal mehr als 20 Tiere umfassen. Wenn sich Löwen aus derselben Gruppe begegnen, vollziehen sie ein Begrüßungsritual: Reiben, Lecken und Drehen. Fremde Löwen beider Geschlechter werden verjagt. Löwinnen bleiben ihr ganzes Leben lang in ihrem Rudel, während sich junge Männchen nach dem dritten oder vierten Lebensjahr von ihm lösen und dann umherstreifen. Jedes Rudel hat ein festes Territorium, das nur bei Nahrungsknappheit verlassen wird. Löwen ruhen ungefähr zwanzig Stunden am Tag. Achtzig Prozent der Nahrung erlegen die Löwinnen. Sie jagen aus dem Hinterhalt große Tiere, vor allem Pflanzenfresser. Bei einem Angriff können Löwen Geschwindigkeiten von bis zu 60 km/h erreichen. Die Hierarchie im Löwenrudel zeigt sich beim Fressen: Erwachsene Männchen beanspruchen die Beute zunächst für sich. Löwen fressen auch Aas. Wenn der Anführer eines Rudels von einem oder mehreren herumziehenden Männchen herausgefordert wird, kämpft er, um seine Position zu verteidigen. Dominante Löwen und Herausforderer sind meistens zwischen fünf und zehn Jahren alt. Der Verlierer muss das Rudel verlassen. Wenn es einen neuen Anführer gibt, tötet er zuerst sämtliche Jungtiere. So sorgt er dafür, dass die Weibchen wieder fruchtbar werden und er sich fortpflanzen kann. Eine feste Paarungszeit gibt es nicht, es kommt jedoch regelmäßig vor, dass alle Weibchen eines Rudels gleichzeitig einen Eisprung haben und daher mehrere Würfe gleichzeitig zur Welt kommen. Nach einer Trächtigkeitszeit von ca. 100 Tagen bekommen die Muttertiere zwei bis sechs Junge. Löwinnen säugen nicht nur ihre eigenen Nachkommen, sondern auch die ihrer Rudelschwestern. Löwen halten Kontakt mit anderen Gruppenmitgliedern, indem sie brüllen. Dabei sind sie bis zu acht Kilometer weit zu hören. In einem Meter Abstand beträgt ihre Lautstärke 114 Dezibel, vergleichbar mit der eines Flugzeugs.

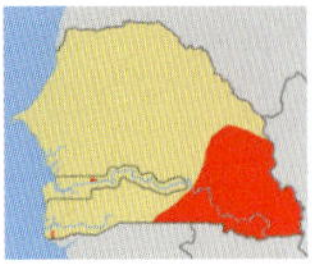

100-120cm

60-75cm

♂ 50-60kg

♀ 50-60kg

LC NT VU EN CE

Leopard *(Panthera pardus)* **Leopard**

Leoparden sind große einzeln lebende Jäger, die sich ausschließlich von Fleisch ernähren. Diese großen, muskulösen Katzen kennzeichnen kurze, kräftige Beine und ein langer Schwanz. Der breite Kopf hat kleine, runde Ohren, einen starken Kiefer und lange Schnurrhaare. Das hellbraune Fell des Leoparden ist mit Rosetten und schwarzen Flecken bedeckt. Die meisten Tiere sind sandgelb oder hellbraun, die Fellfarbe kann jedoch zwischen beigefarben und schwarz (die Flecken sind bei starkem Sonnenlicht weiterhin sichtbar) variieren. Leopardenmännchen sind erheblich größer als die Weibchen. Leoparden sind vor allem Nachttiere, die sich geräuschlos an ihre Beute anschleichen oder diese aus dem Hinterhalt, z. B. von Bäumen, anspringen. Aus Schutz vor Löwen und Hyänen zerren sie ihre Beute üblicherweise auf einen Baum, selbst wenn die Beute doppelt so schwer ist wie sie selbst.

Tagsüber ruhen die Großkatzen meist zwischen Sträuchern oder in Bäumen. Nicht selten erweist sich ein mit dem Fernglas erspähter seltsamer Ast als ein herabhängendes Leopardenbein. Leoparden jagen vor allem mittelgroße Säugetiere wie Antilopen, Warzenschweine und Paviane. Nicht selten spezialisieren Leoparden sich auf eine bestimmte Tierart. Männchen haben oft größere Territorien als Weibchen, das Revier überlappt sich in der Regel zudem mit dem eines Tieres vom anderen Geschlecht und wird mit Urin oder Kot markiert oder auch mit Kratzspuren an Bäumen. Gleichgeschlechtliche Tiere meiden einander. Ist ein Gebiet reich an Beute, sind die Reviere entsprechend kleiner. Wenn das Weibchen paarungsbereit ist, sendet es über den Urin einen Duft aus, der die Männchen anzieht. Nach der Paarung kümmern sich die Männchen nicht länger um die Weibchen oder den Nachwuchs, sondern ziehen dann wieder alleine umher. Die Trächtigkeit dauert ca. 100 Tage. Die zwei oder drei Jungen werden drei Monate lang gesäugt und bleiben ungefähr anderthalb bis zwei Jahre bei ihrer Mutter. Danach sind sie geschlechtsreif und selbständig. Erst nach drei oder vier Jahren sind junge Leoparden vollständig ausgewachsen. Sie können bis zu 20 Jahre alt werden.

Hyänen (Hyaenidae) sind mittelgroße Raubtiere, die in Afrika und Asien vorkommen. Obwohl Hyänen wie große Hunde aussehen, stellen sie eine eigene biologische Familie dar, die am nächsten mit den Katzenartigen verwandt ist. Es gibt vier Arten: die Tüpfelhyäne, die Braune Hyäne, die Streifenhyäne, und den Erdwolf, der zu einer eigenen Unterfamilie zählt. Hyänen sind Räuber und Aasfresser zugleich. Ein schräg abfallender Rücken ist charakteristisch für die „Eigentlichen" Hyänen. Im Gegensatz zu den meisten Katzenartigen kann die Hyäne nicht ihre Krallen einziehen. Dadurch kann sie bei der Verfolgung ihrer Beute besser wenden.

95-145cm

70-90cm

♂ 40-55kg

♀ 54-65kg

LC | NT | VU | EN | CE

Tüpfelhyäne *(Crocuta crocuta)* **Spotted Hyena**

Die Fleckenhyäne ist die am häufigsten vorkommende afrikanische Hyänenart. Ihr Lebensraum erstreckt sich vom Südwesten bis in den Nordosten Afrikas. Sie ist die schwerste und kräftigste aller Hyänen. Die Weibchen sind größer als die Männchen, und es sind die Weibchen, die in der strengen Rudelhierarchie dominieren. Hyänen sind echte Savannenbewohner und häufig in der Nähe von Wasser, aber auch in dichter Vegetation anzutreffen. Meist leben sie in Gruppen von drei bis mehr als 15 Familienmitgliedern. Ein solcher Clan ist territorial, und das entsprechende Gebiet wird mit Urinspuren und Ausscheidungen aus Analdrüsen markiert. Fleckenhyänen jagen am liebsten nachts, aber auch tagsüber sind sie sehr aktiv. In Gruppen sind sie gefürchtete Gegner von Löwen, und es ist durchaus üblich, dass sie Löwen von deren erlegter Beute verjagen. Hyänen sind Räuber und Aasfresser. Ihr sehr starker Kiefer ermöglicht es ihnen, selbst durch dickste Haut zu beißen. Nach einer Trächtigkeit von ca. 110 Tagen wirft das Weibchen zwei bis drei Junge. Die Hyäne ist evolutionär nah mit den Katzenartigen und den Schleichkatzen verwandt. Ihr Jagdverhalten, das vor allem von Geduld und Schnelligkeit geprägt ist, ähnelt eher dem der Hundeartigen. Der Ruf der Hyäne, oft zu hören bei Sonnenuntergang, ist eines der ersten Geräusche, die aus dem dunklen Busch zu Ihnen dringen werden. Der weißgraue Kot der Hyäne zeugt vom Verdauen von Knochen. In der Wildnis werden Fleckenhyänen ca. zwölf Jahre alt.

Schleichkatzen (Viverridae) gehören zur Familie der Katzenartigen. Bei ihnen handelt es sich um kleine bis mittelgroße Raubtiere, von denen es rund 30 Arten gibt. In Afrika leben zehn verschiedene Arten von Ginsterkatzen, wobei Kleinfleck- und Großfleck-Ginsterkatzen am verbreitetsten sind. Wenn Sie auf Ihrer Reise eine Ginsterkatze sehen, ist es wahrscheinlich eine dieser beiden Arten. Afrikanische Zibetkatzen sind größer und gedrungener als Ginsterkatzen und zeigen deutlich aggressiveres Verhalten. Genau wie Ginsterkatzen sind sie anpassungsfähige Allesfresser. Beide Arten leben in waldreichen Gebieten. Während Zibetkatzen auf dem Boden nach Nahrung suchen, finden Ginsterkatzen als die besseren Kletterer ihre Nahrung jedoch auch auf Bäumen. Wenn Sie nach Anbruch der Dunkelheit mit einer starken Taschenlampe die Baumkronen absuchen, kann es vorkommen, dass die Reflexion eines Augenpaars dort die Anwesenheit einer Ginsterkatze verrät.

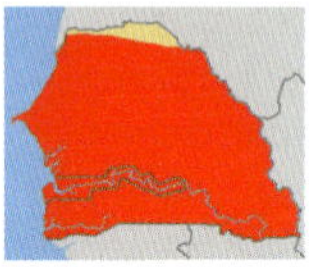

80-90cm

35-40cm

♂ 9-15kg

♀ 9-15kg

LC NT VU EN CE

Afrikanische Zibetkatze *(Civettictis civetta)* **African Civet**

Ihre Gliedmaßen sind schwarz, und vom Hals bis zum Schwanz verläuft ein breiter schwarzer Streifen. Sie leben in den tropischen und subtropischen Zonen Afrikas und sind in dichter Vegetation und in Gegenden mit permanenter Wasserverfügbarkeit relativ stark verbreitet. Tagsüber ruhen sie in Höhlen oder dichten Sträuchern, und in der Nacht bewegen sie sich mucksmäuschenstill auf Nahrungssuche durch die fast undurchdringliche Vegetation. Gelegentlich werden Zibetkatzen noch „gemolken", um ihre nach Moschus duftenden Ausscheidungen zu gewinnen. Dieses Sekret wurde lange Zeit in der Parfümindustrie verwendet. Die Weibchen werfen nach einer Trächtigkeitsperiode von 60 bis 64 Tagen zwei bis vier Junge. Zibetkatzen werden bis zu 15 Jahre alt

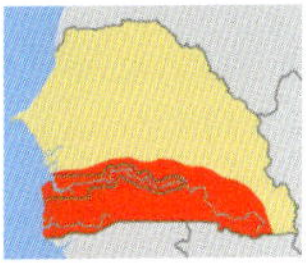

40-60cm

16-20cm

♂ 1700-3000gr

♀ 1700-3000gr

LC | NT | VU | EN | CE

Pardelroller *(Nandinia binotata)* **African Palm Civet**
Äußerlich gleichen Pardelroller eher Ginsterkatzen als Civetten. Auch ist nicht sicher, zu welcher Familie Pardelroller eigentlich gehören. Es wird angenommen, zu einer eigenen. Taxonomisch werden sie derzeit in der Familie der *Nadiniidae* und der Gattung *Nandinia* geführt. Pardelroller sind scheue Baumbewohner. Sie sind nachtaktiv und leben solitär. Ihre Nahrung besteht aus Fledermäusen, Vögeln, Nagetieren und Insekten. Leise pirschen sie sich an ihre Beute, springen diese an und beißen dann mehrmals zu. Die Beute wird (fast) vollständig verschlungen. Gelegentlich fressen sie auch Aas oder Bananen, Feigen und Früchte von verschiedenen Lianen. Blitzschnell bewegen Pardelroller sich von Ast zu Ast. Mit ihren daumenähnlichen Zehen können sie sich sehr gut festhalten, auch vertikal, und mit dem ca. 60 cm langen Schwanz das Gleichgewicht halten. Tagsüber ruhen die Tiere in Baumhöhlen. Der Pardelroller hat ein geflecktes, strohgelbes bis dunkelbraunes Fell. Düfte sind sein wichtigstes Kommunikationsmittel. Über eine Duftdrüse am Unterbauch scheidet er eine braune, moschusartige Flüssigkeit aus. Auch an den Fußsohlen und am Kinn befinden sich Duftdrüsen. Nach einer Trächtigkeitsperiode von zwei Monaten werden zwei bis vier Jungtiere geboren. Beim Säugen produziert das Weibchen eine orange-gelbe Flüssigkeit, die auf ihren Bauch und die Jungtiere abfärbt. Diese vorübergehende Färbung signalisiert, dass sie nicht paarungsbereit ist.

40-45cm

20-26cm

♂ 1500-3000gr

♀ 1500-3000gr

LC	NT	VU	EN	CE

Kleinfleck-Ginsterkatze *(Genetta genetta)* **Common Genet**
Kleinfleck-Ginsterkatzen sind solitär lebende Nachttiere. Diese scheuen Räuber ruhen tagsüber in Baumwipfeln. Sie suchen Ihre Nahrung in Bäumen und am Boden und erbeuten Nagetiere, Vögel und Insekten, fressen aber auch Früchte und Beeren. In einigen Dörfern werden Ginsterkatzen als Haustiere gehalten, um Mäuse und Ratten zu fangen. Aus der Ferne ist diese Ginsterkatze kaum von der Haussa-Ginsterkatze zu unterscheiden. Auch ihr Fell hat ein Fleckenmuster, bei dem die Flecken in Längsrichtung angeordnet sind. Auf ihrem Schwanz haben diese Ginsterkatzen neun breite, schwarze Ringe, die Kleinfleck-Ginsterkatze jedoch nur sieben oder acht. Die Schwanzspitze ist nicht immer schwarz. Die Trächtigkeit dauert etwa 70 Tage, und ein Wurf besteht meist aus einem oder zwei Jungen.

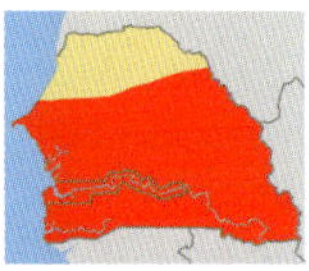

40-45cm

20-26cm

♂ 1500-3000gr

♀ 1500-3000gr

LC	NT	VU	EN	CE

Haussa-Ginsterkatze *(Genetta thierryi)* **Haussa Genet**
Die Haussa-Ginsterkatze lebt mitten in den westafrikanischen Savannen. Ihr Fell ist heller, und die Haare sind in Savannen mit karger Vegetation kürzer und heller als in dichter bewachsenen Savannen. Aus der Ferne ist die Haussa-Ginsterkatze kaum von der Kleinfleck-Ginsterkatze zu unterscheiden. Auch ihr Fell hat ein dunkleres, in der Länge angeordnetes Fleckenmuster, der Schwanz hat eine schwarze Spitze und ist breit geringelt. Am Kopf ist sie meist etwas grauer, was jedoch auch bei der Ginsterkatze vorkommen kann.

RAUBTIERE - MANGUSTEN

Bei den Mangusten (Herpestidae) handelt es sich um eine Säugetierfamilie aus der Ordnung der Raubtiere (Carnivora). Sie sind vor allem während der frühen Morgenstunden oder in der Dämmerung zu beobachten. Diese scheue Tieren flüchten beim geringsten Anzeichen von Gefahr. Bei nicht allzu hoch wachsendem Gras und leicht abfallendem Terrain haben Sie in Gegenden mit Termitenhügeln gute Chancen, eine Familie vorbeiziehen zu sehen. In jeder Gruppe gibt es ein Alpha-Männchen und ein Alpha-Weibchen sowie eine strenge „Hackordnung". Meistens darf sich nur das Alpha-Weibchen paaren. In der Hierarchie hochstehende Männchen markieren ihr Territorium mit Ausscheidungen aus den Analdrüsen; bei vielen Arten sind die Weibchen dominant. Kleinere Mangustenarten fressen vor allem Insekten, teilweise jedoch auch kleine Reptilien, Eier und Vögel. Auf dem Speiseplan der größeren Arten kommen auch Schlangen vor sowie Nagetiere und Frösche oder Kröten. Manchmal ergänzen die Tiere ihre Nahrung auch durch Früchte. Zahlreiche Arten nutzen verlassene Termitenhügel als Versteck. Zum Teil werfen Mangusten zweimal im Jahr, und die Jungen des vorherigen Wurfs helfen dann bei der Versorgung der Neugeborenen.

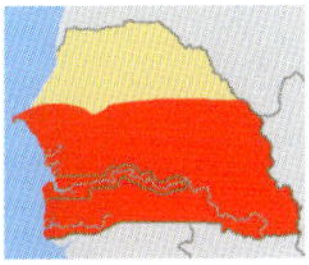

48-68cm

18-22cm

♂ 2000-2900gr

♀ 1800-2600gr

LC | NT | VU | EN | CE

Sumpfmanguste *(Atilax paludinosus)* **Marsh Mongoose**

Die Sumpfmanguste frisst in erster Linie Krabben und Amphibien, die sie hauptsächlich in der Nähe von Mooren und anderen wasserreichen Gebieten findet. Vor allem dort, wo Schilf und andere Ufervegetation wächst. Es kommen gelegentlich Tiere mit rotbraunem Fell vor, die meisten sind jedoch dunkelbraun bis schwarz mit einem heller gefärbten Bauch. Die Vorderzähne des Unterkiefers sind stark genug, um auch zähe Beutetiere zu zerreißen. Die Sumpfmanguste ist ein guter Schwimmer und versucht, an der Wasseroberfläche ihre Beute zu packen. Sie jagt aus dem Hinterhalt. Krabben und Schnecken zerschlägt sie an Felsen. Sie sind vor allem während der Dämmerung und nachts aktiv, leben solitär und lassen sich sehr selten blicken.

30-40cm

13-16cm

♂ 650-750gr

♀ 450-575gr

LC | NT | VU | EN | CE

Schlankmanguste *(Galerella sanguinea)* **Slender Mongoose**
Schlankmangusten leben solitär und halten sich meist in Bäumen auf, Baumhöhlen nutzen die geschickten Kletterer gerne als Ruheplatz. Die Schlankmanguste hat einen langen, schlanken Körper mit kurzen Beinen, einen langgestreckten Kopf und einen Schwanz, der fast so lang ist wie der Rest des Körpers. Das kurze, graue Fell variiert farblich zwischen hellgrau und dunkelbraun, vermutlich abhängig vom Habitat. Der Bauch ist in der Regel heller, die Schwanzspitze meist schwarz. Schlankmangusten haben bernsteinfarbene Augen. Finger und Zehen können weit gespreizt werden und haben kleine, scharfe Krallen. Auf dem Boden oder in Bäumen machen sie tagsüber Jagd auf junge Vögel, Nagetiere und andere kleine Säugetiere, Echsen, Schlangen, Frösche und Wirbellose. Darüber hinaus fressen sie Eier, Früchte und Fliegenmaden aus Kadavern.

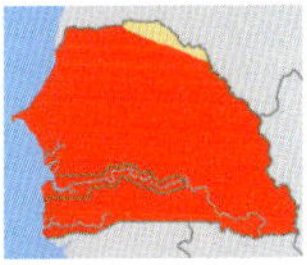

45-60cm

16-20cm

♂ 3500-4000gr

♀ 2500-3500gr

LC | NT | VU | EN | CE

Ichneumon *(Herpestes Ichneumon)* **Egyptian Mongoose**
Der Ichneumon hat ein graubraunes Fell, einen langen breiten Schwanz, der in einer schwarzen Quaste endet, und kleine breite Ohren. Der Name Ichneumon kommt aus dem Griechischen und bedeutet „Spurensucher". Das Tier läuft häufig mit dem Kopf Richtung Boden geneigt, vermutlich folgt es dabei Geruchsspuren. Manchmal läuft eine ganze Familie so in einer langen Reihe hintereinander her. Ichneumone jagen Kaninchen, Nagetiere, Vögel, Wirbellose (wie Insekten und Krabben), Schlangen und andere Reptilien, fressen jedoch auch Aas und Vogeleier. Der Ichneumon kann unterirdische Beute leicht mit seinen Vorderpfoten ausgraben und extrem schnell zuschlagen. Seine Schnelligkeit und Wendigkeit sind ein Vorteil bei der Jagd auf gefährliche Beute wie Giftschlangen. Auch Vögel kann er gut fangen. Ichneumone werden in Gefangenschaft bis zu 20 Jahre alt.

Gambia-Manguste *(Mungos gambianus)* **Gambian Mongoose**
Gambia-Mangusten leben in Gruppen von zehn bis 20 Tieren in den Feuchtgebieten der Savannen. Es sind anpassungsfähige Raubtiere, die sich in erster Linie von Insekten ernähren, gelegentlich jedoch auch Nagetiere, Reptilien und Eier erbeuten. Jede Gruppe wird von einem Alpha-Pärchen angeführt. Die Gruppe frisst gemeinsam und hält untereinander mit einem vogelähnlichen Zwitschern Kontakt. Ein lauteres, höheres Geräusch hingegen dient als Alarmsignal. Die Tiere sind überwiegend braun-grau, Brust und Bauch rot-braun und die Beine etwas dunkler braun.

Alle Weibchen bringen etwa zur gleichen Zeit (in der Regenzeit) und bis zu vier Mal jährlich Junge zur Welt. Schon ein bis zwei Wochen nach der Geburt sind sie bereits wieder fruchtbar.

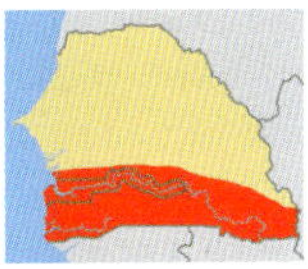

32-45cm

18-20cm

♂ 1000-1800gr

♀ 1000-1800gr

LC | NT | VU | EN | CE

65-70cm

120-125cm

♂ 4000-5000gr

♀ 3000-400gr

LC | NT | VU | EN | CE

Weißschwanzmanguste *(Ichneumia albicauda)* **Mongoose, White-tailed**
Die Weißschwanzmanguste ist die größte aller Mangusten. Ihr weißgrauer Schwanz ist dick und der Kopf im Verhältnis zum Rest des Körpers eher klein. Die Beine sind länger als die anderer Mangusten. Weißschwanzmangusten kommen häufig vor. Man nimmt sie oft nicht gleich wahr, weil sie bevorzugt nachts nach Nahrung suchen. Tagsüber verstecken sie sich in verlassenen Höhlen oder Termitenhügeln. Sie fühlen sich fast überall wohl, ausgenommen in tropischen Wäldern und trockenen Wüsten. Im Durchschnitt werden die Tiere zwölf Jahre alt.
Diese Art frisst vor allem Insekten, aber auch Frösche, Mäuse, Schlangen, Vögel, Würmer und vereinzelt auch Früchte. Die Tiere leben allein, nur während der Paarungszeit suchen sich Männchen und Weibchen gegenseitig und kommen zusammen. Das Weibchen bekommt ein bis vier Junge. Bei Gefahr verbreiten die Tiere einen unangenehmen Geruch. Die Weißschwanzmanguste kann nicht auf den Hinterbeinen stehen.

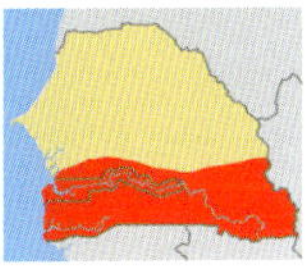

30-45cm

12-16cm

♂ 1500-2250gr

♀ 1500-2250gr

LC | NT | VU | EN | CE

Zebramanguste *(Mungos mungo)*

Banded Mongoose

In der Abenddämmerung und am frühen Morgen sind sie am aktivsten. Tausendfüßler, Käfer und andere Insektenarten stehen ganz oben auf dem Speiseplan, sie fressen aber auch Frösche, Eidechsen, kleinere Schlangen sowie Bodenvögel und deren Eier. Diese kräftige Manguste hat einen großen Kopf, kleine Ohren, kurze, muskulöse Beine, und ihr Schwanz ist fast so lang wie ihr Körper. Sie ist sehr einfach an ihren markanten Querstreifen zu erkennen. Zebramangusten leben in großen Gruppen von sieben bis zu 40 Tieren und zeigen ein ausgeprägtes Sozialverhalten. Jede Gruppe hat ihr eigenes Territorium. Der hintere Teil des Körpers ist etwas höher als die Schultern. Alle Weibchen werden von den Alpha-Männchen dominiert, deren Anzahl von der Größe der jeweiligen Gruppe abhängt. Die Alpha-Männchen haben das alleinige Paarungsrecht, das sie jedoch nicht immer erfolgreich verteidigen können. Fast alle Weibchen bringen gleichzeitig zwei bis sechs Junge zur Welt, und nach zehn Tagen sind sie bereits erneut empfänglich.

Die Hundeartigen (Canoidae) sind eine Überfamilie innerhalb der Ordnung der Raubtiere. Zu den Hunden (Canidae) gehören beispielsweise Füchse, verschiedene als „Schakal" bezeichnete Tierarten, Kojoten und Wölfe und deren domestizierte Formen sowie Haushunde. Kaniden kennzeichnet ein guter Geruchssinn und ein ausgezeichnetes Gehör. Außerdem zeigen sie großes Durchhaltevermögen - ideal, um ihre Beute bis zur Erschöpfung zu hetzen. Dadurch sind sie sehr erfolgreiche Jäger. Die meisten Arten dieser Familie haben lange Beine, fünf Zehen an den Vorderpfoten und vier an den Hinterpfoten. Die Klauen sind nicht wie bei den Katzenartigen einziehbar. Die Hundeartigen sind sowohl Aasfresser als auch Räuber.

30-40cm

20-25cm

♂ 2-3kg

♀ 2-3kg

LC	NT	VU	EN	CE

Blassfuchs *(Vulpes pallida)* **Pale Fox**
Der Blassfuchs ähnelt dem im südlichen Afrika vorkommenden Kapfuchs. Die Beine sind relativ kurz und die Ohren sind ziemlich lang und sind an den Spitzen abgerundet. Der Blassfuchs lebt am Rand und südlich der Sahara bis zum Roten Meer. Er ist in dünn besiedelten Savannen und Halbwüstengebieten verbreitet. Sein helles Fell stellt in den trockenen Gebieten mit dürrem Gras eine ideale Tarnung dar. Die Grundfarbe ist blass-beige, Beine und gelegentlich auch der Rücken sind rötlichbraun. Unterseite, Gesicht und Ohrinnenseiten sind heller, manchmal fast weiß. Aufgrund seines spezifischen Lebensraums ist nur wenig über ihn bekannt. Blassfüchse sind gut an den Lebensraum angepasst.
Sie vertragen gut die in Trockenzeiten vorkommende große Hitze und brauchen kaum Wasser. Flüssigkeit gewinnen sie wohl aus den gefressenen Früchten und Beutetieren. Ganz ohne Wasser kommen sie allerdings nicht aus. Bei unzureichender Nahrungsversorgung zieht er weiter nach Süden in die Savannen. Tagsüber ruhen sie in Höhlen. Der Blassfuchs ist oft in Gesellschaft von Familienmitgliedern.

70-80cm

40-48cm

♂ 7,5-14kg

♀ 7,5-14kg

LC | NT | VU | EN | CE

Streifenschakal *(Canis adustus)* **Side-striped Jackal**
Über seine Flanken sowie über die Schultern laufen helle Streifen. Obwohl er der scheueste der drei Arten ist, ist er in seinem Lebensraum deutlich sichtbarer, da er sich auch in landwirtschaftliche Gegenden und Dörfer wagt. Er meidet die offene Savanne und trockene Wüstengebiete und hält sich meist in gehölzreichen, jedoch nicht allzu waldreichen Gebieten auf. Seine Nahrung besteht größtenteils aus pflanzlichen Bestandteilen (Baumfrüchte). Er frisst jedoch gelegentlich auch Fleisch, jedoch nicht vorrangig, wie andere Schakale.

Afrikanischer Goldwolf *(Canis anthus)* **African Golden Wolf**
Aus zahlreichen Studien geht hervor, dass es sich bei diesem Tier nicht um einen Goldschakal, sondern um eine separate Unterart handelt. Diese ist offenbar sehr eng mit dem Schakal verwandt, stammt jedoch vom Wolf *(canis lupus)* ab.
Die Fellfarbe variiert je nach Lebensraum von fast Grau bis leichtem Hellbraun mit Grautönen. Beine und Kopf sind goldbraun und das Schwanzende schwarz. Der Afrikanische Goldwolf spielt in den Kulturen Nordafrikas eine wichtige Rolle. Seine Körperteile werden zur Herstellung von Medikamenten verwendet, gleichzeitig verehren ihn die Sérères in Senegal als erstes Tier, das ihr Gott Roog erschuf.
Wenn die Tiere nicht genügend Ratten und Eichhörnchen erbeuten können und die Hasen zu schnell für sie sind, jagen sie gerne wehrlose junge Weidetiere. Darüber hinaus fressen sie Insekten wie Mistkäfer und Heuschrecken sowie Aas. Der bevorzugte Lebensraum sind Trockenzonen, so etwa die Sahelsavannen.

60-75cm

35-40cm

♂ 6-13kg

♀ 6-13kg

LC | NT | VU | EN | CE

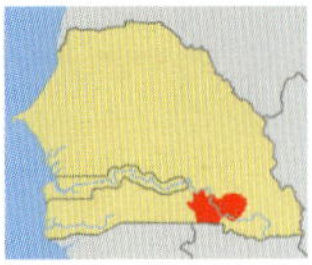

75-110cm

60-75cm

♂ 17-35kg

♀ 15-32kg

LC	NT	VU	**EN**	CE

Afrikanischer Wildhund *(Lycaon pictus)* **African Wild Dog**

In Afrika gehört er zu den am stärksten bedrohten Tierarten. Er wurde lange Zeit gejagt, weil er vereinzelt junges Vieh gerissen hat. Außerdem ist der Wildhund anfällig für die Krankheiten der domestizierten Hunde. Die noch existierenden Rudel sind heute so über Afrika verteilt, dass genetische Vermischung kaum noch möglich ist. In verschiedenen Ländern werden die Tiere nun intensiv überwacht. Neben der Wiedereinführung von Wildhunden aus Zuchtprogrammen, vor allem in Südafrika, wurden auch Zoologische Gärten für ihren Schutz gewonnen. Die Größe des Verbreitungsgebietes des Wildhunds variiert zwischen 400 km^2 und 1.500 km^2. Sie leben in Gruppen von zehn bis 30 Familienmitgliedern. Im Rudel gibt es ein dominantes Alpha-Paar. Gelegentlich wird der Rüde durch Rivalen herausgefordert. Verliert er, muss er seine führende Position aufgeben. Das Alpha-Weibchen ist meist die Mutter der übrigen Familienmitglieder. Stirbt sie, nimmt die dominanteste Tochter ihren Platz ein. Nur sie trägt Nachkommen aus, welche nach 70 Tagen geboren werden. Die meisten Jungen (sieben bis 10) werden am Ende der Regenzeit in einer unterirdischen Höhle geboren. Im Alter von einem Monat verlassen sie erstmals den Bau, eine Woche später sind sie abgestillt und fressen vorverdaute Nahrung. Nach neun Wochen gehen sie mit den erwachsenen Hunden auf die Jagd, und nach einem Jahr sind sie bereits ausgewachsen.
Der soziale Zusammenhalt ist sehr eng. Wildhunde jagen mit der ganzen Gruppe kleinere Gazellen und scheuen sich auch nicht, größere Antilopen zu reißen. Mit ihrer enorme Ausdauer können sie die Beute bis zu deren Erschöpfung hetzen. Sie sind keine „sanften Killer", wie die Katzenartigen, die ihre Beute ersticken. Wildhunde beißen ihrer Beute in die Weichteile, z. B. in den Bauch oder das Hinterteil, so dass diese durch Schreck und Schmerz in einen Schockzustand gerät und kurz darauf stirbt. Afrikanische Wildhunde jagen vor allem in der Dämmerung, aber auch tagsüber. Sie werden normalerweise um die zehn bis zwölf Jahre alt.

Zur Familie der Marderartigen gehören Hermeline, Wiesel, Iltisse, Dachse, Otter, Nerze und Marder. Die meisten Arten können einen stinkenden Geruch aus ihren Analdrüsen absondern. Wie andere Fleischfresser haben sie große, scharfe Eckzähne und Vormahlzähne. Ihr Körper ist lang, die Beine kurz, und meist sind sie gute Kletterer. Normalerweise sind die Männchen größer als die Weibchen. Einige Marderarten werden wegen ihres schönen Fells gezüchtet oder gejagt. Die Tiere sind meist nachtaktiv.

60-80cm

24-28cm

♂ 9-16kg

♀ 6-10kg

LC	NT	VU	EN	CE

Honigdachs *(Mellivora capensis)* **Ratel** oder **Honey Badger**
Der Honigdachs hat einen kräftigen Körper, stabile Beine mit starken Klauen und einen kräftigen Kiefer. Sein Fell besteht aus kurzen, rauen Haaren, am Bauch ist es weicher. Das Gehirn des Honigdachses ist im Vergleich zu allen anderen Raubtieren proportional am größten. Honigdachse erweisen sich als sehr widerstandsfähig gegen Schlangengifte, vor allem das von Vipern. Werden sie gebissen, verlieren sie kurz das Bewusstsein. Vermutlich reduzieren sie so die Durchblutung der lebenswichtigen Organe während der Neutralisierung des Giftes. Auch seine dicke, lose Haut schützt den Honigdachs. Seit vielen Jahren wird beim Honigdachs nach den chemischen Stoffen geforscht, die für ihre Immunität verantwortlich sind. Er kommt in vielen Lebensräumen vor, von offenen Savannen bis zu dichten, tropischen Regenwäldern, am häufigsten ist er jedoch in offenen Wäldern zu finden. Honigdachse sind vor allem nachts aktiv, gelegentlich aber auch schon zur Zeit der Dämmerung. Tagsüber ruhen sie sich in selbst gegrabenen Höhlen aus, die oft über viele Generationen bewohnt werden. Sie leben solitär oder paarweise und haben ein großes Territorium, das sich häufig mit dem anderer Honigdachse überlappt. Die Tiere sind unerschrockene Jäger und gehen keinem Kampf aus dem Weg. Bei Gefahr stößt der Honigdachs einen drohenden, rasselnden Ruf aus. Diesem verdankt er auch den englischen Namen „Ratel". Nach einer Trächtigkeitszeit von sechs Monaten kommen meist zwei bis vier Junge zur Welt. Der Honigdachs kann 24 Jahre alt werden. Er ist ein Allesfresser, frisst Kadaver, jagt aber auch mittelgroße Tiere wie Stachelschweine, Hasen, Schlangen, Schildkröten, Vögel und Fische. Pflanzenwurzeln, Knollen und wilde Früchte gehören ebenfalls zur seiner Nahrung, und er ist spezialisiert auf unterirdisch lebende Tiere. Mit seinen großen Krallen gräbt er sich durch den harten Boden. Honigdachse legen Nahrungsvorräte an. Ein weit verbreiteter Irrglaube besagt, dass der Honiganzeiger, ein kleiner Vogel, den Honigdachs zu Bienennestern führt, die der Dachs dann aufbricht, woraufhin sich beide Tiere über Larven, Honig und Bienenwachs hermachen. Bisher ist dieses symbiotische Verhalten aber weder dokumentiert noch wissenschaftlich belegt.

70-100cm

25-30cm

♂ 10-18kg

♀ 10-18kg

LC	NT	VU	EN	CE

Kapotter *(Aonyx capensis)* **African Clawless Otter**

Zwischen den Fingern und Zehen haben sie Schwimmfliese. Die Krallen des Kapotters sind stark zurückgebildet und sehen menschlichen Fingernägeln ähnlich (*a* bedeutet 'ohne', *onyx* ist eine Kralle).

Die Tiere bewohnen unterschiedliche Lebensräume und gehen gelegentlich auch über Land auf Suche nach besserer Nahrung. Man findet sie in Bächen und Flüssen mitten in Tieflandwäldern und in Savannen, wo es Wasser gibt. Dieser große Otter lebt solitär und ist an der weißen Unterseite seines Fells erkennbar.

Nur während der Paarungszeit in der Regenzeit suchen die Tiere Kontakt zu Artgenossen. Das Weibchen bringt nach 63 Tagen zwei bis fünf Junge zur Welt. Otter fressen Fische, Frösche, Krabben und zum Teil auch Vögel und kleine Säugetiere. Sie verbrennen viel Energie und benötigen daher große Mengen an Nahrung. Fischernetze und Überfischung stellen zunehmende Bedrohungen für Otter dar. Ihr größter natürlicher Feind ist die Python, die ruhig am Ufer auf ihre Chance wartet.

In der englischen Sprache unterscheidet man zwischen „hogs" und „pigs", je nach Familie, welcher die Tiere angehören. Sämtliche Arten der Echten Schweine (Suidae) sind Allesfresser, den wichtigsten Teil ihrer Nahrung bildet jedoch pflanzliches Futter wie junges Gras, Wurzeln, Knollen, Früchte, Kräuter und Pilze. Die tierische Nahrung besteht vor allem aus Insekten, Schnecken, Vogeleiern, Fröschen, Echsen und Aas. Ihren Bedarf an Mineralien decken sie, indem sie Erde fressen. Säue mit Jungen und Eber sind sehr aggressiv. Zur Überraschung junger, unerfahrener Raubtiere wählen Schweine oft den Angriff als beste Verteidigung. Schweine sind sozial, eine Gruppe besteht aus Weibchen und deren jungen Nachkommen. Meist finden sich enge Verwandte zu Gruppen zusammen. Die Eber bilden Junggesellengruppen. Schweine werden von in der Nähe lebenden Menschen zum Verzehr gejagt, wodurch zugleich der Verwüstung der Felder entgegengewirkt wird. Das Elfenbein der Zähne wird verkauft.

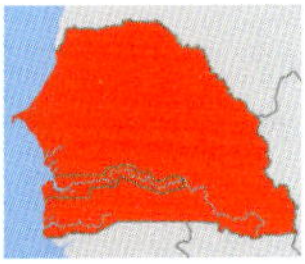

90-135cm

60-70cm

♂ 60-105kg

♀ 45-70kg

LC	NT	VU	EN	CE

Warzenschwein *(Phacochoerus africanus)* **Common Warthog**
Warzenschweine sind an den Hauern zu erkennen, die seitlich weit aus der Schnauze herausragen. Ihren Namen verdanken sie den Warzen unter den Augen und auf der Schnauze. Die Haut ist, abgesehen von ein paar Borsten und den Wimpern, fast glatt und grau. Über den Rücken läuft eine Mähne, und am Unterkiefer wachsen fahlweiße Borsten.
Das Warzenschwein hat einen langen, dünnen Schwanz mit einer kleinen Quaste. Wenn das Schwein rennt, steht der Schwanz hoch. Es bevorzugt das Umland von Gewässern und baumreiche Savannen. Um der Hitze und Raubtieren zu entkommen, verstecken sich ganze Familien in Höhlen.
Sie halten sich meistens in Wassernähe auf, können aber auch längere Zeit ohne Wasser auskommen. Männchen bleiben so lange bei der Mutter, bis diese sie verjagt. Erwachsene Eber leben allein. Nach einer Trächtigkeit von 160 Tagen bringt die Sau zwei bis drei Ferkel zur Welt.
Warzenschweine werden bis zu 15 Jahre alt.

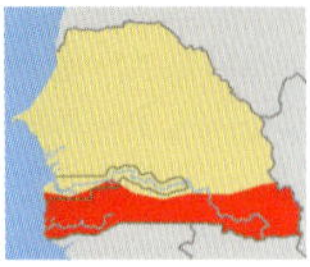

100-150cm

55-80cm

♂ 60-130kg

♀ 50-110kg

LC	NT	VU	EN	CE

Pinselohrschwein *(Potamochoerus porcus)* **Red River Hog**

Das Pinselohrschwein kennzeichnet ein orange-rotes Fell. Auf seinem Rücken ist ein charakteristischer schmaler, weißer Aalstrich zu sehen. Der Kopf ist grau, Stirn und Wangen dunkelbraun, und an den Ohren wachsen weiße, pinselähnliche Haarbüschel. Pinselohrschweine sind Allesfresser. Auf ihrem Speiseplan stehen Wurzeln und Knollen, aber auch Früchte, Gräser und Kräuter sowie Eier, Aas, Insekten, Schnecken und Eidechsen. Mit ihrer langen Schnauze wühlen sie bei der Nahrungssuche in der Erde. Früchte findet das Pinselohrschwein, indem es den Geräuschen von Affen, Hornvögeln und anderen lauten Fruchtfressern folgt. Die Schweine sind nachtaktiv und ruhen sich tagsüber in dichtem Gebüsch aus. Nach Sonnenuntergang gehen sie auf Nahrungssuche und überqueren dabei als gute Schwimmer auch Bäche oder kleine Seen.

Sie leben in Familiengruppen von 4 bis 20 Tieren, bestehend aus einem Männchen (Keiler), einigen erwachsenen Weibchen und deren Jungen. Die Keiler verteidigen ihren Harem aggressiv gegen Raubtiere wie Leoparden, ihrem größten Feind. Manchmal gesellen sich mehrere Familien zu Gruppen von bis zu 60 Schweinen zusammen. Im Schutz von Sträuchern oder Bäumen bringen die Weibchen drei bis sechs Junge zur Welt. Die Trächtigkeitsdauer beträgt etwa vier Monate. Die Ferkel haben anfangs dunkelbraunes Fell mit hellgelben, horizontalen Streifen.

PAARHUFER - **FLUSSPFERDE**

Das Flusspferd ist eine der zwei noch existenten Arten aus der Familie der Flusspferde (Hippopotamidae). Die zweite Art ist das in seinem Bestand bedrohte Zwergflusspferd. Trotz seines Namens ist das Flusspferd nicht mit unserem Pferd verwandt. „Hippo" ist das griechische Wort für Pferd, „potamos" für Fluss. Flusspferde haben dieselben Vorfahren wie Wale und sind ein wichtiger Bestandteil des Ökosystems. Es gibt Seen, die ohne Flusspferde biologisch tot wären. Durch ihre Ausscheidungen, die als Dünger wirken, ermöglichen sie anderen Lebewesen deren Existenz. Flusspferde schützen ihre Haut gegen starke Sonnenstrahlen, indem sie eine blutartige Emulsion absondern. Diese Flüssigkeit wirkt zudem desinfizierend. Flusspferde und Menschen geraten regelmäßig in Konflikt, und Flusspferde sind viel gefährlicher, als ihre plumpe Erscheinung vermuten lässt. Man sagt, dass diese Tiere, nach der Malariamücke, für die meisten menschlichen Todesopfer verantwortlich sind. Diesbezügliche Statistiken fehlen jedoch. Als besonders unklug erweist es sich, an einem Ufer zwischen einem Flusspferd und dem Wasser zu stehen. Das Flusspferd fühlt sich dann vom Wasser abgeschnitten und greift an. Die Tiere wirken zwar schwerfällig und träge, können jedoch an Land Geschwindigkeiten von über 30 Stundenkilometern erreichen und sind äußerst wendig. Gejagt werden Flusspferde wegen ihres Fleischs und wegen der landwirtschaftlichen Schäden, die sie anrichten. Da ihr Lebensraum schwindet und aufgrund ihrer Anfälligkeit bei langen Dürreperioden, sind die Flusspferdpopulationen in einigen Gegenden bedrohlich geschrumpft.

290-380cm

130-165cm

♂ 1000-2000kg

♀ 1000-1700kg

LC	NT	VU	EN	CE

Flusspferd *(Hippopotamus amphibius)* **Hippopotamus**
Augen, Ohren und Nasenlöcher befinden sich oben am Kopf, damit die Tier mit dem Körper unter Wasser bleiben können. Die Schneidezähne benötigen sie zum Kämpfen. Diese können leicht eine Länge von 50 cm erreichen, sind aus Elfenbein und werden geschliffen, indem Ober- und Unterkiefer aneinander gerieben werden. Männchen sind größer als Weibchen und wiegen um die 2.000 kg. In Ausnahmefällen können ältere Männchen weit über 3.000 kg erreichen. Nachts verlassen Flusspferde das Wasser, um mit ihren lederartigen Lippen kurzes Gras zu rupfen. Dabei benutzen sie gewöhnlich immer die gleichen Pfade vom Wasser zur Weide. In einer Nacht können Flusspferde dabei acht bis zehn Kilometer zurücklegen. Sporadisch fressen sie auch verwesende Kadaver, manchmal sogar von Artgenossen, aber nur sehr selten lebende Beute. Nilpferde leben in losen Herden von 2 bis 50 Tieren. In der Trockenzeit schließen sich Herden an stehenden Gewässern zusammen. Es herrscht eine strikte Hierarchie, und die ältesten Bullen sind dominant. Ihr Territorium umfasst Wasser wie Land, und in diesem haben sie das Recht, sich zu paaren. Im Rang niedriger stehende Männchen werden toleriert. Die Bullen fordern einander durch Gähnen zum Kampf heraus, und während des Kampfs schlagen sie ihre Unterkiefer gegeneinander.
Wenn Flusspferde tauchen, verschließen sie ihre Nasenlöcher und Ohren. Ein erwachsenes Flusspferd kann so ohne Probleme fünf Minuten unter Wasser bleiben, nachgewiesen sind sogar bis zu fünfzehn Minuten. Flusspferde schlafen meistens im Wasser und kommen schlafend an die Oberfläche, um Luft zu holen. Das geschieht, wie das Atmen selbst, instinktiv. Flusspferde bewegen sich vor allem über den Boden laufend, erwachsene Tiere schwimmen kaum und treiben auch nicht von selbst an die Oberfläche. Während der Paarungszeit versucht der Bulle das Weibchen ins Wasser zu locken, wo dann beide ihre Kiefer gegeneinander schlagen. Anschließend schiebt das Männchen das Weibchen in die Paarungsstellung. Die Paarung findet im Wasser statt und dauert einige Minuten. Nach acht Monaten wird ein einzelnes Junges geboren. Mutter und Junges bleiben zwei Wochen zusammen, bevor sie zur Herde zurückkehren. Während dieser zwei Wochen ist die Mutter sehr achtsam und auch aggressiv. Junge Flusspferde werden an Land und im Wasser gesäugt, die gesamte Stillzeit dauert ca. 8 Monate. Flusspferde erreichen ein Alter von 40 Jahren.

PAARHUFER - HORNTRÄGER

Die größte Gruppe der einhufigen Säugetiere sind die Hornträger(Bovidae). Es kommen heute noch 143 Arten vor, die in verschiedene Gattungen und Unterfamilien eingeteilt sind. Die meisten Arten leben in Afrika, aber auch in Asien. Es ist eine Gruppe, zu der auch einige domestizierte Tiere wie etwa Rinder, Schafe und Ziegen gehören. Antilopen und Gazellen, die in Afrika stark verbreitet sind, gehören ebenfalls zu dieser Gruppe. Am auffälligsten sind die unverzweigten Hörner mit einem Kern aus Knochengewebe, der mit einer Keratinschicht bedeckt ist. Bei manchen Arten haben nur die Männchen Hörner, bei anderen haben die Weibchen kleinere Hörner.

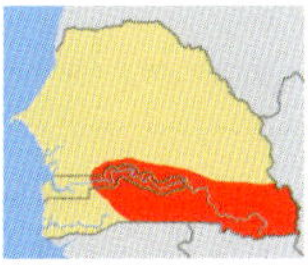

160-220cm

100-150cm

♂ 125-210kg

♀ 115-185kg

LC NT VU EN CE

Nordafrikanische Kuhantilope *(Alcelaphus buselaphus)*

Western Hartebeest

Die Nordafrikanische Kuhantilope *(A. b. major)* gehört zu den sechs in Afrika beheimateten Kuhantilopen-Arten. Ihr Verbreitungsgebiet grenzt im Osten an den Tschad. Die verschiedenen Arten von Kuhantilopen haben viele gemeinsame äußere Merkmale. Die Fellfarbe sagt wenig über die jeweilige Unterart aus, da diese je nach Lebensraum variiert. Stand und Form der Hörner geben Aufschluss über die jeweilige Unterart. Die Nordafrikanische Kuhantilope hat relativ schwere, und wie alle Kuhantilopen, Hörner mit Ringen. Eine Herde besteht meist aus max. zwölf Tieren, die Männchen sind Einzelgänger. Beim Grasen hält eine Kuhantilope Wache, und sobald Gefahr droht, flieht die Herde mit einer Geschwindigkeit von bis zu 80 km/h. Damit gehören sie zu den schnellsten Antilopen überhaupt. Vor allem die Männchen sind sehr territorial, und bei ausreichend Nahrung wie Gräsern und Kräutern bleiben sie oft vier bis fünf Jahre in einem Gebiet. Es ist nicht sicher, ob diese Antilopenart in Gambia noch vorkommt.

110-120cm

65-80cm

♂ 20-35kg

♀ 20-35kg

LC | NT | VU | EN | CE

Rotstirngazelle

(Eudorcas rufifrons)

Red-fronted Gazelle

Von West- bis Ostafrika gibt es fünf Unterarten der Rotstirngazelle. Sie ist die einzige Gazelle in den Sahelländern mit einem dunklen Flankenstreifen. Die sichelförmigen Hörner des Männchens haben Ringe und zeigen fast gerade nach oben. Ihr Fell ist überwiegend rotbraun, Unterkörper und Innenseite der Beine weiß. Der kurze Schwanz ist schwarz. Während der Regenzeit finden sie ihre Nahrung am Rand der Sahara, ansonsten halten sie sich im südlicheren Grasland in Gegenden auf, wo es permanent Wasser gibt. Die Rotstirngazelle lebt solitär oder in kleinen Gruppen. Jungtiere werden nach einer Trächtigkeitszeit von etwa 185 Tagen zu Beginn der Regenzeit geboren, denn dann ist ausreichend Nahrung vorhanden. Diese Gazellenart wird etwa 14 Jahre alt. Aufgrund von Jagd sowie Veränderung und Überweidung ihres Lebensraums gilt die Rotstirngazelle als bedroht.

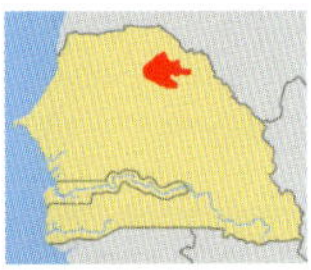

140-165cm

90-120cm

♂ 40-75kg

♀ 32-55kg

LC | NT | VU | EN | CE

Damagazelle *(Nanger dama)* **Dama Gazelle**

Die Damagazelle ist die größte bekannte Gazellenart und zugleich eine der seltensten. Es gibt mehrere Unterarten mit unterschiedlicher Fellfarbe. Der Rücken ist meist kastanienbraun, Bauch, Beine und Gesicht weiß. Das Fell einiger Unterarten ist mehr weiß als braun.
Die Männchen haben relativ kurze Hörner mit Ringen. Die Damagazelle lebt in Herden von 5 bis 25 Tieren, von der Sahara im Süden Marokkos bis zum Senegal und ernährt sich von Gras und Blättern. Da es in ihrem Lebensraum nur wenig Nahrung gibt, lebt die Damagazelle nomadisch und zieht in Herden immer weiter auf der Suche nach Nahrung.
Die Damagazelle ist hochgradig vom Aussterben bedroht.

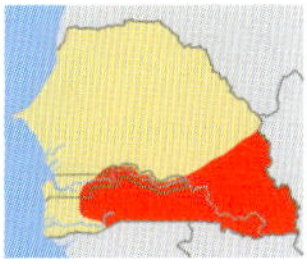

90-140cm

50-65cm

14-20kg

16-22kg

LC | NT | VU | EN | CE

Oribi *(Ourebia ourebi)* **Oribi**

Beim Oribi handelt es sich um eine mittelgroße Antilope - die größte der „kleinen" Antilopen Afrikas. Sie hat einen langen Hals, lange Beine und einen kurzen Schwanz. Weibchen sind etwas kleiner als Männchen. Sie haben auch nicht die spitzen, ca. 10 bis 15 cm langen, gerade aufragenden Hörner. Die Ohren sind mittelgroß und spitz. Charakteristisch für diese Art ist der auffällige schwarze Fleck unter dem Ohr. Hierbei handelt es sich um eine der Duftdrüsen, die auch zwischen den Hufen, in der Leiste sowie unter den Augen, den Knien und den Knöcheln zu finden sind. Das Territorium wird mit den Sekreten aus diesen Drüsen sowie mit Fäkalien markiert. Das Fell ist weich, oberseits rostbraun, unterseits weiß. Das kurze Schwänzchen hat eine schwarze Spitze. Das Oribi bevorzugt flache, weite Grasebenen, die durch Waldbrände, starkes Grasen (Elefanten) oder nährstoffarmen Boden (Termiten) offen gehalten werden. Das Wasser vorkommen ist hingegen weniger entscheidend. Die Tiere leben oft in Herden zusammen mit großen Huftieren. Oribis ernähren sich vor allem von kurzem, frischem Gras sowie Kräutern, Blättern und landwirtschaftlichen Nutzpflanzen. Sie sind den ganzen Tag aktiv. Wenn sie ruhen, liegen sie in hohem Gras oder Buschwerk verborgen. Meist leben Oribis paarweise, und ihre „Ehe" kann mehrere Jahre dauern. Bei Gefahr erzeugt das Oribi ein pfeifendes Geräusch und ergreift springend die Flucht, wobei die Beine steif nach unten zeigen. Nach einer Tragzeit von ca. 210 Tagen wird ein einzelnes Kalb geboren, das sich nach vier Monaten der Herde anschließt. Oribis können bis zu 14 Jahre alt werden.

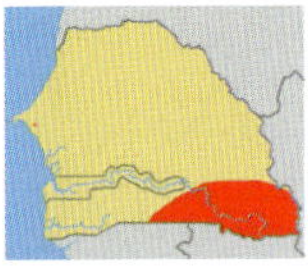

200-220cm

100-120cm

♂ 280-320kg

♀ 240-260kg

LC NT VU EN CE

Rotbüffel *(Syncerus caffer)* **West African Forest** oder **Dwarf Buffalo**
Der Rotbüffel gehört zur Familie der Kaffernbüffel, von der es vier Unterarten gibt. Eine dieser Unterarten, die im Réserve de Bandia und im Südosten des Senegals lebt, ist der Rotbüffel *(S.c. brachyceros)*.
Ihr Habitat ist die Savanne, während die anderen sogenannten Rotbüffel, die zu den übrigen Unterarten gehören, eher in dichten Wäldern zu finden sind. Da der in Senegal beheimatete Büffel jedoch viel stärker dem „echten" Rotbüffel gleicht, wird er ebenfalls Rotbüffel genannt. Er ist ungefähr so groß wie eine große Kuh und hat rot- bis dunkelbraunes Fell. Kopf und Beine sind teilweise dunkelbraun. Die Ohren liegen hinter den nach hinten gekrümmten Hörnern.
Die Tiere leben in der Regel in großen Herden in Wassernähe, wo sie trinken und Schlammbäder gegen die Parasiten im Fell nehmen können. Als Nahrung bevorzugen sie frisches Gras, und sie sind ständig auf der Suche nach gutem Weideland. Die Gruppenstärke der Herde bietet ihnen Schutz vor Raubtieren wie Löwen und Leoparden.

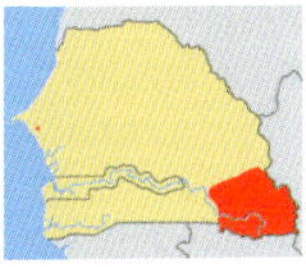

290-370cm

150-180cm

♂ 600-900kg

♀ 400-450kg

LC	NT	**VU**	EN	CE

Riesen-Elenantilope *(Taurotragus derbianus)*

West African Giant Derby Eland

Diese Antilope gilt als größte Antilopenart der Welt. Sie ist etwas größer als die Elenantilope *(T. oryx)* und wird vor allem wegen der Hörner „Riesenelen" genannt. Die Hörner sind spiralförmig und länger als die ihrer weiter im östlichen und südlichen Afrika lebenden Verwandten. Auch das deutlich kleinere Weibchen hat Hörner. Das Fell ist leicht rotbraun, und über Rücken und Flanken laufen schmale weiße Streifen. Die Wamme an Hals und Brust ist bei den Männchen besonders groß. Über den Rücken verläuft ein schwarzer Aalstrich. Herden bestehen aus 10 bis 20 Tieren beider Geschlechter sowie Jungtieren.

In ständiger Alarmbereitschaft ergreifen Elenantilopen bei Gefahr mit 70 km/h die Flucht. Diese instinktive Scheue ist auch der Grund dafür, dass es zur Riesen-Elenantilope bisher noch keine detaillierten Studien gibt. Sie haben kein festes Territorium und halten sich meist in dicht bewaldeten Savannen auf, wo sie sich von Gräsern, Kräutern, Knollen, Früchten und Blättern ernähren.

Sie können lange Zeit ohne Wasser überleben und nehmen dann über ihre Nahrung (Sukkulenten) Feuchtigkeit auf. Die Paarungszeit liegt meist in der Regenzeit, und nach einer Trächtigkeit von 285 Tagen bringt das Weibchen ein einzelnes Kalb zur Welt.

120-140cm

60-80cm

♂ 40-45kg

♀ 25-30kg

LC	NT	VU	EN	CE

Buschbock *(Tragelaphus scriptus)* **Bushbuck**
Der Buschbock ist eine mittelgroße Antilope, die häufig in Wäldern und Strauchsavannen vorkommt. Diese Weidetiere können sich gut an sich verändernde Umstände anpassen. Weibchen und Kälber haben im Vergleich zu den Männchen ein helleres Fell. An den Flanken und am Rücken haben sie meist weiße Flecken, über dem Maul haben sie einen schwarzen Strich, auf Wangen und Ohren einen weißen Fleck.
Der Buschbock hat einen breitbuschigen, kurzen Schwanz. Dieser ist an der Unterseite weiß, an der Spitze schwarz. Bei den Männchen zeigt der Bauch eine dunkle Färbung. Nur die Männchen tragen Hörner. Diese sind fast gerade, meist mit einer Drehung (vereinzelt auch zwei). Männchen sind größer als Weibchen. Ihre Nahrung besteht aus einer großen Vielfalt von Pflanzen wie Gras, Kräutern, jungen Trieben und Blättern sowie Wurzeln, Knollen und Früchten. Buschböcke folgen häufig Affen und fressen die von diesen fallengelassenen Früchte. Männchen leben solitär, in Paaren oder in kleinen Familien, und es herrscht eine Altershierarchie. Die Jungen werden nach einer Trächtigkeitszeit von ca. 180 Tagen geboren. Buschböcke werden circa zwölf Jahre alt.

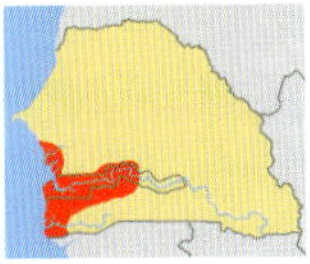

130-170cm

80-125cm

♂ 80-130kg

♀ 45-85kg

LC | NT | VU | EN | CE

Sitatunga *(Tragelaphus spekii)* **Sitatunga**

Sitatungas sind an das Leben in wasserreichen Gegenden angepasst. Ihr Fell ist wollig und wasserabweisend, das der Männchen variiert farblich zwischen Braun und Graubraun, Weibchen sind rotbraun. Über Rücken und Hinterteil verlaufen einzelne kurze oder längere blasse Streifen. Die Hufe sind lang (bis 18 cm) und stehen schräg, sodass sich die Tiere auf weichem und schlammigem Grund sicher bewegen können. Auf trockenem Boden wirken sie hingegen etwas unbeholfen. Nur die Männchen tragen Hörner. Diese sind schwer, gedreht und werden ca. 80 cm lang. Sitatungas leben in Sümpfen und Lagunen und dort vor allem im Schilf. In der Regenzeit sind sie jedoch auch in der Umgebung von temporären Gewässern zu sehen. Es sind scheue Tiere, die sich meist in der Ufervegetation verbergen. In Schilf- und Papyrusfeldern verläuft ein Netzwerk aus Pfaden. Hier bauen sich Sitatungas Ruheplätze aus plattgetretenem Schilf und entfernen sich nur selten aus ihrem Versteck. Gräser, Kräuter und Sträucher fressen sie vor allem in der Dämmerung und nachts ist. Sitatungas können hervorragend schwimmen und halten sich tagsüber häufig im Wasser auf. Bei Gefahr tauchen sie ab, sodass nur die Nasenlöcher über der Wasseroberfläche zu sehen sind. Die Tiere sammeln sich gelegentlich in Gruppen zum Grasen. Bei Gefahr warnen sie die anderen durch Schnaufgeräusche. Nach 220 Tagen bringen die Weibchen ein einzelnes Junges zur Welt, meist während der Trockenzeit. Das Kalb hat seinen Unterschlupf in der dichten Vegetation. Das Weibchen versorgt bei kurzen Besuchen ihr Junges, das ansonsten in seinem Versteck bleibt. Die Jungen sind bereits früh relativ unabhängig, jedoch erst nach vier Jahren selbständig. In Gefangenschaft werden sie bis zu 20 Jahre alt.

150-210cm

110-120cm

♂ 150-200kg

♀ 150-200kg

LC	NT	VU	EN	CE

Säbelantilope *(Oryx dammah)* **Scimitar-horned Oryx**

Das Fell ist überwiegend weiß, Nacken und Vorderseite rotbraun, das Hinterteil beige. Die Säbelantilope trägt lange, nach hinten gebogene Hörner mit ringen. Die Tiere sind in der Morgen- und Abenddämmerung sowie bei Mondschein aktiv, tagsüber halten sie sich im Schatten auf. Sie leben von Gräsern und Büschen und sind stark von Wasservorkommen abhängig. Ihre Herden zählen zwölf bis 60 Tiere und können auf der Suche nach Grasland weite Strecken zurücklegen.

Säbelantilopen werden etwa 20 Jahre alt. Zur Erringung des Paarungsrechts machen diese Tiere Drohgebärden und bekämpfen sich gegenseitig. Nach einer Trächtigkeit von etwa 220 Tagen verlässt das Weibchen zur Geburt die Herde und kehrt anschließend zurück. Die Jungen werden 14 Wochen gesäugt und sind nach zwei Jahren geschlechtsreif.

Diese Art stammt ursprünglich aus dem Senegal, wo sie heute jedoch nicht mehr vorkommt, da ihr ehemaliger Lebensraum von Nutzrindern beweidet wird. In Ferlo Sud, wo sie ursprünglich vorkamen, wurde kürzlich ein Wiedereingliederungsprogramm gestartet.

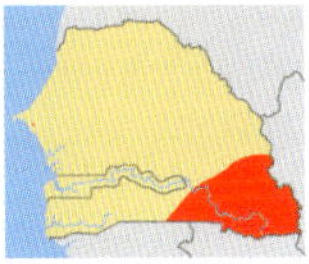

190-240cm

130-140cm

♂ 240-300kg

♀ 220-280kg

LC | NT | VU | EN | CE

Pferdeantilope *(Hippotragus equinus)* **Roan Antelope**

Hierbei handelt es sich um eine große, schwer gebaute Antilope mit starkem Hals und kräftigen Schultern. Ihr raues Fell ist im Norden ihres Verbreitungsgebiets gelbbraun, der Bauch beigefarben. Der Kopf hat eine schwarz-weiße Zeichnung. Über den Hals bis zu den Schultern verläuft eine aufrecht stehende Mähne. Die sichelförmigen Hörner haben Ringe und sind nach hinten gekrümmt. Die Hörner der Weibchen sind etwas kleiner. Die Tiere bevorzugen offene und licht bewaldete Gebiete mit nur wenigen anderen Gräser- und Pflanzenfressern. Ihre Hauptnahrung ist kurzes bis mittelhohes Gras, ergänzt mit Blättern und Trieben von Gehölzen sowie Akazienschoten. DieTiere wagen sich selten weit vom Wasser weg und suchen meist zweimal am Tag eine Wasserstelle auf. Sie leben in kleinen Herden von zehn Exemplaren, bestehend aus einem dominanten Bock, mehreren Weibchen und Kälbern. In Weidegründen, die reich an nahrhaftem Gras sind, schließen sich Herden gelegentlich auch zusammen. Pferdeantilopen können sich ganzjährig fortpflanzen, die meisten Jungen werden jedoch in der Regenzeit geboren. Nach einer Trächtigkeitszeit von 280 Tagen kommt ein einzelnes Junges zur Welt. Junge Männchen werden nach drei Jahren von der Gruppe verstoßen und schließen sich Junggesellengruppen an, in denen sie ein bis drei Jahre bleiben mit dem Ziel, später einen eigenen Harem zu gründen. Pferdeantilopen werden maximal 17 Jahre alt.

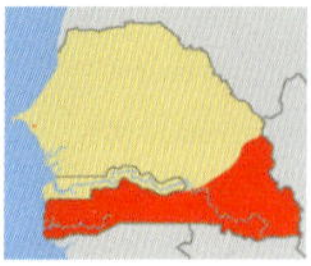

170-230cm

120-136cm

♂ 200-260kg

♀ 160-210kg

LC	NT	VU	EN	CE

Wasserbock *(Kobus ellipsiprymnus)* **Sing Sing Waterbuck**
Bei dem Wasserbock in diesem Teil Afrikas *(K. e. unctuosus)* handelt es sich um eine der 13 Unterarten, die in vielen Teilen Afrikas vorkommen - Antilopen mit langem, rauem, rotbraunem und wasserabstoßendem Fell. Männliche Tiere sind etwas größer als weibliche. Um den Schwanz herum ist das Fell zum Teil weiß, wie auch der Hals. Nur männliche Tiere tragen Hörner. Diese haben Ringe und werden 50 bis 90 cm lang, sind leicht seitwärts und an der Spitze nach vorne gekrümmt.
Nach einer Trächtigkeit von etwa acht Monaten bringen die Weibchen ein einzelnes Junges zur Welt, weibliche Jungtiere sind nach drei Jahren ausgewachsen. Bei Gefahr flüchten Wasserböcke in hohes Gras oder dichtes Gebüsch. Sie können sich jedoch auch im Wasser verbergen. Dann sind nur noch die Nasenlöcher zu sehen. Wasserböcke ernähren sich von Gräsern, Kräutern, Blättern und Früchten und benötigen täglich Wasser. Ihre Herden bestehen aus fünf bis zwölf Tieren mit einem dominanten Männchen sowie einigen Weibchen und Jungtieren. Junge Männchen bis etwa vier Jahre bilden eine eigene Herde. Wasserböcke werden 14 bis 18 Jahre alt.

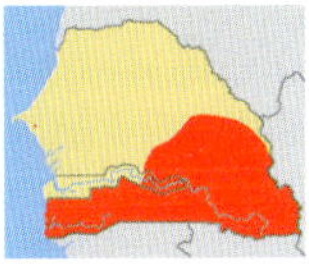

140-180cm

78-92cm

100-120kg

50-60kg

LC | NT | VU | EN | CE

Kob *(Kobus kob)* **Kob**

Kobs sind orange-braune Antilopen und gehören ebenfalls zur Gattung der Wasserböcke *(Kobus)*. Sie leben in Herden von sechs bis 40 Tieren. Kobs sind kräftig gebaute, mittelgroße Antilopen. Ihre Augen sind weiß umrandet und die Läufe mit einem schwarzen Streifen versehen. Bauch, Hals und Innenseite der Läufe sind weiß. Kob-Böcke haben gekrümmte, gewundene Hörner mit Ringen und einer Länge von 50 bis 70 cm. Kobs halten sich in feuchtem Grasland auf und in der Nähe von Flüssen, die in der Regenzeit über die Ufer treten. Sie ernähren sich von Gras und Kräutern, manchmal auch von Wasserpflanzen.
Böcke leben in Territorien von bis zu 50 Hektar und bekämpfen sich regelmäßig gegenseitig. Weibchen bewegen sich frei durch die jeweiligen Territorien. Paarungsbereite Männchen sammeln sich in Gruppen von bis zu 40 Tieren, wo sie auf einem Gebiet von einem Hektar ihre eigenen „Arenen" errichten. Nach einer Trächtigkeitszeit von etwa acht Monaten kommt ein einzelnes Junges zur Welt.

100-150cm

55-80cm

♂ 60-130kg

♀ 50-110kg

LC | NT | VU | EN | CE

Senegal-Riedbock *(Redunca redunca)* **Bohor Reedbuck**
Riedböcke sind mittelgroße Antilopen aus einer Gattung *(Redunca)* mit drei Arten. Der Senegal-Riedbock *(R. r. redunca)* gehört zu den fünf Unterarten des Riedbocks und kommt in Senegal und Gambia vor. Männliche Tiere haben nach vorne gerichtete, aufwärts gebogene Hörner und beide Geschlechter rötliches bis rötlich-braunes, wolliges Fell. Unterseite, Wangen, Lippen, Kinn, Hals und Ohrinnenseite sowie der Ring um die Augen sind cremefarben, die Nase glänzend schwarz. Der Schwanz misst nur etwa 25 cm. Die Weibchen sehen den kleineren Kronenduckern sehr ähnlich, männliche Böcke sind an ihren typischen Hörnern jedoch einfach zu erkennen.
Der große Lebensraum dieser Tiere ist vielseitig. Zum Grasen suchen sie sich sumpfige Grasebenen entlang von Seen und Flüssen. In trockeneren Perioden sind sie stark auf Wasser angewiesen. Nachts sind sie am aktivsten. Zu Beginn der Regenzeit kämpfen die Böcke regelmäßig um das Paarungsrecht. Bei der Balz geht das Männchen um das Weibchen herum und blökt. Nach etwa 225 Tagen wird ein einzelnes Kalb geboren.

SCHUPPENKRIECHTIERE - SCHLANGEN

Schlangen gehören zur Ordnung der Schuppenkriechtiere. Es gibt ungefähr 3.150 verschiedene Schlangenarten, von denen ca. 15 Prozent giftig sind. Wenn eine Schlange sich häutet, wird die Haut in einem Stück abgeworfen, im Gegensatz zu anderen Reptilien, bei denen die Haut abblättert (Echsen) oder sich die Hornplatten stückweise lösen (Schildkröten, Krokodile). Als Kaltblüter sind die meisten Arten in wärmeren Gegenden beheimatet, einige haben sich an extrem trockene Umgebungen angepasst. Es gibt jedoch auch Schlangen, die unterirdisch leben oder sich an ein Leben in wasserreichen Umgebungen angepasst haben. Ihr wichtigster Sinn ist der Geruchssinn. Schlangen atmen durch die Nasenlöcher, riechen aber mit der Zunge. Sie „wedeln" mit der Zunge, um Duftstoffpartikel aufzufangen. Da die Zunge gespalten ist, können Schlangen in „Stereo" riechen. Die allermeisten Schlangen können nur schlecht sehen und erkennen lediglich bewegliche Objekte. Das Gehör ist ebenfalls schlecht, da sie kein Außenohr haben.
Sämtliche Schlangen sind Fleisch-, aber keine Aasfresser. Sie haben viele Feinde, z. B. andere Schlangen, Vögel und Säugetiere. Zu letzteren zählen vor allem die Marderarten (Honigdachse und Mangusten). Von den großen Katzenartigen, Primaten und Schweinen weiß man, dass auch sie hin und wieder Schlangen fressen. Huftiere zertrampeln Schlangen, um sich selbst und ihre Nachkommen zu schützen. Reptilien wie Krokodile und Schildkröten fressen Schlangen nur im Wasser.
Im unwahrscheinlichen Fall eines Schlangenbisses sollten Sie unbedingt versuchen, das Tier zu fotografieren, um später das richtige Antiserum ermitteln zu können. Für Hilfe bei Schlangenbissen lesen Sie bitte www.toxinology.com

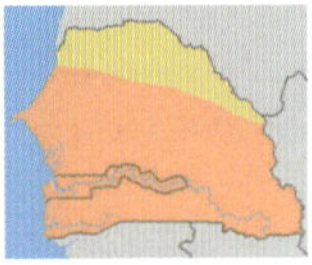

100-160cm

♂ 2,2-3,5kg

♀ 2,5-4kg

LC | NT | VU | EN | CE

Königspython *(Python regius)* **Royal Python**
Sie sind meist dunkelbraun bis schwarz mit gelb-braunen, ovalen Flecken. Diese Flecken enthalten oft kleinere Flecken in der Grundfarbe des Körpers. Es gibt jedoch viele Varianten, von Rotbraun bis Gelb. Der Körper ist kräftig und muskulös und der große, birnenförmige Kopf abgeflacht. Königspythons werden in der Regel nicht länger als eineinhalb Meter, Weibchen manchmal etwas größer. Um das Maul herum befinden sich Wärmesensoren. Die Schlangen sind nachtaktiv und ernähren sich von Nagetieren, Amphibien, Eidechsen und Vögeln. Tagsüber verstecken sie sich an dunklen Orten wie in Erdhöhlen und unter Baumwurzeln. Pythons jagen meist auf dem Boden, gelegentlich jedoch auch in Bäumen.
Sie umschlingen ihre Beute, bevor sie sie verschlingen. Sie leben in trockeneren Gebieten wie Savannen und offenen Wäldern und fast immer in Wassernähe. Bei Gefahr rollen sie sich zu einer Kugel zusammen, mit dem Kopf in der Mitte, daher auch die englische Bezeichnung „Ball python". Diese Pythonart wird bis zu 30 Jahre alt.

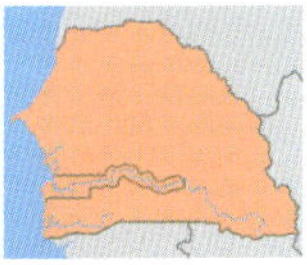

250-500cm

♂ 25-35kg

♀ 35-55kg

LC | NT | VU | EN | CE

Nördlicher Felsenpython *(Python sebae)* **African Rock Python**

Felsenpythons gehören zur Familie der Riesenschlangen sowie zur Unterfamilie der Pythons *(Pythonidae)*. Ihr Körper ist hellbraun bis grau mit dunkelbraunen Flecken. Abweichende Zeichnungen sowie viele hellere Färbungen kommen ebenfalls vor. Pythonweibchen können eine Länge von mehr als vier Metern und ein Gewicht weit über 50 Kilo erreichen. Damit sind Felsenpythons die längsten Schlangen Afrikas und gehören zu den längsten der Welt. Die Männchen bleiben übrigens viel kleiner und werden um die drei Meter lang.

Felsenpythons kommen in einem großen Teil Afrikas vor, ihre Lebensräume sind felsige Gegenden in tropischer Lage. Die Nahrung besteht vor allem aus Säugetieren wie Ratten, Wildschweinen und Affen. Wegen ihrer beträchtlichen Länge fressen diese Schlangen auch deutlich größere Beutetiere. So kann durchaus auch einmal eine erwachsene Antilope oder ein junges Krokodil verspeist werden. Obwohl diese Schlangen kräftig zubeißen können, töten sie ihre Beute durch Umschlingen und Erdrücken. Von so einer Beute können sie wochenlang zehren. Bei anhaltender Trockenheit suchen Felsenpythons Höhlen anderer Tiere für eine Art Sommerschlaf auf. Dieser Ruhezustand endet erst, wenn die äußeren Bedingungen wieder besser werden. Ihre größte Bedrohung stellt die Jagd durch den Menschen dar, da Pythonhaut noch immer zu Schlangenleder verarbeitet wird. Das Weibchen legt 20 bis 100 Eier, nach 90 Tagen schlüpfen die Jungen. Felsenpythons werden zehn bis 15 Jahre alt.

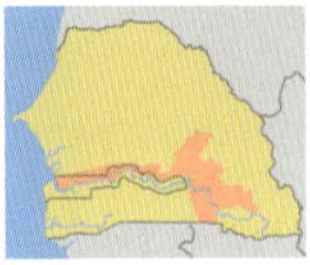

200-300cm

3500-6000gr

3000-5000gr

LC NT VU EN CE

Schwarzweiße Hutschlange *(Naja melanoleuca)* **Forest Cobra**

Echte Kobras *(Naja)* sind eine Gattung der Familie der Giftnattern *(Elapidae)*. Diese Gattung gehört zu den am weitesten verbreiteten Giftschlangen und zählt 38 Arten. Die taxonomische Klassifikation der Familie wurde in der Vergangenheit mehrfach angepasst. Kobras gehören zu den bekanntesten Schlangenarten der Welt. Aufgrund der Artenvielfalt gibt es jedoch vor allem zu afrikanischen Arten noch reichlich Forschungsbedarf. Im Senegal und in Gambia gibt es zwei Unterarten der Schwarzweißen Hutschlange: die African Banded Cobra *(N.m .guineensis)* und die Black and White-Lipped Cobra *(N.m. Savanne)*, beide werden auch als „Waldkobra" bezeichnet.

Die Zeichnung der Schwarzweißen Hutschlange kann auch fleckig oder gestreift sein. Für genauere Details sind weitere Studien erforderlich. Sie ist die längste Kobra der Naja-Gattung und wird bis zu drei Meter lang. Diese Kobra ist sehr anpassungsfähig und kommt auch in trockeneren Gebieten vor, obwohl sie Tieflandwälder und feuchte Bedingungen in Savannen bevorzugt. Die Tiere können sehr gut schwimmen. Auf ihrem Speiseplan stehen daher neben Insekten, kleineren Säugetieren und Reptilien auch Fische.

Bei Gefahr heben sie den Kopf und machen den Hals flach, wodurch der Kopf größer scheint. Ihr Gift ist hauptsächlich neurotoxisch und führt bei Beutetieren innerhalb von Minuten zum Tod. Auch für den Menschen ist das Gift sehr gefährlich (tödlicher als das der Schwarzen Mamba), Begegnungen mit dieser Schlange sind jedoch eher selten.

Während des Paarungsrituals richten sie ihren Hals auf und „tanzen" mit ihren Köpfen. Nach 55 bis 70 Tagen legt das Weibchen zwölf bis 26 Eier in einen hohlen Baum, Termitenbau oder ein Erdloch.

Mit 28 bis 35 Jahren erreichen sie für Kobras (in Gefangenschaft) ein hohes Alter.

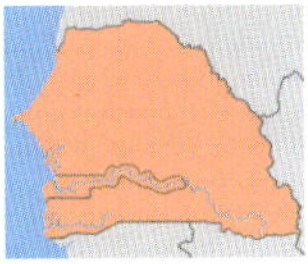

120-220cm

♂ 2000-3000gr

♀ 1600-2600gr

LC	NT	VU	EN	CE

Afrikanische Speikobra *(Naja nigricollis)* **Black-necked Spitting Cobra**
Die Farbvariationen dieser Kobra sind sehr vielfältig. Die hier beschriebene Kobra hat einen gelblichen Kopf, dieser kann jedoch auch schwarz sein, ebenso wie der Rest des Körpers. Die Bauchseite (grau oder schwarz) ist gefleckt und hat orangefarbene Flecken oder Streifen.
Bei drohender Gefahr richtet sich diese Schlange auf. Sie kann ihr Gift bis zu zwei Meter mit bemerkenswerter Präzision in Richtung der Augen ihres Angreifers spritzen. Im Gegensatz zu den meisten Speikobras beißt diese schon bei der kleinsten Reizung. Das neurotoxische Gift besteht wie bei der Puffotter größtenteils aus *Cytotoxine*. Das Sekret zerstört den Gerinnungsprozess und führt unter anderem zu Nekrose (Absterben von Gewebe), es ist ohne rechtzeitige Behandlung tödlich.
Diese Kobras sind tag- und nachtaktiv und erbeuten vorrangig Nagetiere, aber auch andere Schlangen, Vögel und deren Eier. Die Jagd findet vorzugsweise in Savannen und Halbwüsten statt, aber auch in Dörfern mit Mäusen und Ratten.

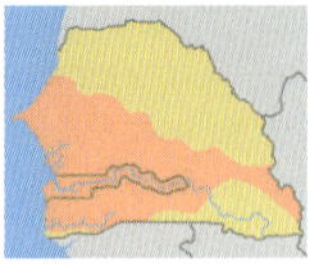

110-230cm

♂ 2500-4000gr

♀ 2400-3300gr

LC NT VU EN CE

Senegalesische Kobra *(Naja senegalensis)* **Senegalese Cobra**
Einen allgemein anerkannten deutschen Namen für diese Kobra gib es noch nicht. Man dachte lange, dass es sich um die Uräusschlange handelt. Studien zur Anzahl und Verteilung der Schuppen wiesen jedoch eine eigene Art aus. Erwachsene Tiere haben einen braunen Rücken und einen hellbraunen Bauch. Bei Jungtieren sind Kopf und Nacken schwarz, der Körper grau. Das Gift besteht aus Neurotoxinen und Hämotoxinen *(Cytotoxin)*, wobei Neurotoxine überwiegen. Ohne rechtzeitige Behandlung ist das Sekret tödlich.

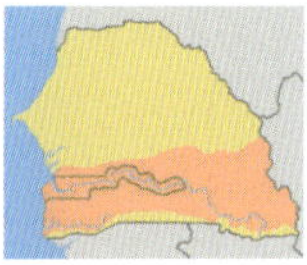

80-110cm

♂ 1200-1500gr

♀ 1000-1300gr

LC NT VU EN CE

Malische Kobra *(Naja katiensis)* **Mali Cobra** oder **Katian Spitting Cobra**
Ein anerkannter Name fehlt bisher, aber „Malische Kobra" wird verwendet. Die Oberseite ist leicht braun und der Bauch orangebraun. Kopf und Teil des Halses sind orangefarben mit einem dunklen Streifen. Diese Kobra kommt in weiten Teilen Westafrikas vor, hauptsächlich in offenen Savannen und Grasland in tropischen und subtropischen Gegenden. Als Beute dienen Eidechsen, Schlangen, Nagetiere, und größere Insekten. Tagsüber versteckt sie sich in Termitenbauten oder Höhlen. Bei drohender Gefahr richtet sich diese Schlange auf. Sie kann ihr Gift bis zu zwei Meter mit bemerkenswerter Präzision in Richtung der Augen ihres Angreifers spritzen. Beißen dient ihnen nur als letztes Verteidigungsmittel. Ein Biss ist kaum schmerzhaft und wird daher häufig gar nicht bemerkt. Das Gift besteht aus Neurotoxinen und Hämotoxinen *(Cytotoxin)*. Ohne rechtzeitige Behandlung ist das Sekret tödlich. Wenn es in die Augen gelangt, verursacht es starke Schmerzen und vorübergehende Blindheit. Wenn die Augen nicht zeitnah behandelt werden, kann es zu dauerhafter Blindheit kommen. Das Weibchen legt zehn bis 20 Eier. Diese Kobra wird etwa zwölf bis 15 Jahre alt.

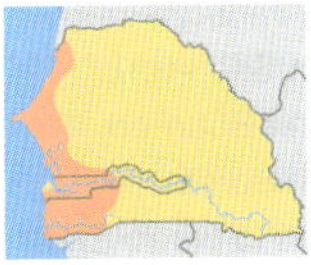

140-210cm

♂ 550-700gr

♀ 550-700gr

LC | NT | VU | EN | CE

Grüne Mamba *(Dendroaspis viridis)* **Green Mamba**
Die Grüne Mamba lebt in feuchten Waldgebieten mit immergrünen Bäumen. Sie ist grün, manchmal leicht bräunlich auf der Oberseite und ihr Bauch gelblich. Der Körper ist schlank und etwa 200 cm lang, in Ausnahmefällen bis zu 240 cm. Der schmale Kopf ist fast genauso dick wie der Körper. Die Augen sind groß und haben runde Pupillen (typisch für tagaktive Reptilien). Die Innenseite des Mauls ist weiß. Es sind Baumbewohner, die sich nur selten auf den Boden wagen. Mit ihrer Farbe sind sie gut getarnt für die Jagd auf Chamäleons, Vögel und andere Baumbewohner. Begegnungen mit dieser Schlange sind selten, das neurotoxische Gift ist jedoch sehr stark und führt ohne sofortige Behandlung mit einem Schlangenserum meist zum Tod. Das Weibchen legt zehn bis 15 Eier. Nach drei Monaten schlüpfen 35 bis 45 cm lange Schlangen. Sie werden etwa zwölf bis 15 Jahre alt.

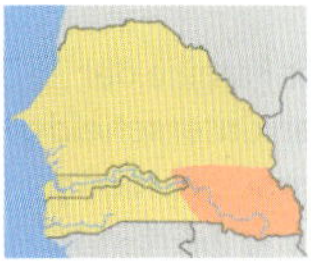

65-80cm

Keine Daten

Keine Daten

LC NT VU EN CE

Weißlippen-Schlange *(Crotaphopeltis hotamboeia)* **Herald Snake**
Die Weißlippen-Schlange ist in weiten Teilen Subsahara-Afrikas zu finden. Sie ist durchschnittlich 75 cm lang und hat einen hell-orangen und schwarzen Fleck hinter den Augen. Wegen ihres Aussehens wird sie in Südafrika auch „rooilipslang" („Rotlippenschlange") genannt. Die Farbe der Weißlippen-Schlange variiert von Braun bis Dunkelgrau mit weißen Punkten. Der Bauch ist deutlich heller. Die Schlange ist leicht reizbar und reagiert aggressiv, wenn sie gestört wird. Dann zischt sie und greift an. Sie kann auch beißen. Ihr Biss ist jedoch für den Menschen nicht giftig. Sie bevorzugen sumpfiges Grasland inmitten von Flachlandwäldern. Sie ernährt sich von Kröten, Fröschen, Eidechsen und anderen Schlangen. Einige Studien zeigen, dass diese Schlange zehn bis 15 Jahre alt wird.

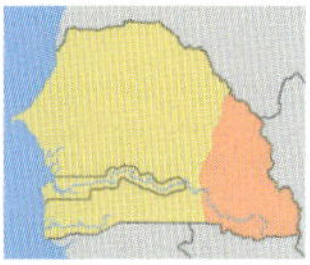

100-160cm

200-320gr

200-320gr

LC NT VU EN CE

Gefleckte Buschschlange *(Philothamnus semivariegatus)*
Spotted Bush Snake
Diese Schlangen sind lang und schlank und auch im Wasser sehr wendig. Im dichten Grün sind sie kaum wahrnehmbar. Sie sind ein begehrtes Beutetier und völlig harmlos. Diese grüne Schlange mit schwarzen Flecken hat einen gelblichen bis cremefarbenen Bauch. Die Gefleckte Buschschlange jagt Eidechsen und Laubfrösche, sieht sehr gut und kann schnell schwimmen. Sie gehört zu den sogenannten Glatten Schlangen (glatte Schuppen), einer Schlangenfamilie mit 524 Arten.

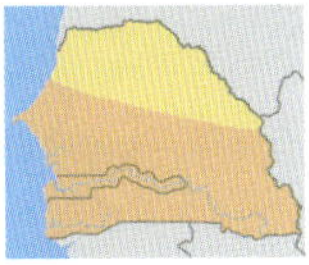

80-150cm

♂ 2500-6000gr

♀ 2000-5000gr

LC | NT | VU | EN | CE

Puffotter *(Bitis arietans)* **Puff Adder**

Die Puffotter gehört zur Familie der Vipern. Sie lebt in verschiedensten Biotopen in ganz Afrika. Durch ihr starkes Hämotoxin, ihre weite Verbreitung und ihre Bissfreudigkeit wird diese Schlange in Afrika als die gefährlichste aller Giftschlangen angesehen. Die Puffotter ist in Afrika für die meisten Todesopfer verantwortlich. Im Gegensatz zu anderen Schlangen vertraut die Puffotter so lange auf ihre Tarnung, bis die Beute oder die Gefahr ihr sehr nahe kommt, dann „plustert" sie ihren Körper auf und schlägt zu.
Das laute Zischen, das sie ausstößt, wenn sie sich bedroht fühlt, hat so manchem Menschen das Leben gerettet. Ihr Farbmuster unterscheidet sich je nach Region, aber der breite Kopf ist unverkennbar. Puffottern sind gute Schwimmer, klettern auf Bäume und jagen vor allem nachts, z. B. Nagetiere, Echsen und auf dem Boden Frösche oder Kröten. Die Puffotter ist lebendgebärend (die Jungen schlüpfen bereits im Körper). Ein Wurf hat normalerweise 50 bis 60 Junge. Große Exemplare, vor allem in Ostafrika, bekommen sogar 100 Junge. Puffottern werden zehn bis 14 Jahre alt.

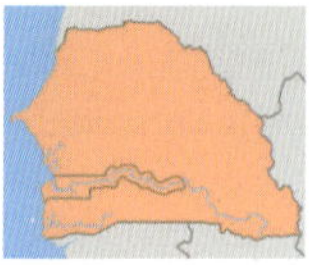

60-120cm

♂ 300-500gr

♀ 400-750gr

LC | NT | VU | EN | CE

Afrikanische Hausschlange *(Boaedon fuliginosus)*

Brown oder **African House Snake**

Die Farben dieser völlig harmlosen Schlange variieren von Blaugrau bis Braun, und alle haben eine weiße Linie an den Seiten des Kopfes zum Hals hin. Sie gehören zur Familie der *Lamprophiidae*-Schlangen, die über 300 Arten umfasst. Wie bei vielen Schlangenarten ist das Weibchen deutlich länger als das Männchen. Es gibt weltweit viele so genannte Hausschlangen, die meist zu dieser Familie gehören. Die Afrikanische Hausschlange jagt nachts Mäuse und Ratten und ist daher häufig in Häusern oder deren direkter Umgebung zu finden.
Mit ihren scharfen Zähnen tötet sie ihre Beute. Junge Hausschlangen werden oft mit jungen Uräusschlangen verwechselt.

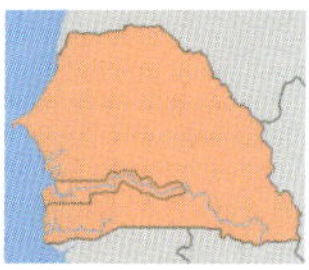

130-180cm

♂ 400-650gr

♀ 500-800gr

LC | NT | VU | EN | CE

Phillips Sandrennatter *(Psammophis phillipsi)* **Olive Grass Racer**

Sandrennattern sind aktive Jäger, die mit hoher Geschwindigkeit Eidechsen und kleine Nagetiere jagen. In der Unterfamilie der *Psammophiinae* (sieben Arten) kommen Gattungen vor, die ihre langen, gerillten Giftzähne *(opistoglyphen)* hinten im Maul bzw. Oberkiefer, haben. Sandrennattern zerkauen ihr Gift. Es ist für den Menschen ungefährlich, die tierischen Proteine des Sekrets können jedoch Reaktionen verursachen. Besonders, wenn es warm und trocken ist, meist nach der Häutung und nach der Nahrungsaufnahme, reibt das Tier mit der Spitze seiner Schnauze über die Unterseite seines Körpers. Dabei wird über die Nasenlöcher die farblose, schnell trocknende Drüsenflüssigkeit ausgeschieden. Dieses „Putzen" verleiht dem Körper seinen Geruch. Wie alle Sandrennnattern ist sie eine mittelgroße, schlanke Schlange. Die Rücken ist Brun und der Bauch ist heller gefärbt.

SCHUPPENKRIECHTIERE - KROKODILE

Krokodile sind eine Reptilienart, die in tropischen und subtropischen Gebieten lebt. Es gibt drei Krokodilfamilien: Gaviale, Alligatoren (zu denen auch der Kaiman gehört) und Echte Krokodile. Sie sind ausschließlich Fleischfresser und ernähren sich vor allem von Fisch. Es existieren 22 bzw. 23 verschiedene Arten, die meisten leben in stehenden bis langsam fließenden Gewässern. Ihr als Paddel eingesetzter Schwanz ist sehr muskulös und trägt einen deutlichen Kamm aus großen Schuppen. Der gesamte Körper ist mit Schuppen bedeckt. Unter diesen liegt eine Schicht von sich überlappenden Plättchen. Jedes Jahr entsteht eine neue Schicht, sodass sich an diesen das Alter der Tiere ablesen lässt.

Krokodile wachsen ihr ganzes Leben lang, die Schuppen jedoch nicht, daher müssen die Tiere sie abschaben und anschließend nacheinander abwerfen. Auch die Zähne halten nicht dauerhaft, sondern werden regelmäßig ausgetauscht. Krokodile haben einen regulierbaren Stoffwechsel und angepassten Blutkreislauf, das heißt, sie können z. B. sauerstoffarmes und sauerstoffreiches Blut vermischen. Ihr Blut hat eine stark antibakterielle Wirkung. Schwere Verletzungen, selbst von abgerissenen Gliedmaßen, verheilen meist schnell und ohne Infektionen. Die Eiweiße im Blut sind in der Lage, auch antibiotikaresistente Bakterien zu töten und sogar das für Menschen tödliche HI-Virus abzubauen. Dank der sehr geringen Bewegungsaktivität bleibt der Energieverbrauch niedrig, sodass die Tiere relativ wenig Nahrung benötigen. Um ihre Verdauung anzuregen, fressen Krokodile Steine. Ihr Magen ist in zwei Kammern unterteilt: Der erste Magen knetet, der zweite verdaut die Nahrung. Krokodile verfügen über die konzentrierteste Magensäure der gesamten Tierwelt. Im Magen wird die komplette Beute verdaut, inklusive Knochen, Hufen, Hörnern oder Federn. Die Augen haben eine zusätzliche durchsichtige Membran, die sich unabhängig von den Augenlidern schließen kann. Dadurch können Krokodile trotz „geschlossener" Augen gut unter Wasser sehen, und auch nachts sehen sie hervorragend.

Die Paarung findet immer unter Wasser statt. Krokodile sind nicht monogam. Wie alle Reptilien sind sie Kaltblüter und können ihre Körpertemperatur nicht selbst ansteigen lassen. Um wärmer zu werden, nehmen sie regelmäßig Sonnenbäder. Dies dient vor allem dazu, die Verdauung zu beschleunigen. Auch Schwitzen können Krokodile nicht. Um sich trotzdem abzukühlen, öffnen sie ihr Maul, damit zusätzliches Wasser aus dem Körper verdunsten kann. Krokodile spielen eine wichtige ökologische Rolle. Sie beseitigen kranke, schwache und lebensunfähige Tiere, auch Kadaver werden gefressen und damit verhindert, dass diese verrotten und das Wasser verunreinigen. Darüber hinaus fressen sie große Mengen gefräßiger Raubfische, wie z. B. Welse. Das wirkt sich auf den Lebensraum anderer Tiere aus. Viele Vögel ernähren sich von Fisch. Wird der Fischbestand zu niedrig, ziehen sie fort. Ihr Kot bedeutet jedoch eine wichtige indirekte Nahrungsquelle für Fische.

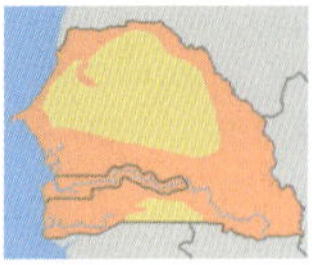

3-4m

♂ 300-400kg

♀ 250-300kg

LC | NT | VU | EN | CE

Westafrikanisches Krokodil *(Crocodylus suchus)*

West African Crocodile

Das in Westafrika vorkommende Krokodil zeigt viele Merkmale des Nilkrokodils, ist jedoch eine eigenständige Art. Es ist kleiner (bis vier Meter) und auch weniger aggressiv. Krokodile graben Höhlen im Ufer, manchmal unterhalb des Wasserspiegels, in die sie sich bei großer Hitze oder Trockenheit zurückziehen. Sie verstecken sich auch unter großen Steinen und zwischen Baumwurzeln oder verharren im Wasser. Krokodile tolerieren Artgenossen in der Umgebung, weil sie in der Gruppe effizienter jagen können. Die Beute wird auseinandergerissen, indem sich Krokodile um ihre Achse drehen. Nach sechs bis sieben Jahren sind sie geschlechtsreif. Während der Balz berühren sie einander oft, vor allem am Kopf und am Genick. Indem sie mit ihren Nasenlöchern und dem Maul im Wasser blubbern, versuchen die Männchen, die Weibchen zu beeindrucken. Ein dominantes Männchen kann sich mit bis zu zwanzig Weibchen paaren. Einen Monat nach der Paarung legen die Weibchen 40 bis 60 Eier in eine 50 cm tiefe, warme Sandgrube, in der es mindestens 28 °C warm sein muss. Dies ist entscheidend für das Geschlecht der Jungen: Bei 32 bis 33 °C entstehen meist Männchen, bei niedrigeren Temperaturen (<31 °C) Weibchen. Da die Temperatur im Nest jedoch nie überall gleich ist, schlüpfen nach drei Monaten Junge beider Geschlechter. Weibchen bleiben in der Nähe, um Nesträuber wie Nilwarane fernzuhalten. Die Jungen geben piepsende Geräusche von sich, welche die Mutter veranlassen, sie auszugraben und in ihrem Maul zum Wasser zu transportieren. Räuberische Säugetiere, Vögel, große Fische und Artgenossen stellen dann eine Gefahr dar. Die größte Bedrohung für Krokodile ist jedoch der Mensch. Krokodilen werden in großem Stil aus Angst, Unwissenheit oder kommerziellen Gründen getötet. Aufgrund der Austrocknung ihrer Lebensräume sind Krokodile in vielen Ländern bereits ausgestorben. Normalerweise werden sie 50 bis 70 Jahre alt.

Warane kommen in den verschiedensten Lebensräumen vor. Manche Arten leben in trockenen Wüsten, andere haben sich an Gegenden mit Vegetation angepasst. Einige sind nur im tropischen Regenwald anzutreffen und halten sich fast ausschließlich auf Bäumen auf. Von anderen weiß man, dass sie sich an wasserreiche Umgebungen angepasst haben. Zu ihnen gehört der Nilwaran, der einen seitwärts abgeflachten Schwanz hat, um besser schwimmen zu können. Alle Warane haben einen dreieckigen Kopf mit einem relativ spitzen Maul. Sie verfügen über ein gut entwickeltes Gehör und können vor allem tagsüber gut sehen. Die Form der Nase ist vom jeweiligen Lebensraum abhängig. Bei wasseraffinen Waranen sitzt die Nase etwas höher, damit sie beim Schwimmen atmen können. An der Unterseite des Kopfes befindet sich ein Kehlsack für Nahrung. Warane kommen morgens zum Vorschein, um nach Fressbarem zu suchen. Die heißeste Zeit des Tages verbringen sie in ihren Verstecken in Höhlen oder zwischen Felsen. Alle Arten sind gute Kletterer, Schwimmer und Läufer. Die Tiere sind notorische Eierdiebe und scheuen sich auch nicht, Krokodilnester auszurauben. Am nächsten verwandt sind Warane mit den Schlangen, und sie haben auch einiges mit diesen gemeinsam, wie z. B. die lange gespaltene Zunge und den stark entwickelten Geruchssinn. Warane sind die einzigen Echsen, die ihren Schlund sehr weit öffnen können, um größere Nahrungsbrocken zu verschlingen - ein typisches Merkmal von Schlangen. Die nachfolgend genannten Arten werden meist zwölf bis 17 Jahre alt.

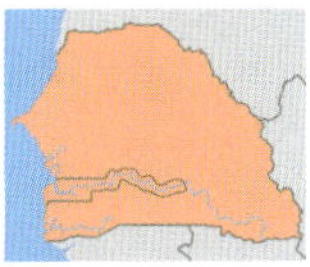

70-80cm

♂ 6-8kg

♀ 6-8kg

LC | NT | VU | EN | CE

Steppenwaran *(Varanus exanthematicus)* **Savannah Monitor**
Die maximale Länge dieses Warans beträgt 1½ Meter mitsamt Schwanz, der genauso lang ist wie der Körper. Die Farbe variiert von Braun bis Grau mit gelben Flecken, die mit zunehmendem Alter verblassen. Der Schwanz ist gelb-braun gestreift. Steppenwarane unterscheiden sich von anderen Waranen durch ihren seitlich abgeflachten Kopf und den kurzen Hals. Diese Art hat auch einen relativ kurzen, dicken Schwanz. Steppenwarane leben in trockenen und dürren Gebieten wie Savannen, trockenem Grasland und Halbwüsten, bleiben dabei aber meist in Wassernähe. Sie ernähren sich hauptsächlich von Eiern sowie verschiedenen Reptilien, Vögeln, kleinen Säugetieren und größeren Insekten. Schnecken bilden ebenfalls eine wichtige Nahrungsquelle. (Würge-)Schlangen und Raubvögel sind Feinde dieser Warane. Mit ihrem großen und schweren Schwanz können diese Warane kräftig zuschlagen, und auch vor den langen Zähnen sollte man sich in Acht nehmen. Bei Gefahr stellen sich die Tiere zum Teil tot.

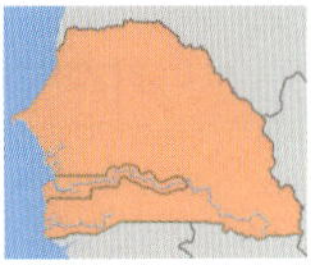

80-100cm

♂ 12-25kg

♀ 12-25kg

LC | NT | VU | EN | CE

Westafrikanischer Nilwaran *(Varanus stellatus)*

West African Nile Monitor

Der Nilwaran ist Afrikas längste Echse aus der Familie der Warane. Er frisst verschiedene kleine Tiere wie Vögel, Amphibien, Echsen, Schlangen und Weichtiere, vor allem aber Eier, insbesondere die von Krokodilen.
Der Nilwaran bevorzugt trockene, heiße Plätze in sandigen Gegenden (z. B. Savannen und Halbwüsten) mit etwas Vegetation und Felsen, zwischen denen er sich in der Mittagshitze verstecken kann. Da er sich gerne im Wasser aufhält und dieses ihm auch als Fluchtmöglichkeit dient, ist er häufig in der Nähe von Quellen, Seen und Flüssen anzutreffen. Die Geschlechter sind schwer auseinanderzuhalten, Männchen haben jedoch eine etwas dickere Schwanzwurzel, und der Körper ist etwas größer. Der Nachwuchs hat einen schwarzen Körper mit grellgelben Flecken. Nilwarane sind relativ unberechenbar und greifen durchaus an, wenn man ihm zu nahe kommt.
Die langen, scharfen Krallen, der Schwanz und das Maul werden dann als Waffen eingesetzt und können Menschen ernsthaft verletzen. Gefährlich sind auch die Fäulnisbakterien im Maul des Nilwarans. Junge Warane fallen nicht selten Greifvögeln zum Opfer, und Waran-Eier werden häufig von Katzenartigen und Ratten ausgegraben. Ein Weibchen legt 16 bis 32 Eier. In waldreichen Umgebungen lebt eine Kreuzung zwischen diesem und dem Nilwaran *(Varanus niloticus)*. Diese spezielle Unterart mit dem Namen Regenwald-Nilwaran *(Varanus ornatus)*, zeigt alle Eigenschaften der oben beschriebenen Warane, ihr Lebensraum ist jedoch ein anderer, und die Tiere haben drei bis fünf Fleckenreihen, nicht sechs bis neun wie der Nilwaran.

SCHUPPENKRIECHTIERE - GECKOS & AGAMEN

Der Name „Gecko" bezieht sich auf die klickenden bis schreienden Geräusche, die zahlreiche Arten besonders zur Paarungszeit machen. Geckos stellen eine der größten Wirbeltier-Gruppen dar, und man findet sie überall dort, wo es warm ist: in dichten Wäldern wie in Wüstenregionen. Geckos unterscheiden sich auch innerhalb derselben Art stark in Form, Farbe und Größe. Fast alle Arten legen Eier. Die Augen der Geckos sind relativ groß, ebenso die Beine und vor allem die Zehen und Finger. In diesem Buch stellen wir zwei Arten der Gecko-Familie vor. Fühlt sich ein Gecko gestört, schreit er, und bei Berührung versucht er zu beißen.
Die Familie der Agamen besteht aus etwa 300 Arten. Sie haben alle einen vergleichbaren Körperbau und unterscheiden sich nur in Länge, Farbe und Körperform. Die auffälligen Farben der Agamen werden durch Melanin verursacht, einem organischen Pigment, das von den Melanozyten produziert wird. Dabei handelt es sich um Zellen unter der Oberhaut. Die Männchen haben oft spektakuläre Farben, vor allem zur Paarungszeit. Agamen sind Allesfresser und ernähren sich von Insekten, Gras, Früchten und Blumen. Aber auch Eier von anderen Eidechsen werden gerne gefressen. Feinde sind Mangusten, Greifvögel und Schlangen. Geckos kommunizieren auf verschiedene Weise, am bekanntesten ist das „Winken" mit den Vorderbeinen. Viele Arten drücken ihren Zustand auch durch ihre Körperfarbe aus. Bei manchen Arten haben weniger dominante Männchen eine ähnliche Farbe wie die Weibchen. Dominante Männchen sind oft aggressiv und wachen streng über ihr Territorium. Die meisten Agamen legen Eier und werden sieben bis zu 17 Jahre alt.

12-15cm

♂ 25-30gr

♀ 25-30gr

LC | NT | VU | EN | CE

Mauergecko *(Tarentola annularis)* **White-Spotted Wall Gecko**
Dieser Mauergecko ist braun mit hellen Flecken und Streifen. Auf dem Rücken hat er vier weiße Tuberkel (höckerartige Erhebungen). Er hat einen breiten und abgeflachten Körper und große, kräftige Schuppen auf Rücken, Schwanz und Beinen. Die Haftkissen sind auffallend groß. Seine großen Augen treten deutlich hervor und haben eine vertikale, schlitzförmige Pupille, die Iris ist goldbraun. Er lebt in trockenen Umgebungen wie Halbwüsten und versteckt sich tagsüber meist in Mauern oder Steinhaufen. Auch in Häusern trifft man diesen Gecko an. Feuchtigkeit nimmt er durch das Auflecken von Tautropfen auf. Sein Futter besteht hauptsächlich aus Insekten, die er wie die meisten seiner Artgenossen nachts jagt. Dieser Gecko ist kannibalisch und verspeist neben kleinen Eidechsen gelegentlich auch seine eigenen Jungen.

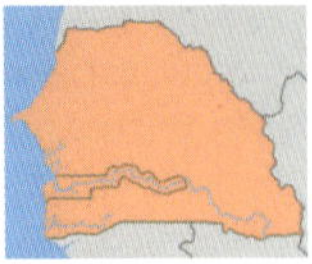

4-6cm

♂ 4-5gr

♀ 4-5gr

LC | NT | VU | EN | CE

Afrikanischer Halbfinger-Gecko *(Hemidactylus mabouia)*
Tropical House Gecko
Der Körper ist schlank und geschmeidig, der Schwanz verhältnismäßig lang. Die Farbgebung variiert von Weiß bis Hellbraun. Oft finden sich kleine, braune Flecken auf dem Rücken. Die Unterseite des Körpers ist gelblich, der Schwanz geringelt. Er ist nicht an einen bestimmten Lebensraum gebunden. Der Halbfinger-Gecko schläft in der Regel mit dem Kopf nach unten. Auf seinem Speiseplan stehen vor allem Insekten. Er ist sehr schnell und scheu, bei der kleinsten Störung verschwindet er schnell in einem Spalt und bläht seinen Körper auf, sodass er sich dort festklemmen kann. Er ist nachtaktiv und versteckt sich tagsüber meist in Bäumen oder Mauerritzen. Das Weibchen legt die Eier zusammen mit anderen in große Gemeinschaftsnester unter Steinen oder Holzblocken.

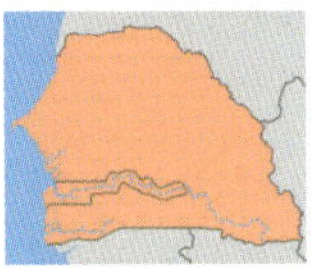

8-13cm

♂ 250-400gr

♀ 200-350gr

LC | NT | VU | EN | CE

Afrikanischer Halbfinger-Gecko *(Agama agama)*
Rainbow oder **Rock Agama**
Die Farbe männlicher Exemplare variiert von Hellblau bis Dunkelgrau. An der Farbintensität lässt sich die jeweilige Verfassung ablesen. Der Kopf und der mittlere Teil des Schwanzes variieren von Gelb bis Orange, und der 12 cm lange Schwanz hat blaue oder hellgraue Ringe. Die etwas kleineren Weibchen und die Jungen sind braun mit einem gelbbraunen Kopf. Die Tiere sind vor allem am Tag aktiv. Stößt ein Eindringling in das Territorium der Gruppe vor, greift das dominante Männchen sofort an. Vor einem Angriff bewegt das Männchen seinen Kopf auf und ab. Die beiden Rivalen umkreisen sich, bevor sie beißend und mit dem Schwanz schlagend angreifen. Diese Art ernährt sich von Ameisen und Insekten. Die Siedleragame positioniert sich gerne neben Ameisenstraßen, um sich direkt „bedienen" zu können. Das Weibchen legt die Eier in der Regel zu Beginn der Regenzeit, und die Jungen schlüpfen nach 50 bis 60 Tagen.

SCHUPPENKRIECHTIERE - CHAMÄLEONS

Chamäleons (Chamaeleonidae) sind eine Echsenfamilie aus der Gruppe der Leguanenartigen (Iguania). Sie sind Fleischfresser und haben einige charakteristische Merkmale, durch die sie sich von anderen Reptilien unterscheiden. Chamäleons haben eine lange, muskulöse Zunge, einen Greifschwanz, sich unabhängig voneinander bewegende Augen mit 360°-Blick und zangenartige Greifhände. Farbveränderungen werden durch Pigmente in Bewegung verursacht. Diese werden je nach Sonnenlicht, Stress oder bei der Kommunikation mit Artgenossen heller oder dunkler. Weibchen zum Beispiel verfärben sich grell, wenn sie bereits befruchtet sind. Chamäleons legen Eier und vergraben diese in flachen Erdmulden. Das Chamäleon gilt als exotische Handelsware.

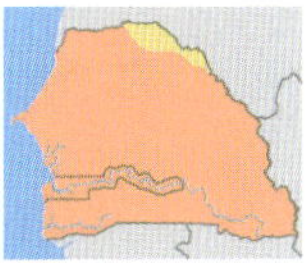

10-15cm

♂ 150-250gr

♀ 200-300gr

LC | NT | VU | EN | CE

Senegal Chamäleon *(Chamaeleo senegalensis)* **Senegal Chameleon**
Diese weitverbreitete Art ist an ihrem relativ glatten, länglichen Körper zu erkennen. Auch der für Chamäleons typische Schuppenkamm fehlt hier. Das Senegal-Chamäleon ist dunkel gefleckt, und seine Farbe variiert zwischen Gelb, Grün und Braun. Die Körperlänge beträgt mitsamt Schwanz 20 bis 30 cm. Es lebt in trockeneren Gebieten wie Savannen und Halbwüsten, sucht sich dort jedoch dichtere Vegetation, wo es feuchter ist. Auf seinem Speiseplan stehen verschiedenste Insekten, Heuschrecken, Grillen, Käfer und Spinnen.

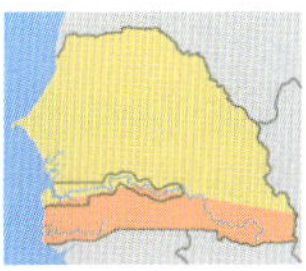

13-18cm

♂ 250-400gr

♀ 250-400gr

LC | NT | VU | EN | CE

Fersensporn-Chamäleon *(Chamaeleo gracilis)*
Slender oder **Graceful Chameleon**
Seine Farbe variiert von der Grundfarbe Grün bis hin zu Gelb oder Braun, mit Flecken an den Flanken. Zur kühleren Tageszeit wartet es geduldig, im Laub versteckt, bis die Beute in die Reichweite seiner 30cm langen Zunge kommt. Die Augen drehen sich permanent, auch nach hinten. So behalten sie auch ihre natürlichen Feinde im Auge. Obwohl das Chamäleon zweimal im Jahr etwa 20 bis 50 Eier legt, ist sein Fortbestand durch Verlust von Lebensraum und Wilderei ernsthaft gefährdet. Auch die kannibalische Eigenschaft des Chamäleons trägt nicht gerade zum Fortbestand bei.

Vögel

STRUTHIONIFORMES
Strauße 105

LAPPENTAUCHERARTIGE
Zwergtaucher 106

SULIFORMES
Kormorane 107
Schlangenhalsvögel 108

PELECANIFORMES
Pelikane 108
Reiher 109
Hamerkop 115
Ibisse 115
Löffler 116

SCHREITVÖGEL
Störche 117

FLAMINGOS
Flamingos 120

GÄNSEVÖGEL
Enten 121
Gänse 122

GREIFVÖGEL
Fischadler 125
Milane 125
Geier 127
Schlangenadler 130
Weihe 131
Habichte 132
Bussarde 134
Adler 135
Falken 138
Eulen 175

HÜHNERVÖGEL
Fasanenartige 140
Perlhühner 141
Zahnwachteln 142

KRANICHVÖGEL
Binsenrallen 142
Rallen 143
Teichhühner 144
Kranichvögel 144

OTIDIFORMES
Trappen 145

REGENPFEIFERARTIGE
Säbelschnäbler 147
Goldschnepfen 148
Jacana 148
Triele 149
Krokodilwächter 149
Rennvögel 150
Brachschwalben 151
Kiebitze & Pfeifer 151
Schnepfenvögel 154
Möwen & Seeschwalben 160
Scherenschnabel 163

PTEROCLIFORMES
Flughühner 164

TAUBENVÖGEL
Tauben 165

PAPAGEIEN
Papageien 169

TURAKOS
Turakos 170

KUCKUCKSVÖGEL
Kuckucke 172
Spornkuckucke 174

SCHWALMARTIGE
Nachtschwalben 178

SEGLERVÖGEL
Segler 180

MAUSVÖGEL
Mausvögel 181

RACKENVÖGEL
Eisvögel 182
Bienenfresser 185
Racken 188

HORNVÖGEL & HOPFE
Hopfe & Baumhopfe 190
Tokos & Hornraben 191
Nashornvögel 193

SPECHTVÖGEL
Bartvögel 194
Honiganzeiger 196
Spechte 197

SPERLINGVÖGEL

Lerchen	200
Schwalben	202
Stelzen & Pieper	205
Stachelbürzlern	208
Bülbüls	208
Drosseln	210
Halmsängerartige	214
Afrikanische Sänger	214
Rohrsängerartige	214
Laubsängerartige	216
Grasmückenartige	217
Fliegenschnäpper	218
Blauhaubenschnäpper	222
Monarchen	223
Häherlinge	224
Meisen	225
Brillenvögel	226
Nektarvögel	226
Würger	231
Drongos	234
Rabenvögel	235
Pirole	236
Madenhacker	236
Stare	237
Sperlinge	240
Webervögel	242
Prachtfinken	247
Witwenvögel	252
Ammern	254
Finken	255

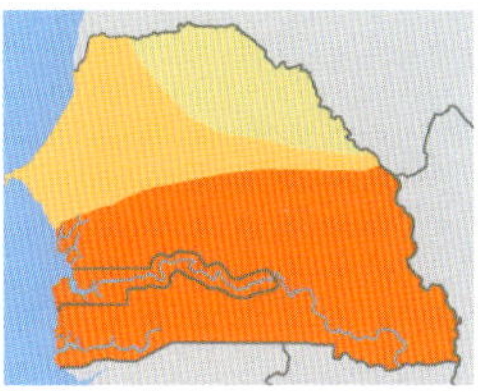

Legende

Verbreitungsgebiet
- = abwesend
- = unregelmäßiger Gast
- = anwesend

Maße und Gewichte

Flügelspann-weite | Gewicht Männchen | Gewicht Weibchen

Activ

Tagsaktiv | Dämmerungs-aktiv | Nachtactiv

Monate J F M A M J J A S O N D

Dunkelgrün = anwesend
Hellgrün = Präsenz schwankt
Braun = brüten
Hellbraun = brüten manchmal

SA Keine äußerlichen Unterschiede (**S**exes **A**like)

SA Geschlechter unterscheiden sich im Aussehen

BU Keine Brutdaten (**B**reeding **U**nknown)

Die folgenden Qualifikationen geben nur den allgemeinen Zustand an. Eine Art kann in Gambia und Senegal auf eine kritisch verbleibende Anzahl reduziert sein, aber anderswo in Afrika kann gleichzeitig eine gesunde Population leben.

Population
- **LC** = gesund (**L**east **C**oncern)
- **NT** = abnehmend (**N**ear **T**hreatened)
- **VU** = Schützbedürftig (**Vu**nerable)
- **EN** = bedroht (**En**dangered)
- **CE** = kritisch (**C**ritically **E**ndangered)

Handschwingen
Armschwingen
(Flügelspiegel bei Enten)
Bürzel
Steuerfedern oder
Schwanz
Unterschwanzdecken
Hosen
Daumen-
fittich
Deck-
federn
Schulter
Genick
Scheitel
Stirn
Wachshaut
Zügel
Kehle
Brust
Bauch

STRUTHIONIFORMES *Struthioniformes - Struthionidae*

Der Strauß ist der größte Laufvogel der Welt und auch der schnellste (70 km/h). Er ist eng mit anderen großen Laufvögeln, wie dem Nandu, Emu und Helmkasuar, verwandt. Der Hahn ist meist schwarz mit weißen Flügelenden und einem weißen oder braunen Schwanz. Die Henne ist hauptsächlich braun und etwas kleiner (beim Somaliastrauß ist es umgekehrt).
Hähne haben einen Harem mit drei bis sieben Hennen. Dazu gehört auch das Alpha-Weibchen, das sich zusammen mit dem Hahn um das Brüten kümmert. Die anderen Weibchen brüten nicht, sondern legen alle etwa zehn Eier in das gleiche Nest. Bodennester können bis zu 40 oder mehr Eier enthalten, die in etwa 40 Tagen ausgebrütet werden (wegen der Tarnfarben brütet der Hahn nachts und die Henne am Tag). Die Überlebenschancen eines Kükens sind gering, und meist überlebt nur ein einziges. Bei Gefahr legen sich Strauße flach auf den Boden, und auch Hals und Kopf sind flach ausgestreckt und so weniger gut sichtbar. Ihr Habitat sind spärlich bewachsene Savannen.

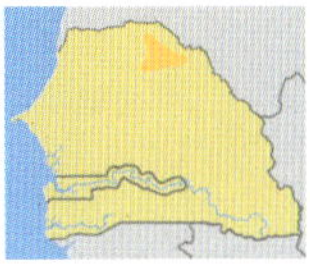

Strauß *(Struthio camelus)* **Common Ostrich** *(250 cm)*
Diese Art *(S. c. camelus)* ist eine der vier noch vorkommenden Unterarten und eng mit dem Massai-Strauß in Ostafrika verwandt. Hals und Beine des Hahnes sind gewöhnlich rosa. Die Hennen sind braun und ihre Haut grau. Strauße fressen hauptsächlich Gräser und Kräuter, aber auch Eidechsen und Frösche, die sich zwischen den Pflanzen verstecken, werden gerne verspeist. Sie bewohnen Halbwüstengebiete, Feuchtigkeit nehmen sie über die Nahrung auf, daher sind sie nicht allzu sehr vom Wasser abhängig. In der Region Ferlo im Nordosten des Senegals gibt es noch eine kleine Population wild lebender Strauße.

Die Familie der Lappentaucher, zu der auch der Zwergtaucher gehört, umfasst 23 Arten. Diese Vögel sind ausgezeichnete Taucher. Dank der Schwimmlappen sind Sie auch unter Wasser sehr beweglich, was die Jagd auf Fische erleichtert. Sie fliegen nachts, um andere Gewässer zu erreichen. In der Regel bauen sie Schwimmnester aus Pflanzen. Männchen und Weibchen sind äußerlich nicht zu unterscheiden.

Zwergtaucher *(Tachybaptus ruficollis)* Little Grebe *(29 cm)*

Die Farbe des Zwergtauchers ist während der Brutzeit an Kopf, Rücken und Brust dunkel, fast schwarz. Kehle, Wangen und Halsseiten sind rotbraun. Hinter dem Schnabel bis zu den Augen sieht man eine weiße Markierung. Die Unterflügel sind dunkelweiß mit dunklen Schwungfedern. Im Winterkleid sind Kopf, Hals und Oberkleid blassbraun und beigefarben. Das Unterkleid ist beige oder braun. Haubentaucher leben in Süß- und Brackwasser, wo sie sich von Insekten und Larven sowie kleinen Fischen und Amphibien ernähren. Ein Teil der Population (*T.r. ruficollis* - rotbraune Iris) überwintert hier. Vom anderen Zwergtauchern (*T. r. capensis* - gelbe bis dunkelorangefarbene Iris) werden in diesem Teil Afrikas gelegentlich Brutpaare beobachtet.

Schlichtkleid

Prachtkleid

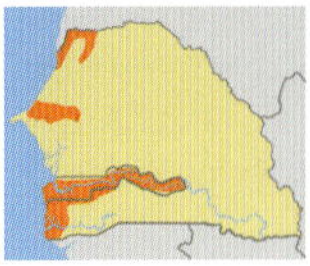

45cm 230gr 200gr

LC NT VU EN CE SA

J F M A M J J A S O N D

SULIFORMES

Suliformes: Phalacrocoracidae & Anhingidae

Zu den Suliformes (es gibt noch keine deutsche Bezeichnung für diese Vogelgruppe) gehören unter anderem Kormorane und Schlangenhalsvögel. Ihre vierzehigen Füße sind mit Schwimmhäuten versehen. Gänse, Enten und andere Schwimmvögel haben nur drei Zehen mit Schwimmhäuten. Sie leben in Wassernähe und ernähren sich hauptsächlich von Fisch. Während der Kormoran unter Wasser jagt, fischt der Schlangenhalsvogel wie ein Reiher.

Riedscharbe *(Microcarbo africanus)*
Long-tailed oder **Reed Cormorant** *(60 cm)*

Dieser kleine Kormoran kommt zahlreich vor und sein Verbreitungsgebiet ist groß. Er hat einen langen Schwanz, ein silbernes bis schwarzes Federkleid und einen gelben Schnabel. Die Augen sind leuchtend rot.
Man findet ihn in allen Feuchtgebieten. Die Jungen haben eine weiße Brust. Riedscharben bevorzugen Süßwasser, langsam fließende Flüsse, Lagunen und Sümpfe. Ihr Hauptnahrungsmittel ist Fisch. Die Brutzeiten variieren.

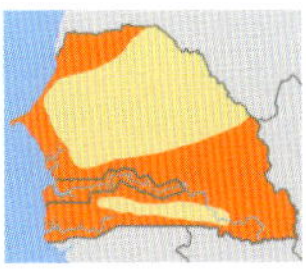

90cm 685gr 600gr

LC NT VU EN CE SA

J F M A M J J A S O N D

Kormoran *(Phalacrocorax carbo)* **White-breasted** oder **Great Cormorant** *(95 cm)*
Alle Kormorane haben einen charakteristischen geschmeidigen Hals. Diese Art *(P.c. lucidus)* hat gelbe Haut am Schnabel, der Hals ist ganz und die Brust teilweise weiß. Die Augen sind türkisfarben. Mantel und Flügel sind dunkelviolett-braun. Während der Brutzeit ziert ein weißer Punkt die Oberschenkel und ein roter Punkt die Stelle über dem Schnabel. Bei der Unterart *P. c. maroccanus* ist nur der Hals weiß. Ihr Habitat sind alle Feuchtgebiete, wo als Futter Fische vorkommen.

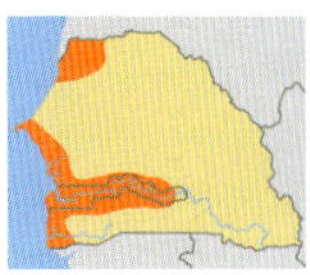

160cm 2800gr 2400gr

LC NT VU EN CE SA

J F M A M J J A S O N D

128cm 1800gr 1800gr

LC NT VU EN CE SA

J F M A M J J A S O N D

Afrika-Schlangenhalsvogel
(Anhinga rufa) **African Darter** *(95 cm)*
Schlangenhalsvögel haben einen längeren Hals als Kormorane. Mit ihrem spitzen Schnabel spießen sie ihre Beute, z. B. Fische, Amphibien, Wasserschlangen und kleine Wasserschildkröten, unter Wasser auf. Ein langer weißer Augenstreifen trennt die rotbraune Vorderseite des Halses von der dunkelbraunen Hinterseite. Flügel und Schwanz sind anthrazitfarben mit kleinen silbernen Akzenten. Das Unterkleid ist schwarz. Beim Weibchen ist dieses braun, ebenso wie Kopf, Hals und Beine.

PELECANIFORMES *Pelecaniformes - Pelecanidae*

Von den acht Pelikanarten leben zwei in diesem Teil Afrikas. Pelikane jagen in Gruppen nach Fischen. Indem sie mit ihren Flügeln heftig auf die Wasseroberfläche schlagen, treiben sie Fischschwärme ins Flache. Mit dem großen Schnabel und Kehlsack schöpfen sie die Fische aus dem Wasser. Durch Anheben des Kopfes fließt das Wasser ab und der Fisch bleibt zurück. Pelikane gehören zu den größten flugfähigen Vögeln und werden bis zu 35 Jahre alt.

Rötelpelikan *(Pelecanus rufescens)*
Pink-backed Pelican *(130 cm)*
Der Vorderrücken dieses kleineren Pelikans hat einen sanften rosafarbenen Schimmer. Sein Gefieder ist überwiegend grau, Schnabel, Flanken und Beine sind rosa. In der Brutzeit trägt er auf dem Scheitel Prachtfedern, und die Brust wird manchmal strohgelb. Er lebt in flachen Gewässern (Süß- und Salzwasser) sowie in Mangroven an der Küste und nistet in Bäumen.

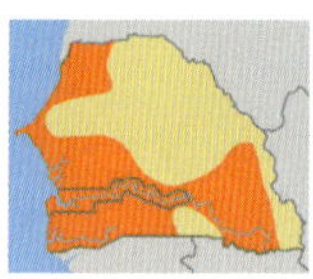

290cm 7kg 6kg

LC NT VU EN CE SA

J F M A M J J A S O N D

Rosapelikan *(Pelecanus onocrotalus)* **Great White Pelican** *(170 cm)*
Die größte der beiden in Afrika vorkommenden Arten. Sie sind am gelben Unterschnabel und der weißen oder rosa Haut um die Augen erkennbar (zur Brutzeit gelb bis orange; beim Weibchen meist orangefarben). Das Schwarz der Federn ist im Ruhezustand kaum sichtbar. Nur im äußersten Nordwesten des Senegals gibt es eine Brutkolonie, andernorts in Gambia und Senegal sind sie nur im Winter zu Gast. Sie leben an Seen (Brack- und Süßwasser), langsam fließenden Flüssen und an der Küste.

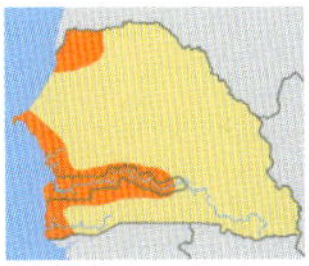

360cm 15kg 9kg

LC NT VU EN CE SA

J F M A M J J A S O N D

PELECANIFORMES *Pelecaniformes - Ardeidae*

Die 67 Reiherarten gehören in die Ordnung der Ruderfüßer. Ihre Nahrung besteht hauptsächlich aus Fischen, Fröschen und anderen Wassertieren sowie Insekten und Larven. Diese finden sie meist im flachen Wasser (Flüsse, Pfuhlen, Mangroven).
Je nach Habitat und Umständen fängt der Reiher auch Krabben, junge Wasserschildkröten, Muscheln und kleine Schlangen. Männchen sind meist etwas größer, ansonsten gibt es kaum geschlechtsspezifische Unterschiede. Die Brutzeit vieler Reiherarten in Afrika hängt vom Beginn der Regenzeit ab.

Graureiher *(Ardea cinerea)*
Grey Heron *(98 cm)*
Der Graureiher ist in Europa wie in Afrika weit verbreitet. Seine Rückenpartie ist überwiegend grau mit schwarzen Flecken auf den Schultern, die Bauchpartie ist weiß mit einem schwarzen Streifen bis zum Hals, der Schnabel gelb, die Beine gelblich bis grün. Während der Brutzeit färben sich die Beine orange, der Schnabel wird röter, und auf dem Scheitel liegen lange, schwarze Schopffedern. Die Unterseite der Flügel ist grau. Ein Teil der Population migriert nach Europa.

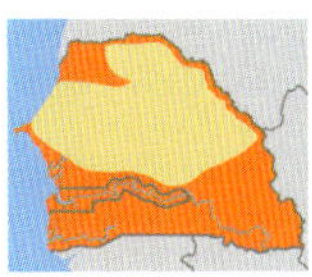

195cm 2000gr 1800gr

LC NT VU EN CE SA

J F M A M J J A S O N D

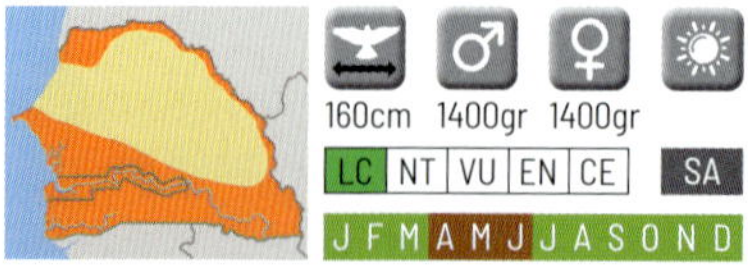

Schwarzhalsreiher
(Ardea melanocephala)
Black-headed Heron *(90 cm)*
Sein Gefieder ist überwiegend grau.
Nacken und Schopffedern sind dunkelgrau, Wangen und Kehle weiß. Unter der Kehle ist der weiße Hals schwarz gesprenkelt. Zügel und Iris sind gelb, Beine und Füße grau. Die Flügelunterseite ist weiß mit schwarzen Arm- und Handschwingen. Im Gegensatz zu den meisten Reihern ist dieser für seine Nahrung wie Nagetiere, Eidechsen, Würmer und Insekten (insbesondere Heuschrecken) nicht auf Wasser angewiesen.

Goliathreiher
(Ardea goliath)
Goliath Heron
(150 cm)

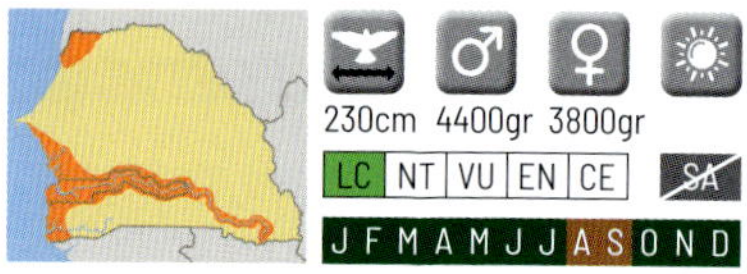

Ein Riese unter den Reihern. Aus der Ferne ähnelt er stark dem Purpurreiher, ist aber fast doppelt so groß. Er hat einen langen rotbraunen Hals (vorne grau gesprenkelt) und eine überwiegend graue Rückenpartie. Brust und Bauch sind rostbraun. Die Unterseite der Flügel ist rostbraun und grau. Weibchen sind etwas kleiner und haben einen kurzen Schnabel. Sie sind seltener als andere Reiher und bevorzugen flaches Wasser am Ufer von Süßwasserflüssen, Sümpfen und auch Mangroven.

Purpurreiher *(Ardea purpurea)* **Purple Heron** *(85 cm)*
Das Gefieder ist überwiegend grau, der rostbraune, teils weiße, relativ lange Hals hat hinten und an den Seiten schwarze Streifen. Weibchen sind etwas blasser, ihr Rücken und die Flügel schimmern olivgrün. Sie fischen mit ihrem spitzen Schnabel am liebsten in klarem Wasser nach Fisch, Amphibien, Schlangen und vielen Insektenarten.
Die Population migriert im Frühjahr teilweise von Westafrika in den Mittelmeerraum und nördlicher.

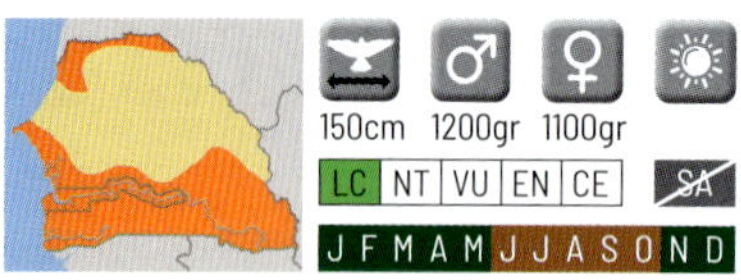

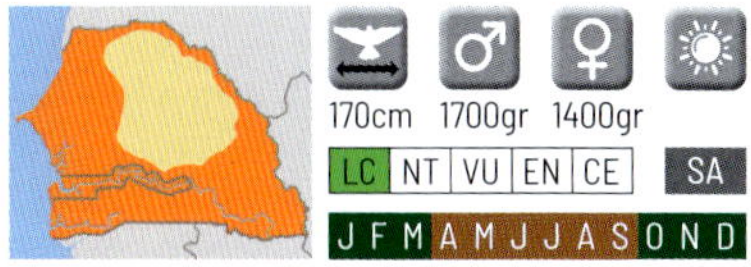

Silberreiher *(Ardea alba)*
Western Great Egret *(100 cm)*
Er ist der größte weiße Reiher. Sein Schnabel ist gelb-orangefarben (manchmal teils schwarz), die Zügel grün-gelb. Beine und Zehen sind schwarz. Er watet langsam am Ufer entlang oder steht dort bewegungslos und sucht an der Wasseroberfläche nach Beute. Frösche und Fische, aber auch Reptilien und kleine Vögel, die er aufspießt, dienen als Nahrung. Während der Brutzeit prahlt er gerne mit dem 50 cm langen Rücken- und den Brustfedern, die er dann weit ausdehnt.

Asienmittelreiher *(Ardea intermedia)* **Intermediate Egret** *(68 cm)*
Er ist komplett weiß, der Schnabel gelb (Winterkleid), Beine und Zehen sind schwarz. Der gelbe Zügel endet bei der gelben Iris. In der Brutzeit erhält er zusätzliche Brust und Mantelfedern und der Schnabel wird deutlich dunkler bis schwarz. Diese Reiher gehen meist gemeinsam auf Nahrungssuche und bevorzugen Uferbänke (Süß- und Salzwasser) sowie überflutete Grasflächen. Westafrika ist nicht das natürliche Habitat. Vereinzelt trifft man eine der Unterarten *(A. i. brachyrhyncha)* am Ufer des Gambias.

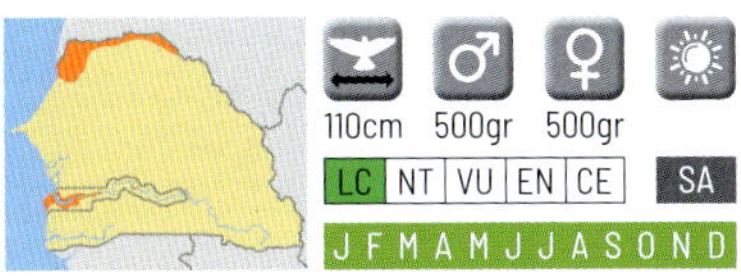

Glockenreiher *(Egretta ardesiaca)* **Black Heron** *(56 cm)*
Auf Nahrungssuche spreizt der Glockenreiher seine Flügel über den Kopf und sucht im Wasser nach Fischen, Amphibien und Insektenlarven. Dieser Reiher hat volles, schiefergraues bis anthrazitfarbenes Gefieder, Beine und Zehen sind gelb. Zur Brutzeit trägt er lange Prachtfedern und ein dunkelgraues Brustfederkleid .

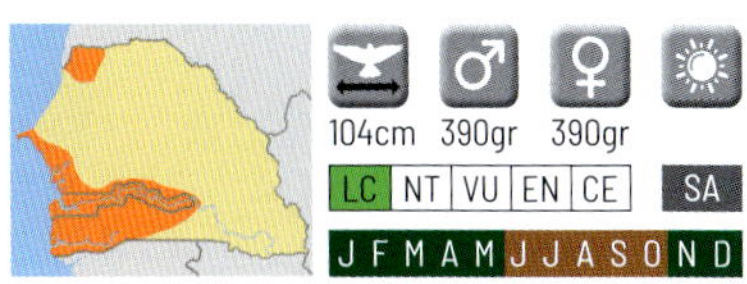

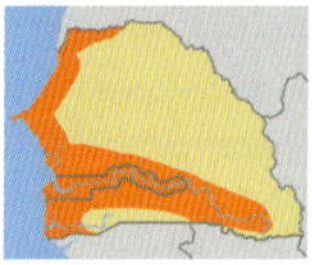

104cm 500gr 450gr

LC NT VU EN CE SA

J F M A M J J A S O N D

Küstenreiher *(Egretta gularis)*

Western Reef-Egret *(65 cm)*

Der Glockenreiher ist entweder schiefergrau oder weiß (in Westafrika gibt es auch eine schiefergraue Art mit weißer Kehle). Der Küstenreiher gleicht in der Größe dem Silberreiher, nur der Schnabel ist etwas größer und gelber (in der Brutzeit dunkler). Beide Varianten haben wie der kleine Reiher einen gelben Zügel und gelbe Zehen an den schwarzen Beinen. Sie bevorzugen felsige und sandige Küstengebiete. Ihre Beute ist vielseitig und reicht von Insekten bis zu kleinen Reptilien.

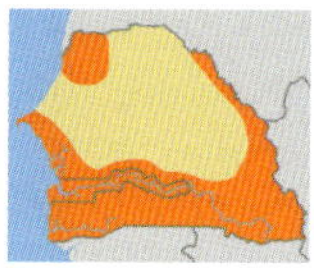

104cm 500gr 450gr

LC NT VU EN CE SA

J F M A M J J A S O N D

Seidenreiher *(Egretta garzetta)*

Little Egret *(65 cm)*

Der Seidenreiher ist deutlich kleiner als der große Silberreiher. Wie der Küstenreiher hat er gelbe Zehen und schwarze Beine. Zur Brutzeit trägt das Männchen Prachtfedern auf Kopf und Brust. Der Zügel verfärbt sich dann von blau zu gelb-grau. Er lebt meist solitär, sein Habitat sind Feuchtgebiete. Auf seinem vielseitigen Speiseplan stehen Insekten und kleine Reptilien.

92cm 370gr 370gr

LC NT VU EN CE SA

J F M A M J J A S O N D

Rallenreiher *(Ardeola ralloides)*

Squacco Heron *(47 cm)*

Außerhalb der Brutzeit ist sein Gefieder weiß und strohgelb. Das Brutgefieder ist deutlich bunter. Der gelb-graue Schnabel wird blau mit einer schwarzen Spitze und braunen, schwarz-weißen Prachtfedern über dem Scheitel und Nacken. Er bevorzugt Süßwassergebiete und ernährt sich hauptsächlich von Insektenlarven, frisst jedoch auch Fische, kleine Vögel und Amphibien. Im Gegensatz zu vielen Reiherarten, die den Regen suchen, migriert der Rallenreiher in Westafrika nicht zur Trockenzeit.

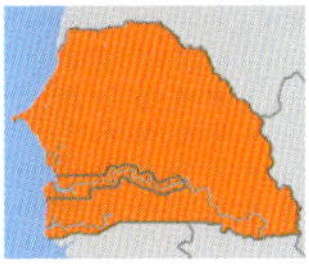

96cm 400gr 350gr

LC NT VU EN CE SA

J F M A M J J A S O N D

Kuhreiher *(Bubulcus ibis)*
(Western) Cattle Egret *(56 cm)*
Es ist der kleinste der weißen Reiher und sehr verbreitet. Man sieht ihn vor allem in der Nähe von großen Weidegängern, wo er Insekten und kleine Reptilien aus dem umgewühlten Boden pickt. Das bevorzugte Habitat sind Teiche und Süßwassermoore. Diese Reiher haben einen gelben Schnabel, die Beinfarbe variiert von grau bis rosafarben. Zum Prachtkleid der Männchen in der Brutzeit gehören rosafarbene Beine und eine rötliche bis rotbraune Brust.

60cm 230gr 210gr

LC NT VU EN CE SA

J F M A M J J A S O N D

Mangrovereiher *(Butorides striata)*
Striated Heron *(45 cm)*
Es gibt weltweit 36 Arten Mangrovenreiher. Der *B.S. atricapilla* ist in diesem Teil Afrikas zu Hause. Der spitze schwarze Oberschnabel und teils gelbe Unterschnabel endet in gelb-schwarzen Zügeln und gelben Augen. Von der weißen Kehle verläuft ein weißer Streifen über die graue Bauchpartie. Der Rücken glänzt grünlich. Der Mangrovenreiher ist ein ausgezeichneter Fischer. Der Nacken und die gelben Beine sind länger als sein stämmiger Körper erkennen lässt. Er geht in Mangroven und Süßwasser auf Nahrungssuche.

Nachtreiher *(Nycticorax nycticorax)*
Black-crowned Night-Heron *(65 cm)*
Ein Teil der westafrikanischen Population ist hier im Winter zu Gast. Der Nachtreiher hat eine gedrungene Haltung. Während der Brutzeit trägt er Prachtfedern auf dem Scheitel, Vorderrücken und Rücken sind dunkelgrau, Flanken und Flügel hellgrau. Die Iris ist leuchtend rot, die Beine gelb. Die Bauchpartie ist weiß. Nachtreiher jagen nachts, während der Brutzeit auch tagsüber. Ihre Nahrung besteht aus Süßwasserfischen und Schnecken, Fröschen, Insekten, Larven und Salamandern. Das Weibchen ist kleiner und heller.

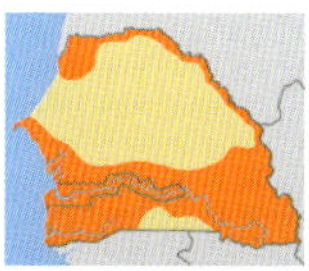

110cm 800gr 720gr

BU

LC NT VU EN CE SA

J F M A M J J A S O N D

Zwergdommel *(Ixobrychus minutus)*
Little Bittern *(34 cm)*
Die Zwergdommel *(I.m. minutus)* migriert aus Süd- und Osteuropa nach Afrika. Die Zwergdommel im südlichen Afrika *(I.m. payesii)* migriert innerhalb Afrikas. Beide haben einen scharfen gelben Schnabel (orangefarben in der Brutzeit), kurze gelbliche Beine (beim Weibchen grüner) mit relativ großen Zehen. Der Hals ist beigefarben, der Scheitel schwarz. Die Brust ist beige oder hellgrau und weiß, manchmal gestreift, beim Weibchen trennt ein weißer Kragen die Rückenfedern vom Hals. Das Männchen hat einen weißen Bauch und schiefergraue Flügel, beim Weibchen überwiegen Brauntöne. Die schiefergraue Rückenpartie des Männchens ist heller als bei seinen afrikanischen Verwandten. Brutpaare sind meist die *I.m.payesii*, sie brüten vorzugsweise in Sumpfgebieten und Schilfbänken.

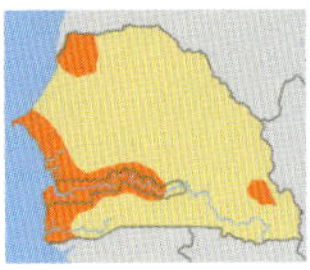

58cm ♂ 150gr ♀ 140gr

LC NT VU EN CE — SA

J F M A M J J A S O N D

Graurückendommel *(Ixobrychus sturmii)* **Dwarf Bittern** *(30 cm)*
Die Graurückendommel gehört zu den kleinsten Reihern. Sie hat eine schiefergraue Rückenpartie, von der Brust bis zum Unterschwanz ist sie weiß mit länglichen, schiefergrauen Streifen. Die Beine sind grüngelb, die Farbe der Iris variiert von rotbraun bis rot. Der Bauch des Weibchens ist häufiger rotbraun. Ihre Nahrung, wie Insekten, Heuschrecken, Spinnen, kleinere Fische, Schnecken und Reptilien, finden sie, indem sie sich behutsam durch das Gras bewegen.

50cm ♂ 140gr ♀ 140gr

LC NT VU EN CE — SA

J F M A M J J A S O N D

PELECANIFORMES — *Pelecaniformes - Scopidae*

Der Hammerkopf gehört auch zu den Ruderfüßern und ist der einzige Vertreter der Familie Scopidae. Die Familie hat eine Gattung mit nur einer Art und zwei Unterarten.

Hammerkopf *(Scopus umbretta)* **Hamerkop** *(56 cm)*
Dieser *(S. u. minor)* ist komplett braun und dunkler als sein südlicher Verwandter *(S. u. umbretta)*. Der schwere Schnabel ist dunkelgrau und der Kopf hammerförmig. Er baut drei bis fünf Mal jährlich große Nester, jedoch nicht unbedingt zum Brüten. Diese oft vorkommenden Vögel sind nicht scheu. Fische, Amphibien, kleine Nagetiere und Frösche bilden die Hauptnahrung, die sie in Gewässern mit Bäumen in der Nähe finden.

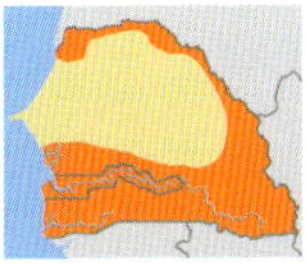

90cm ♂ 400gr ♀ 400gr

LC | NT | VU | EN | CE — SA

J F M A M J J A S O N D

PELECANIFORMES — *Pelecaniformes - Threskiornithidae*

Ibisse und Löffler (Threskiornithidae) sind eine Vogelfamilie aus der Ordnung der Pelecaniformes mit 34 Arten. Man unterscheidet Ibisse aus der Alten und der Neuen Welt.
Mit ihren langen, festen, gebogenen Schnäbeln suchen sie tagsüber im Boden nach Wirbellosen, Würmern, Schnecken und anderen Weichtieren. Der Löffler tastet mit seinem Schnabel durch das flache Wasser auf der Suche nach Beute. Dabei filtert und „löffelt" er mit einer Siebmembran in seinem Schnabel seine Nahrung aus dem Wasser.

Hagedasch *(Bostrychia hagedash)* **Hadada Ibis** *(76 cm)*
Eine der drei Unterarten *(B. h. brevirostris)* lebt in diesem Teil Afrikas. Er hat eine graubraune Bauch- und Rückenpartie, seine Oberflügeldecken schimmern grün in der Sonne. Der Oberschnabel hat eine rote, längliche Brücke, und seine Wangen kennzeichnet ein heller Streifen. Wegen seiner kurzen Beine wirkt er schwerfällig. Weideland, Savannen und Auenwälder sind sein Habitat. Beim Fliegen macht er viel Lärm. Dieser Ibis kann bis zu viermal im Jahr brüten.

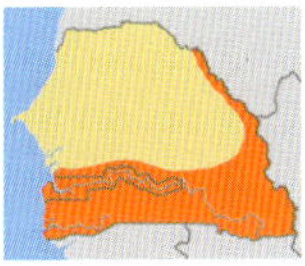

100cm ♂ 1200gr ♀ 1200gr

LC | NT | VU | EN | CE — SA

J F M A M J J A S O N D

95cm 800gr 800gr

LC NT VU EN CE SA

J F M A M J J A S O N D

Braunsichler *(Plegadis falcinellus)*
Glossy Ibis *(65 cm)*
Ein Wintergast. Außerhalb der Brutzeit ist sein Gefieder hellbraun und grau-grün. Im Brutgefieder ist der Kopf bis zu Vorderrücken, Brust und Bauch rotbraun, der Schnabel hellgrau, und die Flügel bekommen einen grünen, irisierenden Glanz. Zu seinem Lebensraum gehören Süßwasserseen, sumpfige Felder und Sümpfe. Der Schwarze Ibis bleibt immer häufiger ganzjährig in Südwest- und Südosteuropa.

Heiliger Ibis *(Threskiornis aethiopicus)* **Sacred Ibis** *(88 cm)*
Lokal häufig vorkommend, sonst selten. Sie sind sofort an ihrem schwarz-weißen Gefieder und dem schwarzen, flauschigen Schwanz, schwarzen Nacken und dem Kopf mit einem langen, gebogenen schwarzen Schnabel erkennbar. Das Habitat umfasst süßwasserreiche Gebiete sowie flache Meeresabschnitte. Im westlichen Teil des Deltas des Senegals kommt er häufig vor.

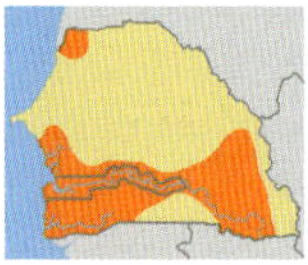

124cm 1500gr 1500gr

LC NT VU EN CE SA

J F M A M J J A S O N D

Afrikanischer Löffler *(Platalea alba)* **African Spoonbill** *(90 cm)*
Erkennbar an seinem blaugrauen, löffelförmigen, langen Schnabel, der roten Haut hinter den Augen und den rosa Beinen. Dieser Löffler ist weit verbreitet und zum Teil sehr zahlreich in Süß- und Sodaseen sowie an der Küste in flachen Lagunen. Seine Hauptnahrung ist Fisch. Gelegentlich ist auch der **Europäische Löffler** *(Platalea Leucorodia)* **Eurasian Spoonbill** *(90 cm)* in diesem Teil Afrikas im Winter zu Besuch. Er hat keinen roten Kopf, die Beine sind schwarz, und der Löffel ist gelb.

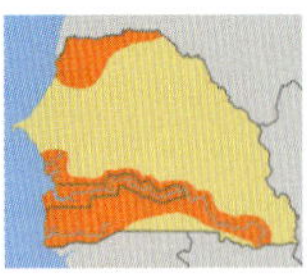

135cm 1790gr 1600gr

LC NT VU EN CE SA

J F M A M J J A S O N D

Störche sind die einzige Familie der Ciconiidae mit 6 Gattungen und 19 Arten. Das Futter besteht hauptsächlich aus Fröschen und großen Insekten, aber auch aus Jungvögeln, Eidechsen, Fischen und Nagetieren. Viele Störche sind Zugvögel, die mithilfe der Thermik lange Strecken zurücklegen können (über dem Meer kürzere).
Sie haben einen „Radar", der sie zu Orten mit Insektenplagen leitet. Sie fliegen mit gestrecktem Hals. Wegen fehlender Kehlmuskulatur klappern sie zur Kommunikation mit dem Schnabel. Geschlechtsspezifische Merkmale gibt es kaum.

Marabu *(Leptoptilos crumenifer)* **Marabou Stork** *(150 cm)*
Er hat einen fast kahlen Kopf mit hängendem Kropf, einen großen gelblichen Schnabel, Flügel und Schwanz sind schiefergrau, der Unterkörper weiß. Er frisst auch Aas und wird oft zusammen mit Geiern gesehen. Er ist weit verbreitet, und auf der Suche nach Nahrung trifft man ihn oft auch in Städten und Dörfern.

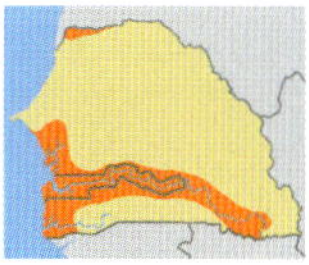

300cm 8500gr 8000gr
LC NT VU EN CE SA
J F M A M J J A S O N D

Afrika-Wollhalsstorch *(Ciconia episcopus)*
African Woolly-necked Stork *(90 cm)*
Dieser Storch hat mehrere Unterarten. Einer von ihnen *(C.e. microscelis)* lebt im tropischen Afrika. Er bevorzugt Savannen mit ständigen Wasservorkommen. Die Flügel leuchten in der Sonne graugrün, die Brust lila. Vom Scheitel bis zum Hals ist er wollig und weiß. Der Schnabel ist grau mit einer roten Spitze. Der weiß-wollige Hals fällt im Vergleich zu anderen Störchen am stärksten auf. Häufig findet man ihn dort, wo es gebrannt hat.

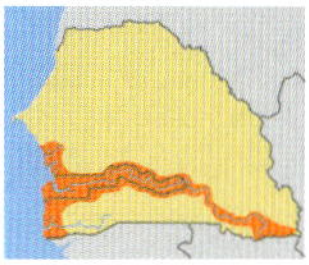

160cm 2200gr 2200gr
LC NT VU EN CE SA
J F M A M J J A S O N D

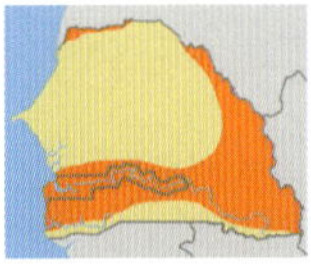

140cm 1500gr 1400gr

LC NT VU EN CE SA

J F M A M J J A S O N D

Abdimstorch *(Ciconia abdimii)*
Abdim's Stork *(80 cm)*
Ein mittelgroßer Storch, der dem größeren Schwarzstorch sehr ähnlich sieht.
Er unterscheidet sich durch den grauen Schnabel und das Blau der Wangen. Die Beine des Abdimstorchs sind heller und haben rosafarbene Fersen. Er ernährt sich hauptsächlich von Heuschrecken, Raupen und anderen großen Insekten in trockeneren Gebieten. Sie brüten zu Beginn der Regenzeit und migrieren in Afrika dorthin, wo die Regenzeit beginnt.

Schwarzstorch *(Ciconia nigra)* **Black Stork** *(100 cm)*
Ein nicht oft vorkommender Wintergast. Der Schwarzstorch verlässt Europa und Asien, um den Winter unter anderem in Westafrika zu verbringen. Die Haut um die Augen, der lange Schnabel und die Beine sind rot. Die Bauchpartie ist weiß und die Rückenpartie metallisch grün und violett. Sie halten sich am liebsten in offenen Waldgebieten auf und finden ihre Nahrung, z. B. Fische, Amphibien, Insekten und Schnecken, in Bächen und kleineren Gewässern.

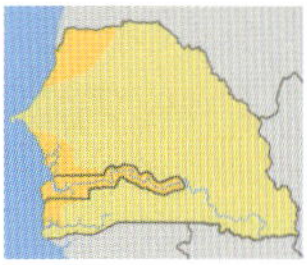

150cm 2700gr 2500gr

LC NT VU EN CE SA

J F M A M J J A S O N D

Nimmersatt *(Mycteria ibis)* **Yellow-billed Stork** *(105 cm)*
Der Nimmersatt ist an seinem langen gelben Schnabel, dem roten Kopf und roten Beinen erkennbar. Er zeigt starkes Migrationsverhalten, beeinflusst vom Regen im Savannengürtel des Senegals. Das Brutverhalten ist abhängig vom Nahrungsvorkommen (Fische, Frösche, Insekten). Unter guten Bedingungen wird auch in Westafrika gebrütet (am Ende der Regenzeit, wenn die Gewässer kleiner werden).
Das Delta des Senegals zieht sie im Winter zahlreich an.

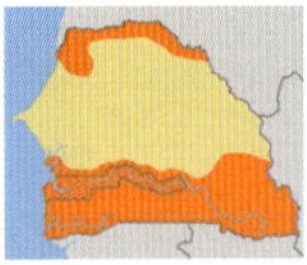

165cm 2300gr 2000gr

LC NT VU EN CE SA

J F M A M J J A S O N D

270cm 6000gr 5000gr

LC | NT | VU | EN | CE   SA

J F M A M J J A S O N D

Sattelstorch *(Ephippiorhynchus senegalensis)*

Saddle-billed Stork *(150 cm)*

Ein großer Storch mit rot-schwarzem Schnabel, gelbem Sattel und unter dem Schnabel zwei gelben Kehllappen (Männchen). Das Weibchen hat gelbe, das Männchen braune Augen. Ein weit verbreiteter Storch, der hauptsächlich Fische, Krabben, Amphibien, Muscheln und große Wasserinsekten frisst. Er ist wenig nomadisch, eher ein Einzelgänger, und bevorzugt Feuchtgebiete, flache Seen und überflutetes Grasland.

Weißstorch *(Ciconia ciconia)* White Stork *(102 cm)*

Ein Wintergast. Wie die meisten seiner Verwandten frisst der Storch vor allem Fische, Frösche und große Insekten, aber auch junge Vögel, Eidechsen und kleine Nagetiere. Störche haben einen bemerkenswerten „Radar" in Bezug auf Heuschreckengeburten, Raupen bestimmte Nachtfalter, Waldbrände und Gebiete mit starken Regenfällen. Ihr vielseitiger Speiseplan ermöglicht ihnen zahlreiche Lebensräume. Aufgrund milderer Winter in Europa migrieren sie immer seltener von Westeuropa nach Afrika.

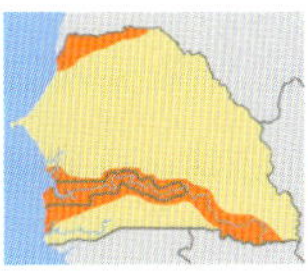

165cm 4000gr 3600gr

LC | NT | VU | EN | CE   SA

J F M A M J J A S O N D

FLAMINGOS *Phoenicopteriformes - Phoenicopteridae*

Es gibt sechs Arten von Flamingos, von denen zwei in Afrika leben und oft zusammen gesehen werden. Flamingos stehen oft auf einem Bein und vorzugsweise im Wasser. Mit einem Bein im Wasser kühlen sie ihre Körper, mit dem anderen ziehen sie sich aus dem Schlamm. Es gibt keine äußeren geschlechtsspezifischen Merkmale. Die ersten zwei Jahre ihres Lebens sind sie grau. Danach werden sie überwiegend weiß mit rosa Akzenten. Nur wenn sie die Flügel spreizen, ist das Schwarz an den Flügelenden sichtbar. Mit ihren gebogenen Schnäbeln filtern sie Algen und kleine Krustentiere aus dem Wasser heraus.

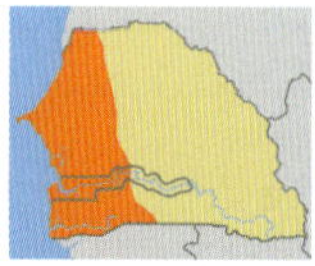

100cm 2000gr 1800gr

LC NT VU EN CE SA

J F M A M J J A S O N D

Zwergflamingo *(Phoeniconaias minor)*
Lesser Flamingo *(95 cm)*
Der Zwergflamingo hat einen dunkelroten Schnabel mit schwarzer Spitze. Er ernährt sich fast ausschließlich von Cyanobakterien *(Spirulina platensis)*, Kieselalgen *(Bacillariophyta)* und Salinkrebsen *(Artemmia salina)*, die in Salzwasserseen (bis zu 50 % Salz) und Sodaseen (hohe Karbonatkonzentration) leben. Flamingos migrieren häufig, im Senegal-Delta lebt jedoch eine feste, in der Größe variierende Kolonie, die auch dort brütet. Andernorts in Gambia und Senegal bleiben Flamingos nur temporär. Dieser Flamingo bleibt immer häufiger ganzjährig in Europa.

Rosaflamingo *(Phoenicopterus roseus)* **Greater Flamingo** *(140 cm)*
Dieser größere Flamingo hat einen rosafarbenen Schnabel mit Streifen und schwarzer Spitze. Er filtert seine Nahrung aus dem Schlamm und frisst Fische, Algen, Insekten, Larven und Krustentiere. Letztere verleihen ihm seine rosa Farbe. Seine Präsenz in diesem Teil Afrikas hängt vom Nahrungsangebot in Südeuropa ab. In manchen Jahren brüten sie im nordwestlichen Senegal. Das Brutverhalten hängt von der Wassertiefe (mindestens 30 cm) ab. Sie bauen Nester aus Schlamm oder Steinen in Bassins.

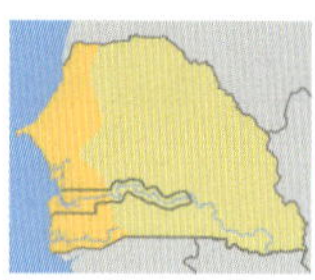

165cm 4000gr 3200gr

LC NT VU EN CE SA

J F M A M J J A S O N D

Zur Ordnung der Gänsevögel (Anseriformes) gehören über 170 Arten. Enten und Gänse, die zur gleichen Familie gehören, sind wiederum in viele Unterarten eingeteilt. Gänse haben längere Beine und einen längeren Hals als Enten und sind meist Weidetiere. Enten fressen hauptsächlich Wasserpflanzen, Gras, Fische und Insekten.
Beide haben einen abgeflachten Schnabel und die Beine Schwimmhäute. Bei den Enten trägt das Männchen (Erpel) ein buntes Federkleid. Enten sind Standvögel: Sie brüten dort, wo sie leben. Eine Besonderheit bei Erpeln ist ihr Penis, denn die meisten anderen Vögel haben keinen. Weibliche Enten haben ein spiralförmiges Geschlechtsorgan, das ein Eindringen des relativ langen Penis des Erpels nur zulässt, wenn sie dies auch will.

Witwenpfeifgans *(Dendrocygna viduata)* **White-faced Whistling-Duck** *(48 cm)*
Diese große Ente hat einen weißen Hals und weiße Kopffedern bis zum Scheitel. Der Hinterkopf ist schwarz bis zum braun- melierten Vorderrücken. Die Flanken sind weiß und schwarz geschuppt, die Brust rostbraun, der Bauch schwarz. Mit häufigem langem Pfeifen halten sie Kontakt zu Gleichgesinnten in Gegenden mit Seen, Flüssen und Tümpeln. Sie sind ausgezeichnete Taucher, die ihre Nahrung (besonders nachts) meist unter Wasser finden. Der Speiseplan ist überwiegend vegetarisch, zum Teil aber mit Insektenlarven.

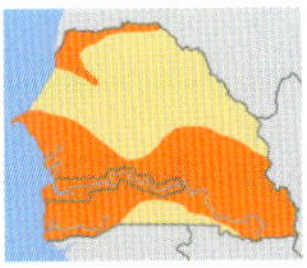

Gelbbrust-Pfeifgans *(Dendrocygna bicolor)* **Fulvous Whistling-Duck** *(53 cm)*
Die Gelbbrust-Pfeifgans ist vorne und an den Flanken überwiegend hellbraun. Die dunkelbraunen Federn des Vorderrückens haben rotbraune Streifen. Der Schnabel ist grau. Mit ihrem häufigen langen Pfeifen halten sie Kontakt zu Gleichgesinnten in Gebieten mit Seen, Flüssen und Tümpeln. Diese Enten leben auch in trockeneren Regionen. Sie ernähren sich fast ausschließlich vegetarisch. Die Brutsaison kann sich nach Region und von Jahr zu Jahr stark unterscheiden.

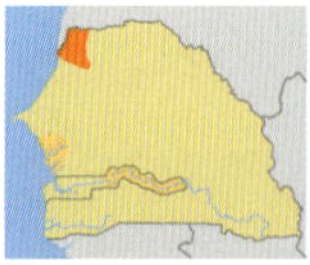

150cm 2300gr 2100gr

LC NT VU EN CE SA

J F M A M J J A S O N D

Nilgans *(Alopochen aegyptiaca)*
Egyptian Goose *(73 cm)*
Die Nilgans hat ein schönes Federkleid, vor allem der braune Rand um die Augen und beigefarbenen Wangen sind auffällig. Rücken und Vorderrücken sind braun, die Brust beige, der Spiegel grün und die Pfoten rosafarben. Sie ist in Feuchtgebieten und Grasland zu Hause. Nilgänse sind vorrangig Weidetiere, fressen jedoch auch Samen, Blätter und gelegentlich Würmer und Termiten.

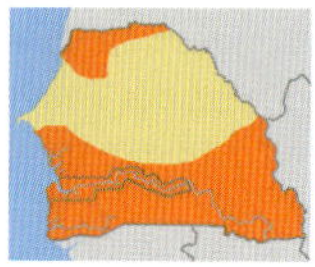

170cm 6500gr 5200gr

LC NT VU EN CE SA

J F M A M J J A S O N D

Sporngans *(Plectropterus gambensis)*
Spur-winged Goose *(100 cm)*
Eine große Gans, insbesondere der Gänserich. Langer Hals, meist weißer Kopf *(P.g. gambensis)* und rosafarbene bis rote Wachshaut und Schnabel. Das Gefieder glänzt in der Sonne grün. Von der Brust bis zum Unterschwanz sind sie weiß. Man sieht diese Gänse an von Bäumen umgebenen Seen, in Sümpfen und überflutetem Grasland. Männchen und Weibchen unterscheiden sich äußerlich kaum, abgesehen von einem Knoten über dem Schnabel des Gänserichs. Am Daumenfittich haben sie Sporen. Sie fressen gelegentlich Fische und fliegende Termiten, sind ansonsten jedoch Pflanzenfresser.

Glanzente *(Sarkidiornis melanotos)* **Comb** oder **Knob-billed Duck** *(76 cm)*
Eine große Ente mit weißem Kopf und schwarzen Flecken, grau- weißem Unterkörper und dunkelgrauen Flügeln mit grünem und lila schillerndem Glanz. Der Erpel hat eine markante, hohe, schmale, braune Ausstülpung auf dem grauen Schnabel. Es sind Standvögel, jedoch nomadisch, wenn Feuchtgebiete austrocknen. Erpel verteidigen zwei bis fünf Weibchen gegen Rivalen. Weibliche Enten legen ihre Eier oft in ein gemeinsames Nest. Die Nahrung ist vorrangig pflanzlich.

145cm 2600gr 2300gr

LC NT VU EN CE SA

J F M A M J J A S O N D

54cm 290gr 290gr

LC NT VU EN CE SA

J F M A M J J A S O N D

Afrikazwergente *(Nettapus auritus)*
African Pygmy-goose *(31 cm)*

Zwergenten leuchten in wunderschönen Farben: gelber Schnabel mit schwarzer Spitze, weißem Kopf, dunkelgrüner Scheitel und grüner Nacken. Erpel haben hellgrüne Wangen (Weibchen einen schwarzen Augenstreifen und Flecken auf den Wangen) und einen dunkelgrünen Vorderrücken, ansonsten rötlich-braunes Gefieder, abgesehen von einer weißen Bauchpartie. Diese scheuen Vögel leben oft zusammen mit der Weißrücken-Pfeifgans in Sümpfen und flachen Seen. Sie fressen vor allem die Samen von Seerosen sowie Wasserinsekten und kleine Fische.

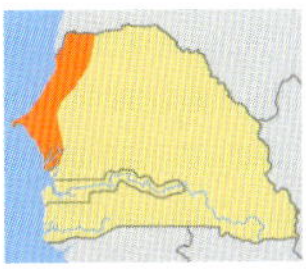

90cm 790gr 765gr

LC NT VU EN CE SA

J F M A M J J A S O N D

Weißrücken-Pfeifgans *(Thalassornis leuconotus)* **White-backed Duck** *(42 cm)*
Unter den rotbraun-schwarz melierten Flügeln verbirgt sich ein weißer Rücken. Die Flanken dieser Ente sind gleich gemustert und die Bauchpartie ist heller rotbraun. Der Hals ist beigefarbig, am Ansatz des schwarzen Schnabels erkennt man zwei weiße Flecken. Sie mögen stille Süßwasserseen oder Tümpel, wo sie sich hauptsächlich von Seerosen und Wasserenzian ernähren. In Westafrika sind die Bestände stark rückgängig.

Spießente *(Anas acuta)* **Northern Pintail** *(66 cm)*
Wintergast. Der Erpel trägt sein schönes Gefieder nur während der Brutzeit (nicht in Afrika). Außerhalb der Brutzeit ähnelt sein Federkleid dem des Weibchens. Seine Handschwingen sind oft dunkler und der Schnabel meist silberner. Der Erpel hat einen etwas längeren und spitzeren Schwanz sowie grüne Armschwingen (Spiegel). Sie bevorzugen flache Süßwasserbecken und ernähren sich von Getreidesamen und Wasserpflanzen. Vor der Brutzeit und im Sommer fressen sie auch kleine Insekten, Muscheln und Würmer.

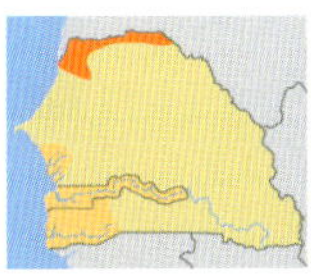

95cm 1000gr 850gr

LC NT VU EN CE SA

J F M A M J J A S O N D

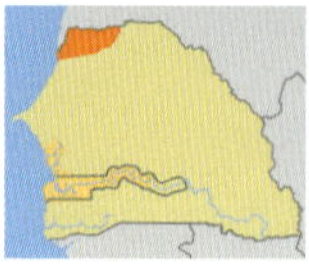

64cm 450gr 400gr

LC NT VU EN CE SA

J F M A M J J A S O N D

Krickente *(Anas crecca)* **Common Teal** *(38 cm)*
Wintergast. Im Winterkleid ist zwischen Männchen und Weibchen kaum ein Unterschied auszumachen. Das Weibchen ist brauner, und ihr Gefieder hat im Gegensatz zum Erpel keine Grautöne. Sie hat einen langen Augenstreifen bis in den Nacken. Sie ernähren sich von Samen, Gras und Wasserpflanzen. Vor der Brutzeit und im Sommer fressen sie auch kleine Insekten, Muscheln und Würmer.

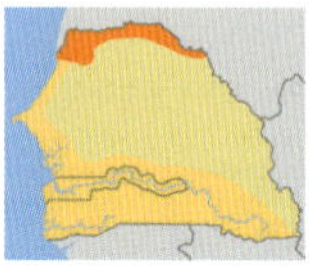

68cm 520gr 585gr

LC NT VU EN CE SA

J F M A M J J A S O N D

Knäkente *(Spatula querquedula)* **Garganey** *(41 cm)*
Wintergast. Sucht abends und nachts nach Nahrung und ruht sich tagsüber auf dem Wasser aus. Außerhalb der Brutzeit ist der Erpel wie das Weibchen braun-beige meliert, jedoch etwas dunkler. Seine markanten Augenbrauen sind während der Brutzeit deutlich schmaler und beigefarben statt weiß. Beide Geschlechter haben einen grünen Spiegel. Neben Pflanzen und jungen Trieben ernähren sie sich von Würmern, Insekten mitsamt Larven, Krustentieren, Fischen und kleine Amphibien. Im Nordwesten des Senegals kommen sie sehr häufig vor.

85cm 800gr 750gr

LC NT VU EN CE SA

J F M A M J J A S O N D

Löffelente *(Spatula clypeata)*
Northern Shoveler *(56 cm)*
Wintergast. Das Weibchen hat ein dezentes, graubraun meliertes Gefieder. Außerhalb der Brutzeit bleiben beim Erpel die weitgehend weiße Brust und der Schnabel dunkel. Beide Geschlechter haben einen grünen Spiegel und einen großen, spatelförmigen Schnabel, mit dem sie Wasserpflanzen und kleine Wassertiere, Insekten, Larven und Krustentiere aus dem Wasser sieben.

GREIFVÖGEL *Accipitriformes - Pandionidae*

Zu dieser Familie (Pandionidae) gehört nur eine Gattung. Innerhalb dieser einen Gattung der Fischadler gibt es vier Unterarten, die fast überall auf der Welt vorkommen. DNA-Forschung zur Taxonomie des Fischadlers zeigt seine Ausnahmestellung im Vergleich zu anderen Raubvögeln. Die Beine sind das markanteste Beispiel: Alle vier Zehen des Fischadlers sind gleich lang und können nach vorne zeigen. Bei Habichtartigen steht immer eine Zehe nach hinten.

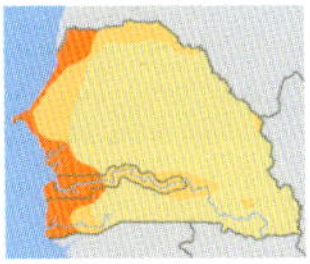

170cm 1800gr 2050gr

LC NT VU EN CE SA

J F M A M J J A S O N D

Fischadler *(Pandion haliaetus)*
Western Osprey *(58 cm)*
Wintergast *(P. h. haliaetus)*. Auffallend sind der weiße Scheitel und die dunklere Maske, die bis zum Vorderrücken reicht. Von der Kehle bis zum Unterschwanz ist er weiß, die Flügel und der Vorderrücken variieren von Grau bis Braun. Die Beine sind weiß mit grauen Zehen. Sie fressen fast ausschließlich Fisch. Von einem Aussichtspunkt aus behält er die Wasseroberfläche genau im Auge. Über dem Wasser rüttelt er, bevor er mit beiden Krallen den Fisch aus dem Wasser schlägt. Mit kräftigen Flügelschlägen erhebt er sich dann wieder vom Wasser.

GREIFVÖGEL *Accipitriformes - Accipitridae*

Der Gleitaar ist eine in Afrika stark verbreitete Art. Er gehört zur Familie der Habichtartigen. Sein Essen sammelt er auch in Städten und Dörfern. Der gegabelte Schwanz ist typisch für den Gleitaar. Männchen und Weibchen sind äußerlich nicht zu unterscheiden. Sie ernähren sich hauptsächlich von Aas, aber auch von kleinen Reptilien, Vögeln und Fischen.

Gleitaar *(Elanus caeruleus)* **Black-shouldered Kite** *(36 cm)*
Ein kleiner Milan. Beim Gleitaar sind Kopf, Wangen, Brust und Beinfedern weiß. Die Schultern sind schwarz, und vom Scheitel abwärts hat er ein leicht graues Gefieder, der Schwanz ist kurz. Die gelben Beine und roten Augen sind typisch für diese Art. Er hält sich in Grasland und Savannen auf. Der Gleitaar ist stark nomadisierend und legt lange Strecken zurück, um bessere Nahrungsgebiete zu erreichen. Er bevorzugt kleine Nagetiere, erbeutet aber gelegentlich auch Vögel und Fledermäuse.

90cm 260gr 300gr

LC NT VU EN CE SA

J F M A M J J A S O N D

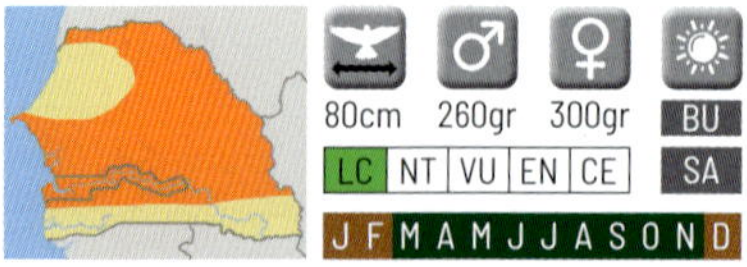

Schwalbenschwanzaar
(Chelictinia riocourii)
Scissor-tailed Kite *(36 cm)*
Dieser schlanke Milan ist überwiegend silbergrau und hat einen tief gegabelten Schwanz und schmale, spitze, graue Flügel. Auf der Unterseite hat er auf beiden weißen Flügeln einen schwarzen Fleck. Die Bauchpartie ist weiß. In der Maske leuchtet seine rote Iris auf. Die Zehen sind gelb. Dieser Milan jagt hauptsächlich Insekten und Spinnen, frisst aber auch Eidechsen und Nagetiere. Er rüttelt wie der Turmfalke und erobert dann seine Beute im Sturzflug. Sein Habitat sind Halbwüsten, und man trifft ihn oft im Umfeld von Bränden, wo er auf flüchtende Beutetiere Jagd macht.

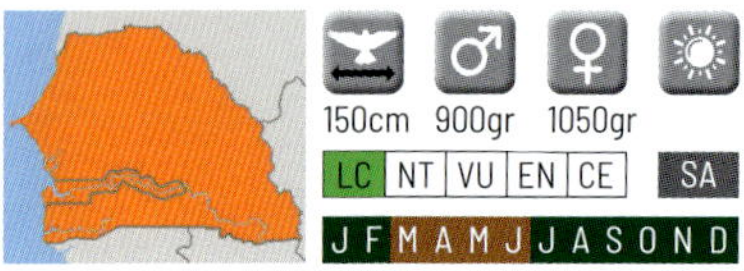

Schwarzmilan *(Milvus migrans)*
Black Kite *(62 cm)*
Der Schwarzmilan lebt auf allen bewohnten Kontinenten und hat verschiedene Unterarten, wie z.B. den **Schmarotzermilan** *(M.m. aegyptius)* **Yellow-billed Kite** *(62 cm)*. Das Gefieder des Schwarzmilans ist an den Flanken oft etwas dunkler braun, der größte Unterschied besteht jedoch im teilweise schwarzen und im Gegensatz dazu vollständig gelben Schnabel der jeweiligen Art. Letztgenannte hat im Flug einen tief gegabelten Schwanz. Sie bewohnen die gleichen Gebiete. In Dörfern und Städten suchen diese domestizierten Vögel nach Speiseresten, an anderen Orten jagen sie Nagetiere, Maulwürfe und Vögel.

Milvus migrans

M.m. aegyptius

Geier sind Greifvögel aus der Familie der Habichtartigen. Sie sind in der Regel Aasfresser, die größeren Arten erbeuten, jedoch auch geschwächte mittelgroße Säugetiere. Aus großer Höhe suchen sie die Ebenen nach Kadavern ab. Einen ein Meter großen Kadaver können sie bereits aus einer Entfernung von sechs Kilometern ausmachen. Einige Arten spüren ihre Nahrung auch über den Geruch auf. Mit ihren großen Flügeln nutzen sie die Thermik zum Segeln. Die meisten Arten leben in Gruppen, einzelne Arten leben solitär. Der Geier ist ihm Allgemeinen eher gefährdet. Die Gründe dafür sind vielfältig, wie z. B. die Verschlechterung des Lebensraums durch Intensivierung der Viehhaltung, die zum Verschwinden der Wildpopulationen von Huftieren führt. Die Jagd auf und der Handel mit lebenden Geiern stellen ebenfalls eine Bedrohung dar. Vor allem aber führt ein in der Viehhaltung verwendetes entzündungshemmendes Mittel, nach dem Fraß von Kadavern behandelter Tiere bei Geiern zu Nierenversagen. Eine weitere Ursache für das Massensterben sind Kadaver vergifteter Tiere, die Wilderer (bei der Jagd nach Fellen, Elfenbein, Hörnern) zurücklassen.

Geierseeadler *(Gypohierax angolensis)*
Palm-nut Vulture *(65 cm)*

In Größe und Gefieder gleicht er auf den ersten Blick dem Schreiseeadler. Dieser Geier ist weiß bis zum Unterschwanz und hat weiße Beine. Um die Augen mit der gelben oder rosafarbenen Haut ist er kahl. Schnabel und die Krallen sind gelb. Die weißen Spitzen der Handschwingen sind schwarz. Er ist ein Allesfresser und ernährt sich neben Fisch, Krabben, Insekten und Amphibien vor allem von Ölpalmennüssen *(Elaeis guineensis)*.

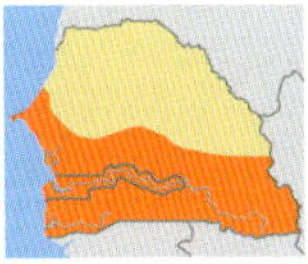

Kappengeier *(Necrosyrtes monachus)*
Hooded Vulture *(56 cm)*

Er lebt in der Regel in kleinen Gruppen mit Artgenossen. Auffällig an diesem Geier ist der rosa Kopf mit einem beigefarbenen Flaum. Dieser verläuft vom Scheitel bis hinter den kurzen Nacken. Die Kehle ist bis zum Brustbein weiß oder rosa. Das übrige Gefieder dieses kleineren Geiers ist dunkelbraun. Die Beine sind grau oder weiß, ebenso wie die Zehen.
Ihre Bestände sind stark rückläufig.

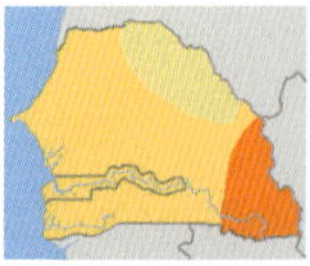

175cm 2200gr 2400gr BU
LC NT VU EN CE SA
J F M A M J J A S O N D

Schmutzgeier *(Neophron percnopterus)*
Egyptian Vulture *(70 cm)*
Die gelbe Farbe des kahlen Kopfes und der Kehle setzt sich auf dem schmalen Schnabel fort und endet mit einem grauen Haken. Ab dem Scheitel hat er einen schmutzig weißen Hals. Das Gefieder ist cremeweiß mit schwarzen Hand- und Armschwingen. Der Schmutzgeier nutzt Steine, um Straußeneier zu öffnen. Diese Allesfresser stehen in der Hierarchie bei der Aufteilung von Kadavern weit unten. Ihre Bestände sind stark rückläufig, und man findet sie immer seltener in diesem Teil Afrikas. Sie leben meist solitär, bevorzugen trockene Gebiete wie Halbwüsten und brüten an Klippen und überhängende Felsen.

Weißrückengeier *(Gyps africanus)*
White-backed Vulture *(94 cm)*
Einst einer der häufigsten Geier Afrikas, die Bestände nehmen jedoch so stark ab, dass die Art vor allem in Westafrika stark bedroht ist. Der gräulich weiße Nacken mündet in einen schmutzig weißen Kragen. Das Gefieder variiert von beigefarben bis dunkelbraun (je älter desto heller). Kehle, Kopf und Schnabel sind dunkelgrau bis schwarz. Die Brust und zum Teil auch noch der Unterschwanz sind meist hellbraun. Die Schulterfedern sind heller als die dunkelbraunen Handschwingen. Dieser Geier zeigt große Ähnlichkeit mit dem größeren Sperbergeier, der Schnabel des Weißrückengeiers ist jedoch von sehr dunklem Grau, während er bei erwachsenen Sperbergeiern heller ist.

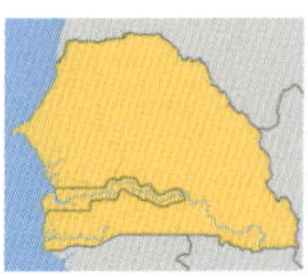

215cm 7000gr 7000gr
LC NT VU EN CE SA
J F M A M J J A S O N D

Sperbergeier *(Gyps rueppellii)* **Rueppell's Griffon** oder **Vulture** *(100 cm)*
Er zählt zu den größten Geierarten und gilt als der am höchsten fliegende Flugvogel der Welt (bis zu 11 km hoch, gleiche Höhe wie Verkehrsflugzeuge). Auch das Fortbestehen dieser Art ist stark gefährdet. Er sieht dem Weißrückengeier sehr ähnlich, unterscheidet sich jedoch durch seinen helleren Schnabel, einen dickeren Nacken und braune Flecken auf der hellen Brust.

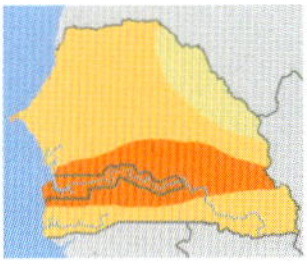

250cm 8500gr 8500gr

LC | NT | VU | EN | CE   SA

J F M A M J J A S O N D

Die Oberseite der Flügel ist weißer als die des Weißrückengeiers. Bei Jungtieren ist jedoch kaum ein Unterschied erkennbar. Sie leben monogam und werden etwa 30 Jahre alt. Ein Teil der Population migriert nach Südeuropa.

Wollkopfgeier *(Trigonoceps occipitalis)* **White-headed Vulture** *(85 cm)*
Auffällig sind der blaugraue Schnabel mit rotem Haken und der rosa Kopf mit dem cremefarbenen, gelblich-flauschigen Scheitel. Seine Brust ist dunkelbraun, der Bauch weiß bis zu den roten Beinen. Die Flügel sind weiß und dunkelbraun. Nur das Weibchen hat weiße Armschwingen. Von den größeren Geiern ist diese Art am wenigsten verbreitet. Wenn man ihn überhaupt einmal mit anderen großen Geiern bei einem Kadaver sieht, muss er geduldig warten, bis er an der Reihe ist. Savannen Bewohner.

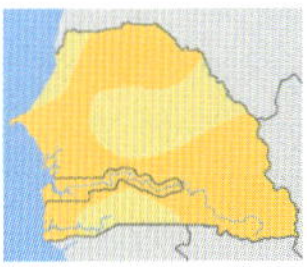

215cm 5000gr 5000gr

LC | NT | VU | EN | CE   SA

J F M A M J J A S O N D

Ohrengeier *(Torgos tracheliotos)* **Lappet-faced** oder **Nubian Vulture** *(115 cm)*
Der stärkste und aggressivste Geier. Sein Schnabel durchtrennt auch dickste Häute. Der kahle Kopf ist rosafarben, und die Intensität der Farbe verrät seinen Gemütszustand. Hals und Brust sind flauschig weiß mit braunen Federn, Rücken und Flügel sind dunkelbraun. Die Zehen sind grauweiß. Sie folgen anderen Geiern, bevor sie sich beim Kadaver einfinden. Ihr Habitat sind Savannen und Halbwüstengebiete. Sie sind nomadisierend und vermeiden die Regenzeiten.

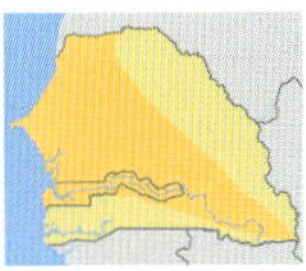

280cm 9000gr 9000gr

LC | NT | VU | EN | CE   SA

J F M A M J J A S O N D

GREIFVÖGEL *Accipitriformes - Accipitridae*

Zur Unterfamilie Circaetus gehört der Schlangenadler. In Afrika gibt es sieben Arten, eine ist Wintergast, die anderen sind Standvögel oder migrieren innerhalb Afrikas. Offene Gebiete mit spärlichem Baumbestand und trockenere Savannen bilden ihren Lebensraum. Sie ernähren sich hauptsächlich von Schlangen, Eidechsen, gelegentlich auch von kleineren Säugetieren und Vögeln.

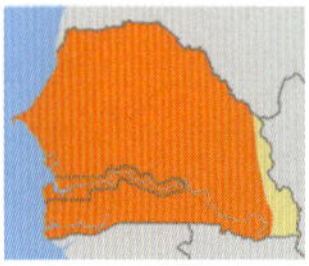

185cm 2300gr 2400gr
LC NT VU EN CE SA
J F M A M J J A S O N D

Einfarb-Schlangenadler *(Circaetus cinereus)*
Brown Snake-Eagle *(74 cm)*
Das Gefieder ist braun. Schnabel und Wachshaut sind grau, wie auch die Beine und Zehen. Der Schwanz hat cremefarbene Bänder. Die Unterseite der Flügel ist weiß, abgesehen von den braunen Schultern und Handschwingenspitzen. Auffallend ist die leuchtend gelbe Iris. Von Baumkronen aus suchen sie mit Rundumblick die Umgebung nach Nahrung ab. Sie sind Standvögel (leben dort, wo sie auch brüten).

Bandschlangenadler *(Circaetus cinerascens)*
Western Banded Snake-Eagle *(60 cm)*

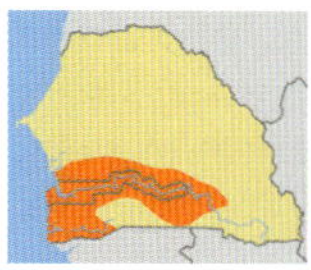

120cm 1050gr 1200gr
LC NT VU EN CE SA
J F M A M J J A S O N D

Ein leicht gedrungener Schlangenadler. Er ist überwiegend braun, die Flügel sind etwas dunkleres Braun, Beine und Zehen sind gelb, ebenso wie der Schnabel, der mit einem schwarzen Haken endet. Die Iris ist gelb. Die Schwanzfedern sind schwarzweiß gebändert. Wenn man ihn überhaupt einmal zu Gesicht bekommt, dann meist am Ufer des Gambias. Er versteckt sich in den dichten Flusswäldern. Für einige Monate migriert er in südlichere Gebiete.

Beaudouin-Schlangenadler *(Circaetus beaudouini)* **Beaudouin's Snake Eagle** *(64 cm)*
Im Flug ist er leicht an seinen hellen Flügeln mit dunklen Handschwingen und vier Längsbändern zu erkennen. Die Rückenpartie ist braun und leicht gesprenkelt mit dunklen Flecken. Eine hell- und dunkelbraune Bänderung zeichnet seinen Schwanz. Der Haken des Schnabels ist schwarz, die Iris gelb. Sein Kopf ist vollständig braun. Er ernährt sich vorwiegend von Schlangen und erbeutet gelegentlich Eidechsen und Vögel. Um seine Beute aufzuspüren, setzt er sich auf Äste von Bäumen, um freie Sicht zu haben. Bewaldete Gebiete in Savannen bilden seinen Lebensraum.

170cm 1200gr 1400gr
LC NT VU EN CE SA
J F M A M J J A S O N D

GREIFVÖGEL *Accipitriformes - Accipitridae*

♂

Weihe sind schlanke, mittelgroße Greifvögel. Weltweit gibt es dreizehn Arten, die zusammen innerhalb der Unterfamilie Circinae die Gattung Circus (Circus = kreisförmiger Balzflug) bilden. Die Höhlenweihe gehört zur Gattung Polyboroides. Weihen unterscheiden sich von den anderen Greifvögeln, da sie fast ausnahmslos am Boden brüten und lange, schmale Flügel sowie einen abgerundeten Schwanz haben.

♀

Steppenweihe *(Circus macrourus)*

Pallid Harrier *(48 cm)*

Wintergast. Die Bauchpartie des Männchens ist weiß, die Rückenpartie grau. Die Handschwingen sind schwarz, der Schwanz schwarzweiß gebändert. Beim Weibchen ist die Rückenpartie dunkelbraun, die Bauchpartie beigefarben bis rotbraun gefleckt. Ihre Flügel sind fleckig rotbraun unter den Schultern und dunkelbraun gestreift über den Arm- und Handschwingen. Beide Geschlechter haben eine gelbe Iris und gelbe Beine. Sie fliegen hin- und herschwenkend in geringer Höhe, um Nagetiere und Vögel zu erbeuten - vorzugsweise auf offenen Grasebenen.

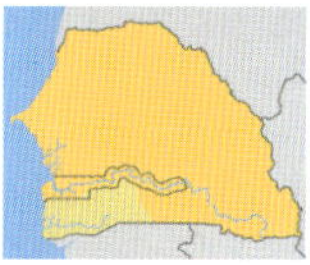

120cm 400gr 550gr

LC NT VU EN CE SA

J F M A M J J A S O N D

Rohrweihe *(Circus aeruginosus)*

Western oder **Eastern Marsh- Harrier** *(54 cm)*

Wintergast. Vor allem an der weißen Unterseite der Flügel und den nahezu schwarzen Fingern der Handschwingen sind die Geschlechter gut zu unterscheiden. Die Armschwingen und Schwanzfedern des Männchens sind fast weiß, beim Weibchen sind diese braun. Beide Geschlechter haben einen beigefarbenen Kopf (beim Weibchen verläuft eine braune Zeichnung über die Wangen zur Kehle) und gelbe Beine. Bei der Nahrung ist er sehr anpassungsfähig und frisst Vögel genauso wie Reptilien und Aas.

♂

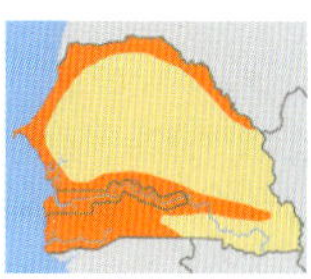

140cm 600gr 800gr

LC NT VU EN CE SA

J F M A M J J A S O N D

♀

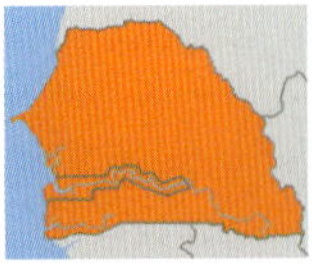

120cm 300gr 440gr

LC | NT | VU | EN | CE   SA

J F M A M J J A S O N D

Wiesenweihe *(Circus pygargus)*
Montagu's Harrier *(46 cm)*
Wintergast. Das Männchen kennzeichnen Grautöne, das Weibchen ist überwiegend braun. Brust und Bauch sind bei ihm weiß, bei ihr beige und häufig gestreift. Sein Kopf ist grau, und bei beiden sind Wachshaut und Iris gelb. Der Schnabel ist schwarz. Beide haben gelbe Zehen. Ihre Nahrung besteht aus Vögeln, Wühlmäusen, Eidechsen und größeren Insekten.

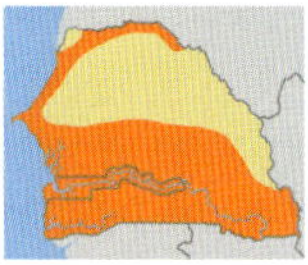

150cm 700gr 800gr

LC | NT | VU | EN | CE   SA

J F M A M J J A S O N D

Höhlenweihe *(Polyboroides typus)*
African Harrier-Hawk oder
Gymnogene *(66 cm)*
Diese Art kann zwischen Habicht und Weihe eingeordnet werden. Äußerlich sehen sie dem Singhabicht sehr ähnlich. Die Höhlenweihe hat gelbe Beine und gelbe Haut um die Augen herum bis zum Schnabel (rosafarben bei Erregung). Die Brust zeichnet meist ein Zebramuster. Die Finger der Handschwingen sind auf der Unter- und Oberseite dunkler grau. Sie leben in Flussauen, Hügellandschaften und Savannen. Im Gegensatz zur echten Weihe nistet diese in Bäumen. Sie ernährt sich von Vögeln samt deren Eiern und Küken, Fledermäusen, Eidechsen und Insektenlarven.

GREIFVÖGEL *Accipitriformes - Accipitridae*

Im Vergleich zum Bussard ist der Habicht oft etwas kleiner und vor allem schlanker, der Schwanz ist hingegen länger. Er erbeutet Nagetiere, Vögel und Reptilien, einschließlich Schlangen. Es gibt kaum geschlechterspezifische Unterschiede, die Weibchen sind jedoch deutlich größer. Habichte sind monogam und territorial.

104cm 650gr 850gr

LC NT VU EN CE SA

J F M A M J J A S O N D

Graubürzel-Singhabicht *(Melierax metabates)* **Dark Chanting Goshawk** *(50 cm)*
Es gibt fünf Habichte in Afrika mit der Bezeichnung Graubürzel-Singhabicht. Den *M.m. metabate* findet man in Westafrika. Er hat rote Beine, einen roten Schnabel mit schwarzem Haken und rote Wachshaut. Kopf und Kehle sind grau. Von der Brust bis zum Unterschwanz wird das Grau von schmalen weißen Bändern durchzogen. Er kommt in baumreichen Teilen von Savannen und in waldreichen Gebieten vor. Eidechsen, Schlangen und Vögel bis zur Größe von Perlhühnern und Frankolinen dienen ihm als Nahrung. Gelegentlich fängt er auch kleine Mungos und Nagetiere.

Gabarhabicht *(Micronisus gabar)* **Gabar Goshawk** *(36 cm)*
Der Gabarhabicht hat einen grauen Kopf und eine grau-weiß gestreifte Brust. Die Beine sind rosa, die Wachshaut ist rot und der Schnabel schwarz. Er ist an seiner geringen Größe und den vier dunklen Bändern auf dem grauen Schwanz erkennbar. Er hat auch einen dunkelanthrazit-grauen Artgenossen. Zu seinem Lebensraum gehören Dornenwälder und dünn bewachsene Savannen sowie die Ränder von Halbwüsten mit Flüssen. Er ernährt sich von kleinen Vögeln, Eidechsen, Nagetieren und Insekten.

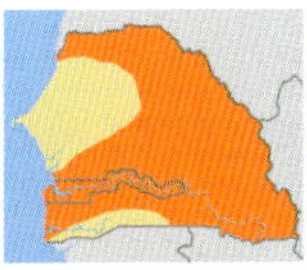

66cm 170gr 240gr

LC NT VU EN CE SA

J F M A M J J A S O N D

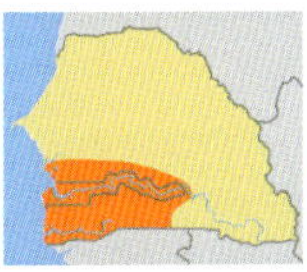

80cm 240gr 365gr

LC NT VU EN CE SA

J F M A M J J A S O N D

Rotbrusthabicht *(Accipiter toussenelii)*
Red-chested oder **West African Goshawk** *(48 cm)*
Vom Rotbrusthabicht gibt es neun Unterarten. Eine davon ist der *A.t. macroscelides*. Dieser hat rotbraune Streifen über Brust und Bauch, vergleichbar mit denen der Unterarten im südlicheren Teil Westafrikas. Die Flanken sind rotbraun, die Iris gelb (orangefarben beim *A.t. lopezi*), Wachshaut und Zehen sind gelb. Kopf, Vorderrücken und Flügel sind schiefergrau. Der dunklere Schwanz ist weiß gebändert. Er bevorzugt tief liegende Wälder und vor allem Regenwälder und ist oft in der Nähe von Sümpfen und Flüssen zu sehen. Zu seiner Beute gehören Eichhörnchen, Mäuse, Vögel, Frösche, Eidechsen und Chamäleons.

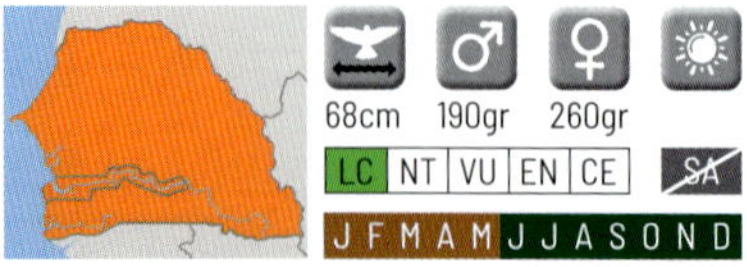

Schikrasperber *(Accipiter badius)*
Shikra *(44 cm)*
Die Rückenpartie des Schikrasperbers ist hellgrau, die Finger an den Handschwingen sind dunkelgrau. Die Bauchpartie ist leicht braun, von der Brust bis zum weißen Unterschwanz gestreift. Die Schwanzfedern sind grau mit dunklen Bändern. Die Iris des Männchens ist rot, bei den größeren Weibchen gelb. Die Weibchen sind auch etwas dunkler. Wachshaut und Beine sind bei beiden gelb. Sie bewohnen Savannen und blattreiche Wälder und jagen Eidechsen, Vögel und Nagetiere.

GREIFVÖGEL *Accipitriformes - Accipitridae*

Der Bussard jagt in offenem Gelände, nistet jedoch an Waldrändern. Er erbeutet meist kleine Säugetiere, Reptilien und Vögel, frisst aber auch Aas. Im Kreis- oder Segelflug erkundet er die Umgebung und fällt seine Beute dann blitzschnell an. Er gehört zu den mittelgroßen Greifvögeln. Die Weibchen sind etwas größer und blasser.

Sperberbussard *(Kaupifalco monogrammicus)* **Lizard Buzzard** *(36 cm)*
Diese Art sieht einem kleinen Singhabicht ähnlicher als einem Bussard. Auf der Brust fein schwarz-weiß gestreift, sonst überwiegend hellgrau. Beide Geschlechter haben einen markanten schwarzen vertikalen Streifen über der weißen Kehle, rote Krallen und einen roten Schnabel mit schwarzem Haken. Auf dem Schwanz erkennt man ein weißes Band. Sie leben in Wäldern mit Laubbäumen, an Flussufern und in angrenzenden Savannen. Die Nahrung besteht aus großen Insekten, deren Larven, Eidechsen und Schlangen.

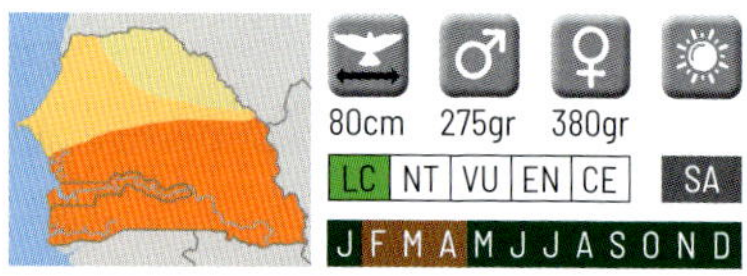

Heuschreckenteesa *(Butastur rufipennis)* **Grasshopper Buzzard** *(44 cm)*
Brust und Bauch dieses mittelgroßen Bussards sind hellbraun gesprenkelt, Kopf und Vorderrücken sind braungrau. Der Haken des gelben Schnabels ist dunkelgrau. Die Kehle ist weiß, Beine und Iris sind gelb. Die Unterseite der Flügel ist weiß mit schwarzen Fingern an den Handschwingen. Im Flug ist die rotbraune Bauchpartie gut sichtbar. Die Schwanzfedern sind gebändert. Er jagt vorrangig auf dem Boden nach Insekten und gelegentlich auch auf kleine Vögel und Nagetiere. Lebensraum sind Waldränder in trockenen Savannen.

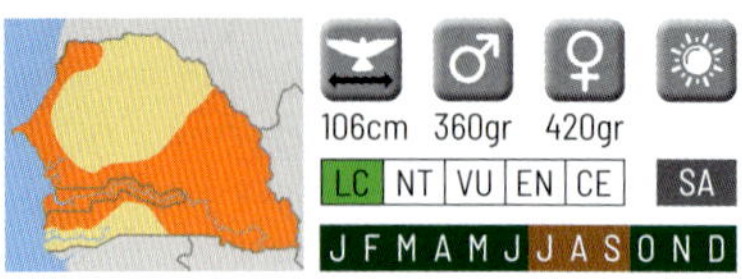

Adler haben, mit Ausnahme von Schlangenadler und Gaukler, gefiederte Beine („Hosen") und meist gelbe Zehen. Es sind tagaktive Greifvögel, bei denen kaum geschlechtsspezifische Unterschiede zu erkennen sind, auch das Gefieder unterscheidet sich nicht, die Weibchen sind jedoch meist größer als die Männchen. Adler sehen dreimal besser als Menschen. Mit ihrem schweren Hakenschnabel können sie das Fleisch von ihrer Beute abreißen. Viele Adler legen nur ein Ei. Werden doch zwei Küken geboren, tötet das Ältere oft das Jüngere.

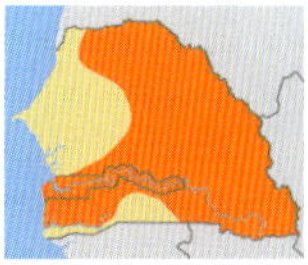

190cm 2900gr 2900gr

LC NT VU EN CE SA

J F M A M J J A S O N D

Gaukler *(Terathopius ecaudatus)*
Bateleur *(70 cm)*
Er ist leicht an seinem gedrungenen Körperbau, der roten Wachshaut und den Zehen zu erkennen. Kopf, Rücken und Brust sind schwarz, die Flügel grau und schwarz. Im Flug sind die weißen Flügel mit schwarzen Hand- und Armschwingen von unten sichtbar. Der schwarze Teil ist dort beim Weibchen deutlich kleiner. Manchmal ist beim Männchen der Vorderrücken weiß statt braun. Er ist ein Thermikakrobat und jagt kleine Säugetiere, frisst jedoch hauptsächlich Aas. Sie leben in offenen Waldgebieten und Savannen.

Schreiseeadler *(Haliaeetus vocifer)* **African Fish-Eagle** *(75 cm)*
Stark verbreitet. Beim Schreiseeadler sind Kopf, Rücken und Brust weiß, der schwere Schnabel ist gelb mit grauem Haken. Die Flügel sind rostbraun und anthrazitfarben. Die Hose und der Bauch sind ebenfalls rostbraun, die Zehen gelb. Sie leben paarweise und rufen einander immer wieder mit einem hohen Kehllaut. Sie fischen im Tiefflug und schlagen ihre Beute mit den großen Krallen aus dem Wasser. Dieser Adler erbeutet kleine Krokodile, Frösche, Fische und Nagetiere und raubt häufig die Beute anderer Vögel.

200cm 2800gr 3500gr

LC NT VU EN CE SA

J F M A M J J A S O N D

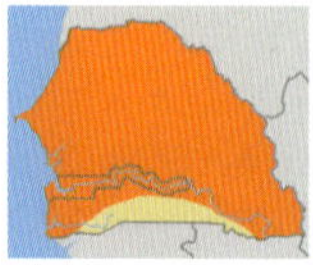

180cm 2650gr 3100gr BU

LC NT VU EN CE SA

J F M A M J J A S O N D

Raubadler *(Aquila rapax)*
Tawny Eagle *(74 cm)*
Das Gefieder des Raubadlers *(A. r. belisarius)* variiert von dunklen Brauntönen bis beigefarben, manchmal ist die Brust gefleckt. Die Spitzen der Hand- und Armschwingen sind dunkelbraun. Die Oberseite der graubraunen Schwanzfedern ist gebändert. Er hat einen gelben Schnabel mit schwarzem Haken, Wachshaut, Iris und Zehen sind ebenfalls gelb. Im Flug erkennt man ihn an den deutlich helleren Schulterfedern und Armschwingen. Er jagt am Boden Hasen, kleine Antilopen, Bodenvögel und Eidechsen. Ein Teil der kleinen Population in diesem Teil Westafrikas migriert im Oktober und November in südlichere Gegenden und kehrt ab April wieder zurück.

150cm 1400gr 1750gr

LC NT VU EN CE SA

J F M A M J J A S O N D

Afrikanischer Habichtsadler *(Aquila spilogaster)* **African Hawk-Eagle** *(62 cm)*
Die Männchen sind kleiner als die Weibchen, und auf der weißen Brust haben sie weniger und kleinere dunkle Flecken als die Weibchen. Die Flügel sind auf der Oberseite schiefergrau bis dunkelbraun, auf der Unterseite weiß mit einem dunklen Rand an Schultern und Arm- und Handschwingen. Die Beinfedern sind weiß, die Zehen gelb. Die Iris ist gelb und der Schnabel grau mit schwarzem Haken. Dieser Adler lebt vorzugsweise in offenen waldreichen Gebieten. Als Nahrung dienen Bodenvögel, Hasen, Schlangen und Eidechsen.

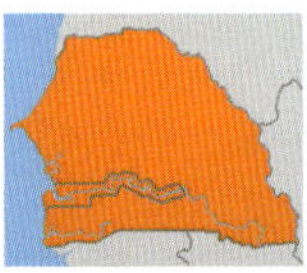

225cm 6000gr 6000gr

LC NT VU EN CE SA

J F M A M J J A S O N D

Kampfadler *(Polemaetus bellicosus)*
Martial Eagle *(96 cm)*
Die Rückenpartie dieses großen Adlers ist überwiegend braun, die weiße Brust bis zum Unterschwanz dunkel gefleckt. Auf der Kopfrückseite hat er eine kleine Haube. Über die Schwanzfedern laufen dunklere Bänder. Die Zehen sind grau-weiß. Er erbeutet kleine bis mittelgroße Säugetiere, Bodenvögel und Warane. Jungtiere sind überwiegend weiß mit schiefergrauen Flügeln und Vorderrücken. Der Kampfadler bevorzugt dünn bewachsene Waldgebiete und Waldränder. Die Bestände in Westafrika sind stark rückläufig.

125cm 1300gr 1500gr

LC NT VU EN CE SA

J F M A M J J A S O N D

Schopfadler *(Lophaetus occipitalis)*
Long-crested Hawk- Eagle *(58 cm)*
Ein mittelgroßer Adler, der überwiegend dunkelbraun ist, sowohl die Brust als auch die Flügel. Die Unterseite der Flügel ist teilweise weiß mit braunen Streifen. Die Beinfedern („Hosen") sind weiß, die Krallen, der Schnabel mit schwarzem Haken und die Iris gelb.
Die langen Federn am Kopf kann er aufstellen, beim Männchen sind diese länger. Er ernährt sich hauptsächlich von Nagetieren, ab und an auch Bodenvögel, und hält sich gerne an Waldrändern auf, die an Sümpfe und Weideland grenzen.

Kronenadler *(Stephanoaetus coronatus)* **Crowned Hawk- Eagle** *(96 cm)*
Der Kronenadler zeigt ein schönes, markantes Gefieder, besonders im Flug, wenn auf der Flügelunterseite die rostbraunen Schultern, schwarzen Streifen und weißen Flächen sichtbar werden. Die Federkrone auf seinem braunen, manchmal grau-braunen Kopf, fällt bei Wind besonders stark auf. Die Brust ist schwarz-weiß gefleckt, auf der Hose verblasst die Musterung. Die Oberseite ist dunkelgrau. Die Zehen sind gelb, die Iris fast weiß. Sein Schwanz ist auffallend lang und hat drei weiße und drei schwarze Bänder. Er jagt Affen, Klippschliefer, kleine Waldantilopen und Nagetiere.

180cm 4100gr 4700gr

LC NT VU EN CE SA

J F M A M J J A S O N D

FALKENARTIGE *Falconiformes - Falconidae*

Falken gehören zu einer separaten Ordnung von Greifvögeln. Taxonomische Untersuchungen zeigen, dass Falken eher mit Papageienartigen als mit Greifvögeln verwandt sind. Diese Luftakrobaten haben lange spitze Flügel, um ihre Beute blitzschnell jagen zu können. Viele Arten „schlagen" ihr Opfer in der Luft. Manche Falken „rütteln" über dem Boden und suchen dort nach kleinen Nagetieren. Einige Arten zeigen geschlechtsspezifische Unterschiede. Die Weibchen sind in der Regel größer. Falken sind üblicherweise monogam und territorial, manchmal wird jedoch einer der Partner von einem Rivalen verjagt.

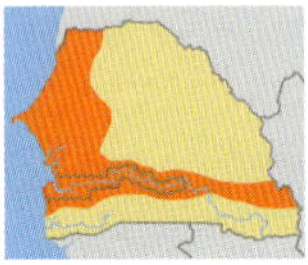

73cm 170gr 205gr

LC NT VU EN CE SA

J F M A M J J A S O N D

Rötelfalke *(Falco naumanni)*
Lesser Kestrel *(32 cm)*
Vorderrücken (ohne Flecken), Rücken und ein Teil der Flügel sind am Terzel rostbraun. Brust und Bauch sind beigefarben mit dunklen Flecken. An seinem grauen Kopf ist ein Bartstreif erkennbar. Der Schnabel ist gelb mit schwarzem Haken. Die Arm- und Handschwingen sind oben dunkelbraun bis schwarz und unten beigefarben. Der kastanienbraune Vorderrücken, und die Flügel des Weibchens sind dunkel gebändert. Die Unterseite ihrer Flügel ist etwas dunkler als die der Männchen, die Schwanzunterseite ebenfalls mit schmalen dunklen Bändern versehen. Ihr Kopf ist rötlich und weiß mit dunklem Bartstreif. Die Schwanzfedern enden bei beiden Geschlechtern mit einer schwarzen Endbinde, und die Zehen, Augenränder und die Wachshaut sind gelb. Insekten sind die Haubtnahrung.

78cm 250gr 310gr

LC NT VU EN CE SA

J F M A M J J A S O N D

Turmfalke *(Falco tinnunculus)*
Common Kestrel *(35 cm)*
Geschlechtsspezifische Unterschiede zeigen sich am Kopf: Der Terzel ist dort grau. Beide haben gefleckte Flügel und einen rotbraunen Vorderrücken. Die helle Brust und der Bauch sind ebenfalls dunkelbraun gefleckt. Der dunkle Bartstreif ist besser sichtbar als beim Rötelfalken. Sie erbeuten hauptsächlich kleinere Nagetiere. Die *F. t. rufescens* bewohnen diesen Teil Afrikas dauerhaft, die *F.t. tinnunculus* dahingegen brüten in Gegenden von Europa bis nach Sibirien. Sie erbeuten Vögel, Nagetiere und Insekten.

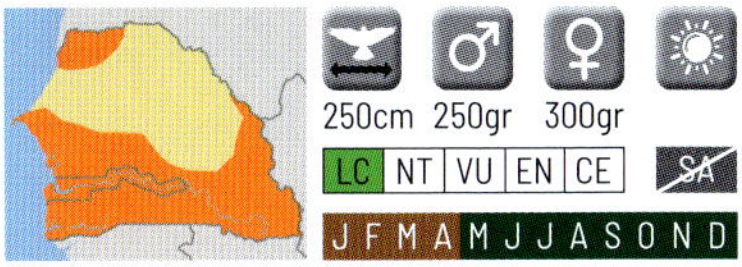

Graufalke *(Falco ardosiaceus)*

Grey Kestrel *(33 cm)*

Mit Ausnahme der gelben Wachshaut, Augenringe und Krallen ist dieser Turmfalke grau, Hand- und Armschwingen sind dunkelgrau. Auf der Schwanzunterseite sind graue und weiße Bänder sichtbar. Sie leben in halboffenen Waldgebieten, feuchten Savannen und dicht aneinanderstehenden, großen Bäumen wie Palmen, sofern sie an offenes Gelände grenzen. Erbeutet werden Insekten, kleine Nagetiere, Eidechsen und Vögel.

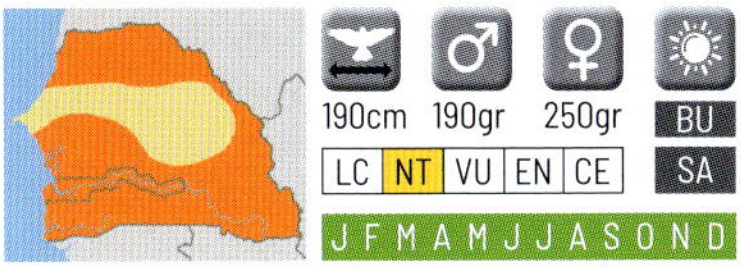

Rotkopffalk

(Falco chicquera)

Red-necked Falcon *(34 cm)*

Es gibt drei Unterarten dieses Falken. Zwei von ihnen kommen in Afrika vor, den *F. c. ruficollis* etwa findet man unter anderem in Westafrika. Es ist ein Falke mit einem braunroten Scheitel und Nacken, hat eine weiß gestreifte Brust unter einer weißen Kehle (bei Jungtieren ist die Brust rotbraun) und Streifen über den Flanken. Über die Augen laufen dunkle Bartstreifen. Die spitzen Flügel sind relativ kurz. Die Beine sind gelb, ebenso die Augenringe und die Wachshaut. Er hat eine Vorliebe für Savannen und Waldgebiete mit äthiopischen Palmyrapalmen (Borassus eathiopum). Hauptbeutetiere sind kleine Vögel.

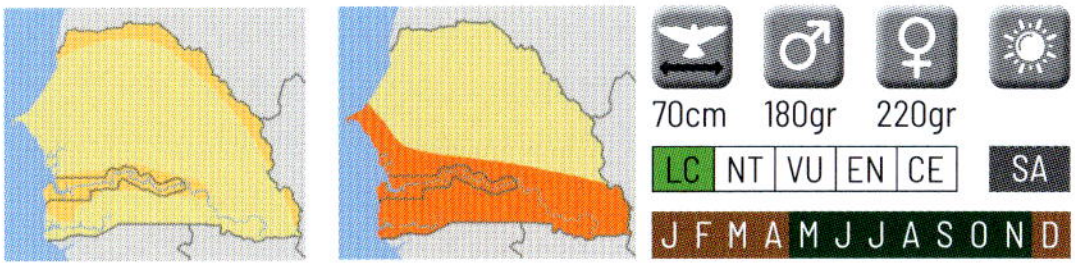

Europäischen Baumfalke *Afrikanischer Baumfalke*

Afrikanischer Baumfalke

(Falco cuvierii)

African Hobby *(30 cm)*

Beim Afrikanischen Baumfalken sind die Flügel und der Vorderrücken schieferfarben. Der Kopf ist ebenfalls grau, der Bartstreif in der Regel etwas dunkler grau als der Kopf. Die Kehle kann rotbraun, beigefarben oder weiß sein. Die Brust ist bis zum Unterschwanz rotbraun und meist dunkel gefleckt. Die Beine sind gelb. Dieser Baumfalke migriert innerhalb Afrikas. Er bevorzugt wasserreiche Waldgebiete, Savannen mit Bäumen (Palmen) und Waldränder. Seine Nahrung besteht hauptsächlich aus Insekten, während der Brutzeit erbeutet er jedoch auch kleinere Vögel. Gelegentlich trifft man in diesen beiden Ländern auch den **Europäischen Baumfalken** *(Falco subbuteo)* **Eurasian Hobby** *(30 cm)*. Bei diesem fehlt die rotbraune Färbung an Brust und Bauch. Die Unterseite seiner weißen Flügel ist dunkel gefleckt.

Falco subbuteo

Falco cuvierii

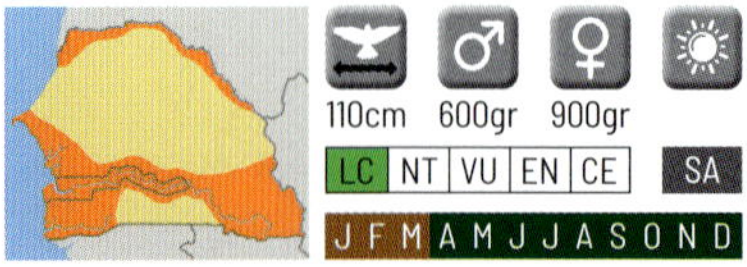

Lannerfalke *(Falco biarmicus)*
Lanner Falcon *(48 cm)*
Der Lannerfalke gehört zu den größten Falken. Flügel und Vorderrücken sind schiefergrau. Der Schwanz ist hell und dunkel gebändert. Der Scheitel ist teilweise grau und rostbraun. Von der Kehle bis zum Unterschwanz ist er meist leicht braun, oft mit Sprenkeln an den Flanken und zum Teil auf dem Bauch. Krallen, Wachshaut und Augenringe sind gelb. Männchen und Weibchen haben einen dunklen Bartstreif. Die Flügelunterseite ist hellbraun und grau. Ihr Lebensraum ist sehr vielseitig; von leicht bewaldeten Berglandschaften bis zu Wüsten und Savannen. Sie ernähren sich von Vögeln, Nagetieren, Fledermäusen und Reptilien. Einer der fünf Unterarten *(F. b. abyssinicus)*, lebt in diesem Teil Afrikas.

Wanderfalke *(Falco peregrinus)* **Peregrine Falcon** *(50 cm)*
Wintergast. Er gehört mit 19 Unterarten zu den größten Falken und kann verschiedene Farbtöne aufweisen. Gewöhnlich sind Kopf, Flügel, Hals und Vorderrücken schiefergrau. Die Kehle ist weiß, manchmal hellbraun, die Brust weiß mit gelegentlichen dunklen Flecken, zum Bauch hin und an den Flanken können die Flecken in schmale Streifen übergehen. Schwarze Bartstreifen, manchmal mit einem gleich dunklen Kopf. Augenrand, Wachshaut und Zehen sind gelb. Er erbeutet Vögel und Fledermäuse und ab und zu Nagetiere. Im Sturzflug erreicht er Geschwindigkeiten von bis zu 300 km pro Stunde. Kommt zum Überwintern nach Westafrika *(F. p. minor)*, wenn die Bedingungen im Norden dies erfordern. Vielfältiger Lebensraum: von bewaldeten Berglandschaften über Wüsten bis zu Savannen. Eine Unterart des Wanderfalkens ist der **Wüstenfalke** *(F. pelegrinoides)* **Barbary Falcon** *(48 cm)*. Dieser lebt in Westafrika im Grunde im selben Lebensraum. Äußerlich unterscheiden sich Wüstenfalken von Wanderfalken durch die rotbraunen Akzente an Kopf und Hals.

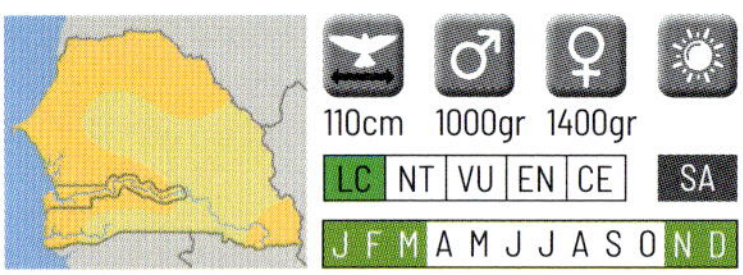

HÜHNERVÖGEL *Galliformes: Phasianidae & Numididae*

Hühnervögel (Galliformes) bilden eine Vogelordnung, zu der die meisten Frankoline und Perlhühner gehören. Sie picken ihre Nahrung vom Boden auf und sind eher plumpe Vögel, die bei Gefahr auffliegen oder sich im Gebüsch verstecken. Sie brüten auf dem Boden und schlafen in Bäumen. Trotz ihres Tarngefieders sind sie eine wichtige Beute für Greifvögel und kleinere Katzenartige. Alle Hühnervögel sind Nestflüchter (Junge verlassen das Nest früh). Bei den meisten Arten (250) gibt es kaum geschlechtsspezifische Unterschiede. Die Hennen der Frankoline haben keine Sporen.

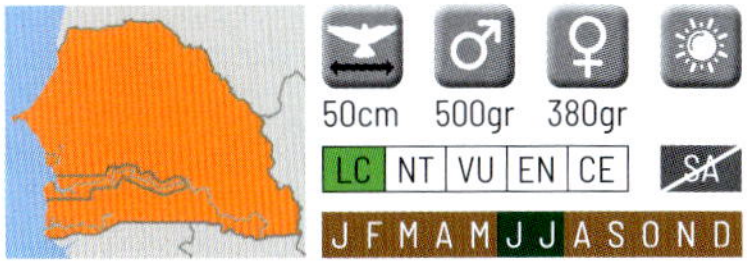

Doppelspornfrankolin
(Pternistis bicalcaratus)
Double-spurred Francolin *(34 cm)*
Dieser Frankolin unterscheidet sich von anderen ähnlich gefärbten Frankolinen durch die matt-grünen Beine und den hellen Augenbrauenstreif, der mit dem dunklen Scheitel und der Maske kontrastiert. Über seinen leicht rotbraunen Vorderrücken und die beigefarbene Bauchpartie laufen vertikale braune Streifen. Dieser Frankolin bevorzugt halboffene Landschaften wie Buschsavannen, aber auch Agrargebiete und intensiv bewirtschaftetes Weideland in Wassernähe. Das Weibchen ist etwas heller.

Weißkehlfrankolin *(Peliperdix albogularis)*
White-throated Francolin *(25 cm)*
Die Rückenpartie dieses Frankolins ist dunkler rotbraun als die Bauchpartie, die zum Bauch hin heller wird. Kehle und Maske sind fast weiß, der Schnabel ist zum Teil gelb und schwarz, die Iris rotbraun, und die Beine mit kurzen Zehen sind gelb.
Das Männchen hat eine Spore. Das Weibchen hat eine hellere Rückenpartie, auch sind bei ihr die weißen und schwarzen Akzente auf den Flügeln stärker ausgeprägt als bei ihm. In offenen Savannen mit Wäldern und Strauchgebieten suchen sie nach Insekten, aber auch Pflanzenmaterial und Grassamen.

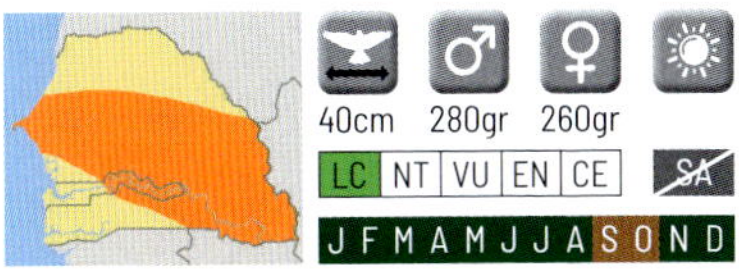

Guinea Helmperlhuhn *(Numida meleagris)* **Helmeted Guineafowl** *(63 cm)*
Vom Helmperlhuhn gibt es neun Unterarten, die sich leicht unterscheiden. Das *N.m. galeatus* kommt in beiden Ländern vor. Charakteristisch ist sein Helm - ein gelbbraunes Horn auf dem Kopf, das bei dieser Unterart hell ist. Sein Gefieder ist schwarzgrau mit kleinen weißen, runden Sprenkeln. Sie leben in großen Gruppen und sind nicht wählerisch hinsichtlich des Lebensraums. Die Größe der Gruppe hängt vom Nahrungsangebot ab.

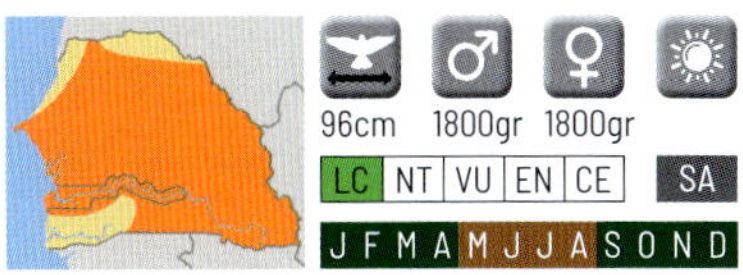

HÜHNERVÖGEL *Galliformes – Odontophoridae*

Zahnwachteln (Odontophoridae) sind eine Familie mit zehn Gattungen von Hühnervögeln, die hauptsächlich in Nord- und Südamerika leben. Mitglieder dieser Familie sind kaum mit artgleichen Vögeln aus der Altwelt (Afrika) verwandt. Nur die beiden Arten der Gattung Ptilopachus dieser Familie findet man in Afrika.

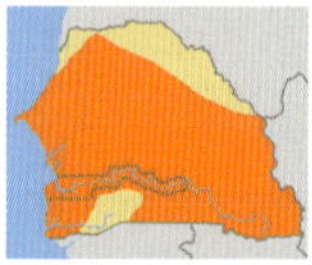

40cm 190gr 190gr
LC NT VU EN CE SA
J F M A M J J A S O N D

Felsenwachtel *(Ptilopachus petrosus)*
Stone Partridge *(28 cm)*
Dieses Rebhuhn hat eine auffällige rote Maske, und auch der aufrecht stehende Schwanz, und die beiden beigefarbenen Brustflecken sind charakteristisch für die Felsenwachtel. Der Kopf ist gräulich, Scheitel und Rückenpartie sind graubraun bis rotbraun. Die Felsenwachtel lebt in dichtem Gestrüpp, vorzugsweise auf felsigem und hügeligem Gelände. Als Nahrung dienen Gras, Kräutersamen, grüne Blätter, Früchte und einige Insektenarten.

KRANICHVÖGEL *Gruiformes – Heliornithidae*

Die Binsenrallen (Heliornithidae) werden auch Binsenhühner genannt. Es handelt sich um eine kleine Vogelfamilie, die zwischen Haubentaucher und Blässhuhn eingeordnet werden kann. Es existieren drei Arten, von denen eine mit wiederum drei Unterarten in Afrika lebt. Ihre Nahrung besteht aus Samen, Wasserinsekten, Krustentieren, Schnecken und kleinen Kröten.

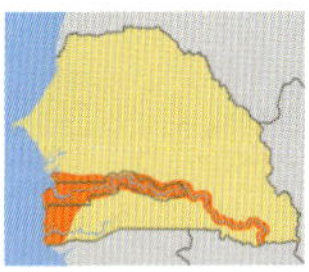

75cm 850gr 700gr
LC NT VU EN CE SA
J F M A M J J A S O N D

Binsenral *(Podica senegalensis)*
African Finfoot *(55 cm)*
Die Binsenralle *(P.s. senegalensis)* in diesem Teil Westafrikas hat orangerote Zehen mit Schwimmlappen und einen orangefarbenen Schnabel. Der Bauch ist weiß, sonst ist der Vogel rotbraun mit weißen Punkten auf dem Vorderrücken und an den Flanken. Es verläuft ein weißer Streifen beidseitig des schlanken Halses bis zum Vorderrücken. Das kleinere Weibchen ist deutlich heller, ihr Hals ist fast weiß. Außerhalb der Brutzeit sind Männchen und Weibchen fast gleichfarbig. Dieser scheue Vogel bewohnt bewaldete Ufer, Mangroven, Teiche und Seen. Im Flug ähnelt er dem Kormoran.

KRANICHVÖGEL *Gruiformes - Rallidae*

Die Rallen, Bläss- und Teichhühner sind eine Familie von Vögeln in der Ordnung der Kraniche (Gruiformes). Zu dieser Familie (Rallidae) allesfressender Sumpf- und Wasservögel gehören 131 Arten.

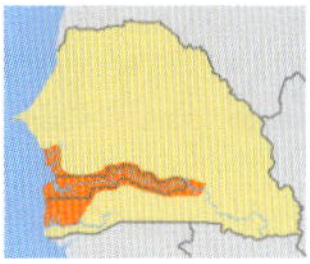

42cm 140gr 140gr

LC NT VU EN CE SA

J F M A M J J A S O N D

Savannenralle *(Crex egregia)*
African Crake *(23 cm)*
Sie sieht der Wachtel ähnlich, ist jedoch nicht mit ihr verwandt. Dieser wasserliebende Vogel ist an den Zebrastreifen am Bauch, einer grauen Brust und auffällig roten Augen im grauen Kopf erkennbar. Vorderrücken und Flügel sind vom Scheitel abwärts dunkelbraun mit hellbraunen, schuppigen Federrändern. Sie sucht ihre Nahrung wie Würmer, Schnecken, Insektenlarven, Frösche sowie Grassamen und junge Triebe in hohem Grasland in Wassernähe.

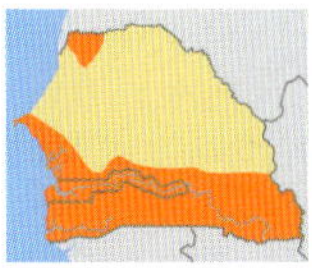

42cm 118gr 110gr

LC NT VU EN CE SA

J F M A M J J A S O N D

Schwarzkielralle *(Zapornia flavirostra)*
Black Crake *(23 cm)*
Die Schwarzkielralle hat ein schwarzes Gefieder und einen markanten gelben Schnabel, rote Augen und lange rote Beine. Sie hält sich im Schilf, Sumpf und an Ufern von Wassertümpeln auf. Auf ihrem Speiseplan stehen Würmer, Schnecken, Garnelenähnliche, Insektenlarven, kleinere Fische, Kröten und Frösche. Dazu fressen sie Pflanzliches wie Samen und Jungtriebe von Wasserpflanzen. Gelegentlich stehlen sie Vogeleier. In der Dämmerung hört man gut, wie beide Partner miteinander kommunizieren. Während der Brutzeit sind beide Geschlechter sehr aggressiv.

Smaragdhuhn *(Porphyrio porphyrio)* **African Swamphen** *(46 cm)*
Dieses Smaragdhuhn *(P.p. madagascariensis)* ist mit seinem irisierenden Gefieder das schönste der vielen Blässhühner. Der Kopf ist bis zur Brust glänzend blau, Hinterkopf und Hals, Bauchpartie und Vorderrücken sind indigofarben, Rücken und Flügel sind bronzegrün. Der rote Schnabel geht in den Scheitel über (beim Weibchen kleiner), die Beine sind rosafarben bis rot.
Der Unterschwanz ist weiß und flauschig. Es hält sich gerne in Schilflandschaft und an dicht bewachsenen Ufern von Seen und Flüssen (Brack- und Süßwasser) auf. Ein Allesfresser, der sich jedoch vorrangig vegetarisch ernährt, wie Pflanzentriebe, Wurzeln, Blüten, Insekten, Fische und Frösche.

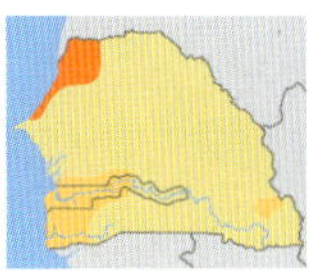

80cm 650gr 720gr

LC NT VU EN CE SA

J F M A M J J A S O N D

Zwergteichhuhn

Teichhuhn

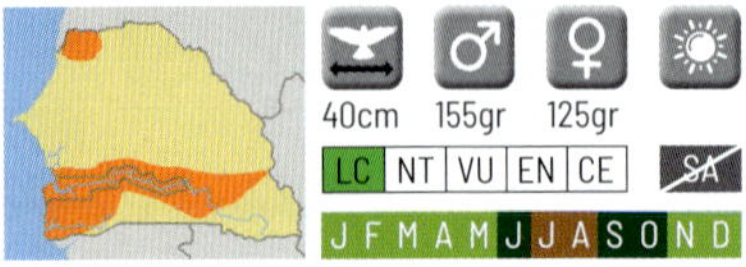

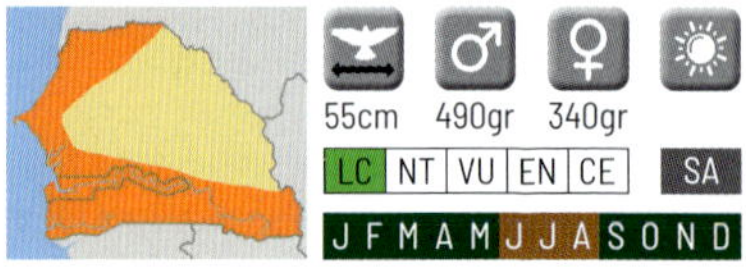

Teichhuhn *(Gallinula chloropus)* **Moorhen, Common** *(36 cm)*
In Afrika ist das Teichhuhn eine sehr verbreitete Art, insbesondere, wenn sich dort die Wintergäste niederlassen. Sie halten sich häufig in großer Anzahl in Feuchtgebieten auf. Ihr überwiegend braunes bis dunkelgraues Gefieder hat einige weiße Akzente an den Flanken. Die Flügel sind braun, der Unterschwanz weiß und die Beine gelb. Das Rot des Schnabels (mit gelber Spitze) verläuft bis zum Kopf. Es wird manchmal mit dem kleineren **Zwergteichhuhn** *(Gallinula angulata)* **Lesser Moorhen** *(23 cm)* verwechselt. Bei diesem ist der Schnabel bis auf die rote Blesse komplett gelb. Das Weibchen ist viel blasser. Beide Arten sind in Süßwasserseen, Tümpeln und Sümpfen anzutreffen. Sie ernähren sich hauptsächlich pflanzlich, erbeuten jedoch auch Amphibien- und Fischeier, Insektenlarven, Fische, Würmer und Vogeleier.

KRANICHVÖGEL *Gruiformes - Gruidae*

Zur Familie der Kraniche (Gruidae) gehören 15 Arten, von denen zwei in Afrika leben. Diese beiden, der schwarze und der graue Kronenkranich, leben nicht zusammen. Kraniche sieht man oft paarweise und in Gruppen. Beide genannte Arten sind vom Aussterben bedroht. Aus Studien geht hervor, dass die Verlangsamung der Entwässerung von überschwemmtem Grasland in bestimmten Gebieten den Kranichen ihre Nahrungssuche erleichtern könnte.

Kronenkranich *(Balearica pavonina)* **Black Crowned-crane** *(105 cm)*
Ein stattlicher Vogel, gekrönt mit einem goldenen Fächer. Er hat eine flauschig schwarze Kopfbedeckung, ist weiß hinter den Augen, hat rote Wangen und rote Kehlklunker. Er bevorzugt feuchte Gebiete wie sumpfiges Grasland. Die Nahrung besteht vorrangig aus kleinen Beutetieren wie Krustentieren, Fisch, Insekten und Amphibien. Durch lange Trockenperioden und zunehmende Kultivierung ihres Lebensraums ist die Population bedroht, und die Bestände sind stark rückgängig.

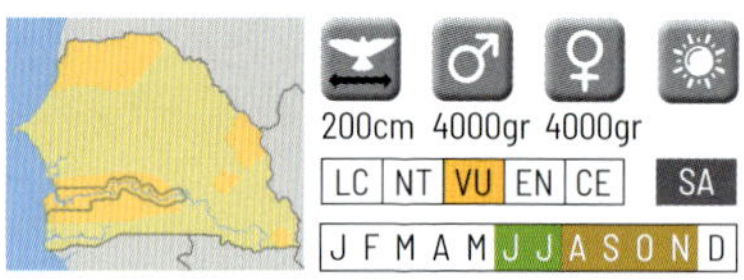

Zur Ordnung der Otidiformes, gehört nur eine einzige Familie, bestehend aus 26 Trappenarten. Die meisten Arten leben in Afrika, zwei davon auch in Europa. Manche Arten leben vorzugsweise in Savannen, andere in bewaldeten Gebieten. Sie haben kräftige Beine, einen langen Hals und breite Flügel. Es sind Bodenbrüter, was ihre Brut und die Küken zu einer einfachen Beute für Raubtiere macht. Trappen sind Allesfresser.

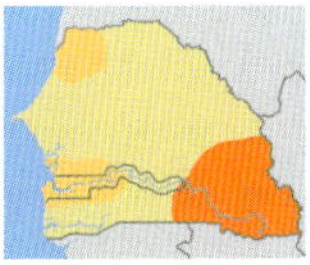

230cm 8000gr 4000gr BU

LC NT VU EN CE SA

J F M A M J J A S O N D

Kafferntrappe *(Neotis denhami)*
Denham's oder **Stanley Bustard** *(100 cm)*
Eine große, mehrfarbige Trappe. Das Weibchen ist etwas heller und kleiner, unterscheidet sich jedoch ansonsten nicht vom Männchen. Der Scheitel ist schwarz mit einem Augenstreif hinter dem Auge und einem Wangenstreif darunter. Sonst ist der Kopf weiß und geht auf der Halsvorderseite in helleres Grau über, die Halsrückseite verläuft rotbraun bis zum blassbraunen Vorderrücken und den Flügeln. Die Flügel sind größtenteils schwarz mit großen weißen Flecken. Brust und Bauch sind weiß, die Beine sandfarben. Ihr Hauptnahrungsmittel sind wirbellose Tiere. Bei ungünstigeren Bedingungen im Osten wird die Kafferntrappe gelegentlich im westlichen Teil dieser beiden Länder beobachtet.

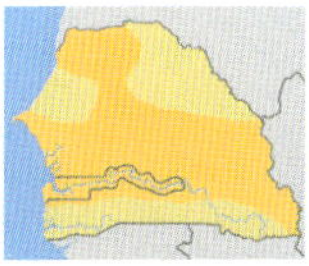

130cm 1500gr 1250gr

LC NT VU EN CE SA

J F M A M J J A S O N D

Senegaltrappe *(Eupodotis senegalensis)*
Northern White-bellied Bustard *(60 cm)*
Beim Hahn der nördlichen Senegaltrappe *(E. s. senegalensis)* fällt sofort seine schwarze Wangenlinie auf. Diese reicht fast bis zum schwarzen Scheitel, ansonsten ist der Kopf leicht grau mit einem orangefarbenen Schnabel mit schwarzer Spitze. Der Hals ist gräulich. Brust und Bauch sind weiß, die Rückenpartie variiert von graubraun bis rotbraun. Das kleinere Weibchen hat einen braunen Oberkopf, die schwarze Wangenlinie des Männchens fehlt. Ihre Nahrung, wie Termiten, Heuschrecken, Raupen, Spinnen, Käfer, Skorpione, Beeren und Blumen, finden sie auf großen Grasflächen und in dünn bewaldeten Savannen.

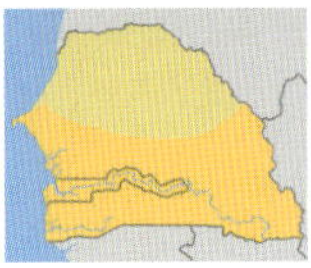

130cm 2500gr 1400gr

LC NT VU EN CE SA

J F M A M J J A S O N D

Schwarzbauchtrappe *(Lissotis melanogaster)*
Black-bellied Bustard *(60 cm)*
Das Gesicht des Männchens ist grau, die Wangen sind weiß und vom Scheitel bis zum Vorderrücken hellbraun. Der Hals ist schwarz, und diese Farbe setzt sich bis zum Unterschwanz fort. Brauntöne und schwarze Flecken zeichnen die Flügel und Schwanzfedern. Die langen Beine sind gelb. Dem Weibchen fehlt das Grau und das Schwarz, außer auf den Flügeln, die wie beim Männchen schwarz gefleckt sind. Ihr Hals ist hellbraun und der Bauch weiß. Nahrung, z. B. Käfer, Heuschrecken und Samen, suchen sie auf großen Grasebenen und leicht bewaldeten Savannen. Die Schwarzbauchtrappe sieht man vor allem im Sahel während der Regenzeit.

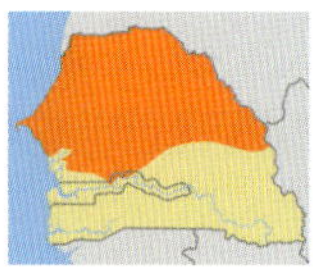

100cm 1100gr 900gr

LC NT VU EN CE SA

J F M A M J J A S O N D

Saviletrappe *(Lophotis savilei)*
Savile's Bustard *(42 cm)*
Die schwarze Bauchpartie und weiße Brustfedern des Weibchens sind typisch für diese Trappe. Die Flügel sind dunkel- und hellbraun meliert. Beim Hahn ist der Hals grau, bei der Henne hellbraun. Ihr Scheitel ist grau, während die Hennen einen braunen Scheitel haben (s. Abb.). Die Augen der Henne sind weiß oder beigefarben umrandet, beim Hahn ist die Kehle schwarz. Ihre Nahrung besteht aus Wirbellose, die sie in Trockengebieten in dichten und weniger dicht bewachsenen Wäldern und Buschsavannen finden.

Zur Familie der Säbelschnäbler gehören zehn Arten von Watvögeln. Der Schnabel der Säbelschnäbler ist nach oben gebogen. Sie haben lange Beine, deren Vorderzehen teilweise gelappt sind. Die Hinterzehe ist schwach entwickelt oder fehlt. Ihre Nahrung besteht aus kleinen Krustentieren, Würmern und Insekten. Diese werden durch Hin- und Herbewegen des Schnabels im Schlamm erbeutet.

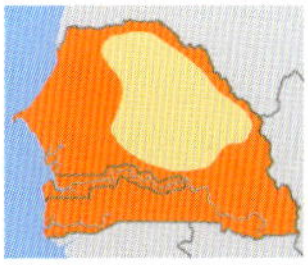

80cm 200gr 200gr

LC NT VU EN CE SA

J F M A M J J A S O N D

Stelzenläufer *(Himantopus himantopus)*
Black-winged Stilt *(38 cm)*
Der Stelzenläufer ist ein eleganter Vogel mit langen roten Beinen, einem spitzen schwarzen Schnabel und weißen Kopf. Von der Brust bis zum Schwanz ist er weiß. Die Flügel sind schwarz. Beim Weibchen ist der Rücken meist eher braun als schwarz. Sie leben in der Nähe von Seen, Sümpfen und Schlickflächen, in tropischen Gebieten und auch in gemäßigten Zonen. Sie suchen sowohl in Salz- als auch in Süßwasser nach Nahrung.

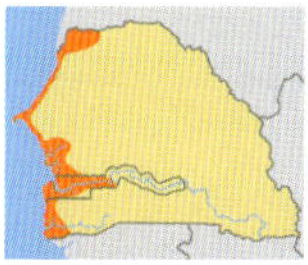

80cm 390gr 390gr

LC NT VU EN CE SA

J F M A M J J A S O N D

Säbelschnäbler *(Recurvirostra avosetta)* **Avocet, Pied** *(43 cm)*
Wintergast. Den Säbelschnäbler trifft man sowohl in Soda- als auch in Süßwasserseen. Dieser Stelzenläufer ist überwiegend weiß, der schwarze Scheitel setzt sich auf der Rückseite des Nackens fort. Die Flügel sind schwarz und weiß, die langen Beine grau. Auffällig ist der nach oben gebogene Schnabel. Beim Weibchen ist dieser kürzer und geschwungener. Junge Säbelschnäbler unter einem Jahr migrieren nicht immer nordwärts. Aufgrund der milderen Winter migrieren Säbelschnäbler heute kaum weiter als bis nach Spanien oder Portugal.

REGENPFEIFERARTIGE *Charadriiformes - Rostratulidae*

Die Goldschnepfen sind eine Familie in der Ordnung der Regenpfeiferartigen. Goldschnepfen bilden eine eigene Familie mit nur drei Arten. Sie werden in einer anderen Familie als echte Schnepfen (Scolopacidae) eingeordnet. Die Goldschnepfe erbeutet mit ihrem gerillten Schnabel Würmer, Insekten sowie Krusten- und Weichtiere aus dem Schlamm.

55cm 200gr 200gr

LC NT VU EN CE SA

J F M A M J J A S O N D

Goldschnepfe *(Rostratula benghalensis)*
Greater Painted-snipe *(26 cm)*
Goldschnepfen gehören zu den schönsten Schnepfen, insbesondere die Weibchen. Sie sind an dem breiten weißen Augenring und dem weißen Streif hinter den Augen erkennbar. Das Männchen hat einen grünbraunen und das Weibchen einen rotbraunen Kopf. Bei beiden verläuft ein weißes Band über dem Vorderrücken, das an der weißen Brust endet. Die Beine sind olivgrün. Sie leben in verschiedenen süßwasserreichen Gebieten. Das Weibchen hat mehrere Männchen („Polyandrie"). Das Nest wird vom Männchen gebaut, es übernimmt auch das Brüten und kümmert sich um die Küken. Der Name Goldschnepfe bezieht sich auf die goldenen Akzente an den Flügeln.

REGENPFEIFERARTIGE *Charadriiformes - Jacanidae*

Die Blatthühnchen gehören zur Ordnung der Regenpfeiferartigen (Charadriiformes). Zu dieser Familie zählen acht Arten. Ein typisches Merkmal sind die langen Zehen. Die Spannweite der Füße ist fast so groß wie der Vogel selbst. Daher können sie über schwimmende Wasserpflanzen laufen. Die Weibchen sind größer als die Männchen.

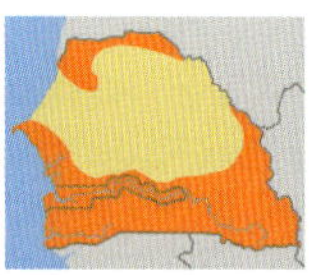

78cm 224gr 290gr

LC NT VU EN CE SA

J F M A M J J A S O N D

Blaustirn-Blatthühnchen *(Actophilornis africanus)* **African Jacana** *(31 cm)*
Das Blaugrau des Schnabels zieht sich teilweise bis zum Scheitel. Darunter liegt eine schwarze Maske, die sich von der Rückseite des Halses bis zum Vorderrücken erstreckt. Kehle, Hals und Wangen sind weitgehend weiß und werden von einem gelben Kragen auf der Brust abgegrenzt, wo das rotbraune Gefieder beginnt. Die langen Beine sind grau. Ihr Lebensraum beschränkt sich auf süßwasserreiche Gebiete. Wasserinsekten sind das Hauptnahrungsmittel.

REGENPFEIFERARTIGE *Charadriiformes - Burhinidae*

In der Ordnung der Regenpfeiferartigen bildet die Familie der Trielen (Burhinidae) eine einzige Gattung (Burhinus) mit acht Arten. Zu ihren Hauptmerkmalen gehören die großen Augen mit gelber Iris und lange gelbe Beine. Diese monogamen, bodenbewohnenden Vögel fressen Insekten, Wirbellose und kleine Krustentiere. Sie sind in der Dämmerung und vor allem nachts aktiv.

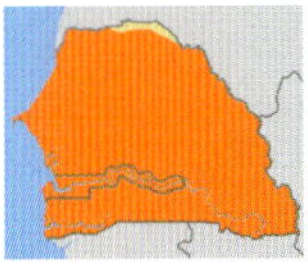

74cm 360gr 360gr

LC NT VU EN CE SA

J F M A M J J A S O N D

Senegaltriel *(Burhinus senegalensis)* **Senegal Thick-knee** *(36 cm)*
Der Senegaltriel ist an den beiden dunklen Längslinien über seinen Flügeln erkennbar, diese markieren ein beigefarben und braunes Gefieder mit dunklen Streifen. Die Brust ist gefleckt und zum Unterschwanz hin weiß. Der Rücken ist von dunklerem Braun, die Beine sind gelb. Dieser Triel liebt schlammige Grasebenen, Flussufer, Lagunen und auch Mangroven.

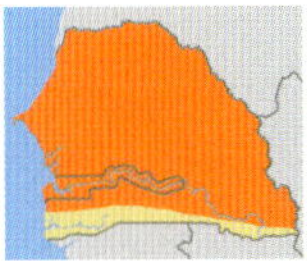

80cm 550gr 550gr BU

LC NT VU EN CE SA

J F M A M J J A S O N D

Kaptriel *(Burhinus capensis)* **Spotted Thick-knee** *(42 cm)*
Die Rückenpartie und ein Teil der Bauchpartie des Kaptriels *(B. c. maculosus)* ist auf beigefarbenem Untergrund über die Kehle, Flanken, Flügel und den Rücken dunkelbraun gefleckt. Der Scheitel ist braun, die Beine sind gelb. Sie meiden Feuchtgebiete und halten sich gerne in offenen Waldgebieten, Grasland und Savannen auf. Die Brutzeit fällt meist in die Trockenzeit. Triele sieht man meist paarweise.

REGENPFEIFERARTIGE *Charadriiformes - Pluvianidae*

Pluvianidae sind eine Vogelfamilie in der Ordnung der Regenpfeiferartigen. Zu dieser Familie gehört nur eine Art: der Krokodilwächter. Seine Nahrung besteht aus Würmern, Muscheln, Wasserinsekten und deren Larven. Bisher wurde diese Art bei den Brachschwalbenartigen (Glareolidae) eingeordnet.

Krokodilwächter *(Pluvianus aegyptius)* **Crocodile-bird** oder **Egyptian Plover** *(22 cm)*
Der Name Krokodilwächter verweist auf seine angebliche Eigenschaft, Fleischreste aus den Mäulern von Krokodilen zu entfernen. Bei diesem Regenpfeifer ist der Scheitel schwarz, darunter verläuft eine langgezogene, weißen Augenbraue und eine breite schwarze Maske, die über die Wangen bis zum Vorderrücken reicht, die Brust markiert und die beigefarbene Kehle abgrenzt. Unter diesem schwarzen Band zeigt sich ein weißes Band, das den sanft rotbraunen Bauch und Unterschwanz markiert. Flügel und Beine sind silbergrau. Man sieht ihn an Flüssen mit Sand- oder Kiesufern.

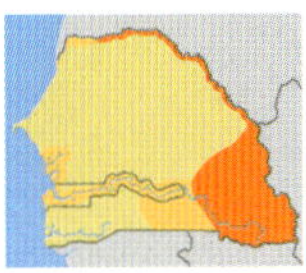

50cm 90gr 90gr

LC NT VU EN CE SA

J F M A M J J A S O N D

Die Brachschwalbenartigen (Glareolidae) sind eine Vogelfamilie in der Ordnung der Regenpfeiferartigen. Die Familie besteht aus 17 Arten. Sie bevorzugen trockene und warme Lebensräume. Rennvögel können schnell laufen, bei Gefahr stellen sie sich jedoch kerzengerade hin, meist mit dem Rücken zum Angreifer. Dank ihrer Tarnfarben sind sie dann fast unsichtbar. Im Notfall können sie auf diese Weise schnell wegfliegen. Sie ernähren sich von Insekten (Larven, Käfer, Heuschrecken, Termiten usw.), die sie mit ruckelnden Bewegungen aus der Erde picken. Es gibt keine äußerlichen Unterschiede zwischen den Geschlechtern. Die Rotflügel-Brachschwalbe gehört zur gleichen Familie wie die Rennvögel, ist aber eine eigene Gattung (Glareola) mit sieben Arten. Ihr Verhalten ähnelt stark dem der Rennvögel.

Temminckrennvogel *(Cursorius temminckii)*
Temminck's Courser *(21 cm)*
Der Scheitel und teilweise auch die Wangen sind kastanienbraun. Oberhalb der Augen verläuft eine lange weiße Augenbraue über der schwarzen Maske. Ab der Kehle bis zur rostbraunen Brust ist er beigefarben. Die darunterliegende schwarze Zeichnung verjüngt sich zu den Beinen hin. Die Flanken beim Bauch sind weiß, die Flügel gräulich braun. Er bevorzugt ein trockenes und abwechslungsreiches Gelände mit kurzem Gras, Akazien und Palmen.

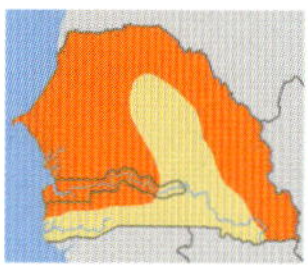

40cm 82gr 82gr

LC NT VU EN CE SA

J F M A M J J A S O N D

Amethystrennvogel *(Rhinoptilus chalcopterus)* **Bronze-winged** oder **Violet-tipped Courser** *(28 cm)*
Dieser Rennvogel ist an den rosafarbenen Beinen erkennbar. Vorderrücken und Flügel variieren zwischen sanftem Rostbraun und blassem Graubraun. Über die weiße Brust verläuft ein dunkelbraunes Band. Über den Augen befinden sich breite, weiße Augenbrauen abgelöst von braunen Augenstreifen und darunter weißen Streifen. Wangen und Stirn sind graubraun. Kehle und Bauchpartie sind bis zum breiten dunklen Band hin weiß. Er lebt in trockenen, dünn bewaldeten Savannen.

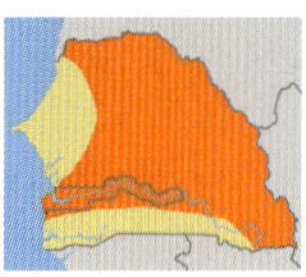

58cm 200gr 200gr

LC NT VU EN CE SA

J F M A M J J A S O N D

Rotflügel-Brachschwalbe

(Glareola pratincola)

Collared Pratincole *(25 cm)*

Diese Brachschwalbe hat ein überwiegend graubraunes Gefieder, einen dunkelbraunen Schwanz und weißen Bauch, eine graue oder cremefarbene Brust und graue Beine. Typische Merkmale dieser Art sind der rote Fleck auf dem Schnabel und die cremegelbe Kehle, die (während der Brutzeit) von einem schmalen schwarzen Streifen abgegrenzt wird. Im Flug sind die tiefe „Gabel" im Schwanz und das Rotbraun unter den Schulterflügeln deutlich sichtbar. Häufig in flacher Landschaft mit karger Vegetation in Wassernähe zu sehen.

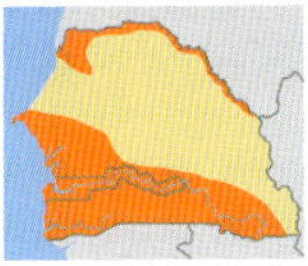

70cm 100gr 100gr

LC NT VU EN CE SA

J F M A M J J A S O N D

REGENPFEIFERARTIGE *Charadriiformes - Charadriidae*

„Plovers" und „Lapwings" werden im Englischen beide verwendet, im Allgemeinen ist jedoch der Regenpfeifer (Plover) kleiner als der Kiebitz (Lapwing). Die Arten sind miteinander verwandt und gehören zur Ordnung der Regenpfeiferartigen. Bestimmte Kiebitze bevorzugen Feuchtgebiete und andere wiederum Trockengebiete.

Sowohl die Regenpfeifer als auch die Kiebitze ernähren sich hauptsächlich von Insekten, Würmern, Weichtieren, Krustentieren und Pflanzen. Einige Kiebitze haben Sporen auf ihrem Daumenfittich (Alula).

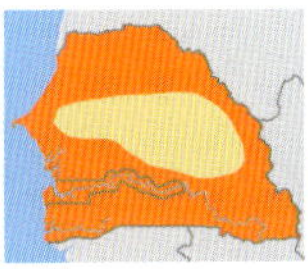

80cm 170gr 170gr BU

LC NT VU EN CE SA

J F M A M J J A S O N D

Spornkiebitz *(Vanellus spinosus)*

Spur-winged Lapwing *(28 cm)*

Das Schwarz auf dem Kopf und dem Schnabel bedeckt die Augen und erstreckt sich bis zum Hals und über den Hals bis zur Brust. Unter den Augen bis zur Brust und dem Vorderrücken ist er weiß. Kehle, Brust und Schultern sind schwarz, Flügel und der Vorderrücken gleichmäßig braun. Der Schwanz ist schwarz, die Beine dunkelgrau. Auf der Flügelunterseite sind die Schultern weiß und die Hand- und Armschwingen braun. Er findet seine Nahrung auf trockenem Boden, aber nie weit vom Wasser entfernt. Beide Geschlechter haben Sporen auf dem Daumenfittich.

Weißscheitelkiebitz *(Vanellus albiceps)*
White-headed Plover *(32 cm)*
Ein schöner Regenpfeifer, der sofort an seinem grauen Kopf und den gelben Lappen erkennbar ist. Seine Flügel sind braun, die kleinen und großen Flügeldeckfedern werden von einem weißen und einem schwarzen Band begrenzt.
Die Schwanzfedern sind schwarz und die langen Beine gelb. Der gelbe Schnabel hat eine schwarze Spitze. Auf dem Daumenfittich hat er Sporen.
Das Weibchen hat einen braunen Rand an der weißen Stirn. Er hält sich nur bei ausreichendem Nahrungsvorkommen an Krustentieren, Muscheln und Würmern in diesen Ländern auf, meist nach der Regenzeit und an trockenen Flussufern.

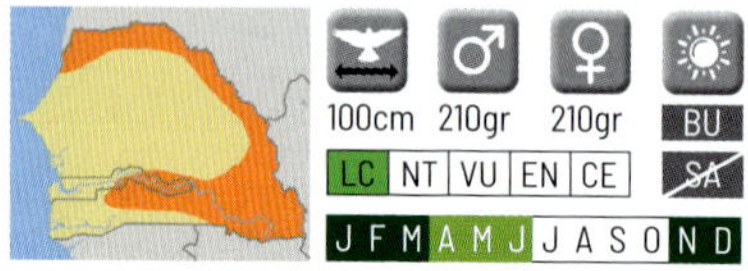

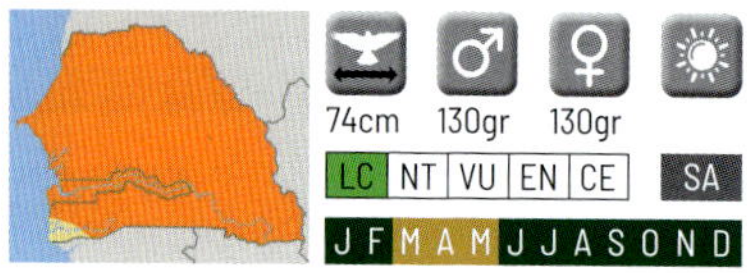

Schwarzschopfkiebitz *(Vanellus tectus)* **Black-headed Lapwing** *(25 cm)*
Dieser Kiebitz hat eine typische „Kiebitz-Haube" auf einer schwarzen Kappe.
Am Ansatz des rot-schwarzen Schnabels befindet sich ein roter Hautlappen. Die Iris ist gelb, die Kehle weiß und von einem schwarzen Kragen begrenzt, der wie eine Krawatte über der weißen Brust „hängt". Vorderrücken und Flügel sind bräunlich. Der Bauch ist weiß. Zwischen den Schulterfedern und den dunkelbraunen Arm- und Handschwingen sind die großen Deckfedern weiß. Die Beine sind rosa und der Schwanz ist schwarz. Sein Lebensraum sind trockene Savannen oder Halbwüsten mit kurzem Gras und karge Wälder.

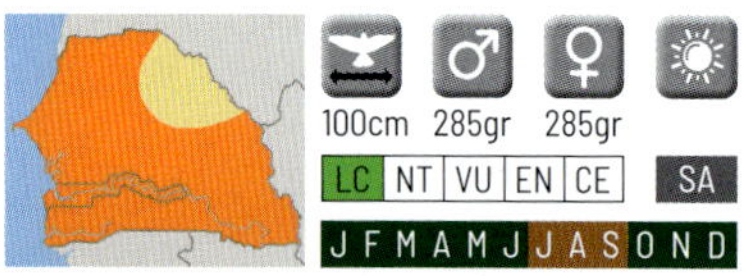

Senegalkiebitz *(Vanellus senegallus)*
Wattled Lapwing *(34 cm)*
Der Senegalkiebitz gehört zu den größeren Kiebitzen. Ein typisches Merkmal sind die gelben Hautlappen neben dem Schnabel und seine rote und weiße Stirn. An Hals und Wangen sind die Federn bis zum braungrauen Scheitel dunkel auf hellem Untergund.
Der Vorderrücken und die Flügel sind gräulich bis leicht braun. Brust und Bauch sind etwas heller als die Flügel.
Die großen Deckfedern sind weiß. Er hat gelbe Beine und kleine Sporen auf dem Daumenfittich. Oft ist die Kehle des Weibchens weniger schwarz. Senegalkiebitze leben meist in Sumpfgebieten, aber auch auf trockenen Böden, wo sie Heuschrecken, Käfer, Grillen und Termiten jagen.

Sandregenpfeifer *(Charadrius hiaticula)*

Common Ringed Plover *(20 cm)*

Wintergast. Das dunkelbraune bis schwarze Band umringt den weißen Hals und grenzt die weiße Brust ab. Die Beine sind orange-gelb, wie auch in der Brutzeit ein Teil des Schnabels (das Winterkleid ist blasser und der Schnabel ist schwarz). Der Scheitel hat die gleiche Farbe wie die hellbraunen Flügel und der Vorderrücken. Auf der Stirn hat er einen weißen Fleck. Insekten, Larven und Würmer dienen ihm als Nahrung. Im Flug ähnelt dieser Regenpfeifer einer großen Schwalbe mit spitzen Flügeln und Schwalbenschwanz. Sein Futter sucht er in Schlammpfützen, an Kieselufern, im Unterwuchs und Unterholz.

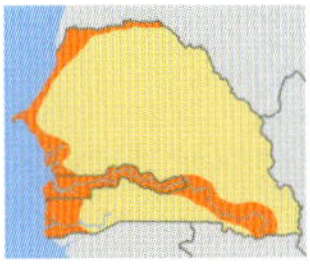

56cm 78gr 78gr

LC NT VU EN CE SA

J F M A M J J A S O N D

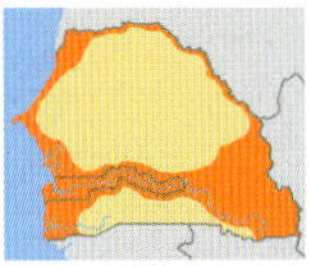

48cm 50gr 50gr

LC NT VU EN CE SA

J F M A M J J A S O N D

Flußregenpfeifer *(Charadrius dubius)*

Little Ringed Plover *(16 cm)*

Wintergast. Regelmäßig an Seen anzutreffen. In vielerlei Hinsicht ähnelt er dem etwas größeren Sandregenpfeifer. Dieser kleine Regenpfeifer hat auffällige gelbe Augenringe. Im Winter fehlen der schwarze Kragen und das Schwarz am Kopf. Er ernährt sich von Insekten, Larven und Würmern, die er an Kieselufern, im Unterwuchs und im Unterholz findet.

Hirtenregenpfeifer *(Charadrius pecuarius)*

Kittlitz's Plover *(14 cm)*

Der braune Scheitel wird von einem weißen Rand gesäumt, unter diesem sieht man rundlaufend eine schwarze Maske (nur in der Brutzeit - sonst dunkelbraun). Die weiße Kehle geht in eine bräunliche Brust über, der Bauch ist bis zum Schwanz weiß (in der Brutzeit leicht orangefarben). Der Schnabel ist schwarz, die Beine grau. Das Weibchen hat eine etwas schmalere Krone und hellere Körperunterseite. Als Lebensraum dient flaches, mageres Grasland, oft in Wassernähe, Schlammtümpel und Lagunen. Das Nest wird in den Sand gelegt und mit einer Sandschicht bedeckt, wenn das Weibchen es verlässt. Als Nahrung dienen Wasser- und Landinsekten.

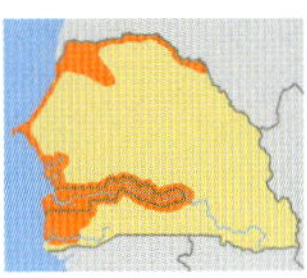

44cm 54gr 60gr BU

LC NT VU EN CE SA

J F M A M J J A S O N D

Seeregenpfeifer *(Charadrius alexandrinus)*
Kentish Plover *(17 cm)*

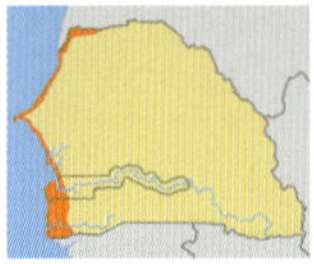

45cm 55gr 55gr BU
LC NT VU EN CE SA
J F M A M J J A S O N D

Die Maske des Seeregenpfeifers *(C. a. Alexandrinus)* läuft von dem schwarzen Schnabel bis zur weißen Hinterseite des Kopfes (mit braunem Scheitel). Gleich über den Schultern hat er einen halben schwarzen Kragen. Die Kehle ist bis zum Unterschwanz weiß, die Beine sind dunkelgrau. Das Weibchen ist dort braun, wo das Männchen in der Brutzeit schwarz ist. Lebensraum: sandige Küstenstreifen und Flussufer, Lagunen und überschwemmtes Grasland. Er ernährt sich von Insekten sowie von Muscheln und Krabben. Ein Teil der Population ist Wintergast.

REGENPFEIFERARTIGE *Charadriiformes - Scolopacidae*

Die Familie der Schnepfenvögel (Scolopacidae) besteht aus 20 verschiedenen Gattungen und 92 Arten. Sie leben immer in Wassernähe, manche Arten auch am Salzwasser. Das Prachtkleid färbt sich rötlich-braun. Das Winterkleid ist während ihrer Zeit in Afrika meist braun und grau. Mit ihrem spitzen Schnabel stochern sie in weichem Boden nach Würmern, kleinen Wassertieren und Insekten. Außerhalb der Brutzeit unterscheiden sich die Geschlechter äußerlich nicht voneinander.

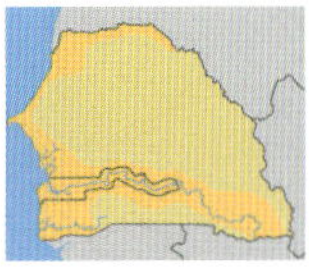

47cm 180gr 180gr
LC NT VU EN CE SA
J F M A M J J A S O N D

Bekassine *(Gallinago gallinago)*
Common Snipe *(27 cm)*

Ein unregelmäßiger Wintergast. Die Bekassine hat ein braunmeliertes Gefieder, die Flügel sind dunkler. Vor allem aber ist sie an ihrem langen Schnabel erkennbar. Diese Schnepfe ist auf den Flanken entlang des weißen Bauchs gefleckt. Die Spitzen der Hand- und Armschwingen sind weiß. Ihr kurzer Schwanz ist leicht rotbraun. Ihr Lebensraum ist variabel, sie bevorzugt jedoch sumpfiges Kulturland (Reisfelder, Plantagen), wo sie nach Würmern und verschiedenen Insektenarten sucht.

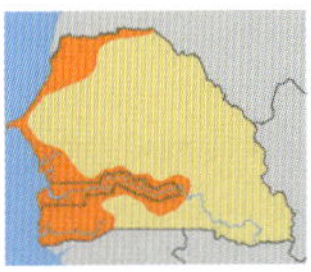

82cm 440gr 500gr
LC NT VU EN CE SA
J F M A M J J A S O N D

Uferschnepfe *(Limosa limosa)*
Black-tailed Godwit *(44 cm)*

Wintergast (*L. l. limosa* - Westafrika). „Unsere" Uferschnepfe hält sich in Westafrika hauptsächlich an den großen Seen und sumpfigen Gebiete auf. Auf dem Weg in noch südlichere Länder besucht sie die östlichen Teile des Senegals, die Überwinterungsorte liegen westlicher. Das Winterkleid ist auf Rücken und Schultern gräulich. Die Arm- und Handschwingen sind schwarz, die Deckfedern weiß, wie auch der Schwanz mit seiner dunkelbraunen Endbinde. Außerhalb der Brutzeit unterscheidet sich das etwas größere Weibchen kaum vom Männchen.

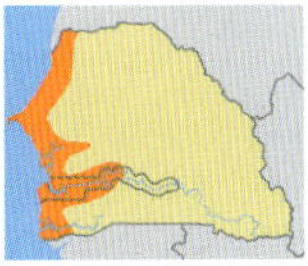

80cm 400gr 600gr

LC NT VU EN CE SA

J F M A M J J A S O N D

Pfuhlschnepfe *(Limosa lapponica)*
Bar-tailed Godwit *(40 cm)*
Wintergast *(L. l. lapponica)*. Diese Pfuhlschnepfe legt enorme Distanzen zurück, um ihre Brutplätze (Küstenstreifen von Alaska, Skandinavien und Russland) gegen wärmere Regionen einzutauschen. So sieht man sie beispielsweise in der Nähe von Lagunen und sumpfigen Weideflächen an der Küste Westafrikas. Außerhalb der Brutzeit zeigt sie sich in hellen und dunklen Grautönen. Sie hat einen langen Augenstreif und rosafarbene Bänder über ihrem weißen Schwanz. Die Hand- und Armschwingen sind dunkelgrau. Ihr langer Schnabel ist leicht nach oben gebogen.

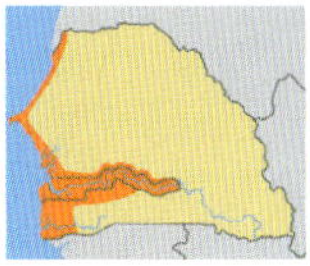

88cm 550gr 600gr

LC NT VU EN CE SA

J F M A M J J A S O N D

Regenbrachvogel *(Numenius phaeopus)*
Whimbrel *(46 cm)*
Wintergast *(N. p. islandicus* en *N. p. phaeopus)*. Kleiner als der Große Brachvogel und erkennbar an einem dunklen Augenstreif und dunklen Scheitel. Der nach unten gebogene Schnabel ist grau bis schwarz. Die Rückenpartie ist überwiegend braun mit weißen Federrändern, Brust und Bauch sind beigefarben bis weiß und mit kleinen dunkelbraunen Flecken. Die Beine sind grau. Im Flug wird der weiße Rücken sichtbar. Sie finden ihre Nahrung in den lehmigen Böden von Mangroven und an Sandufern.

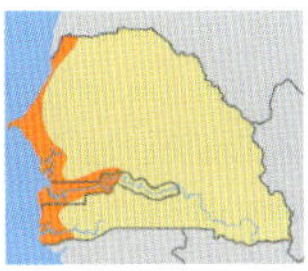

100cm 1000gr 1300gr

LC NT VU EN CE SA

J F M A M J J A S O N D

Großer Brachvogel *(Numenius arquata)*
Eurasian Curlew *(60 cm)*
Wintergast. Er ist viel größer als der Regenbrachvogel und hat einen längeren Schnabel. Sein bunt geflecktes graues und braunes Gefieder ist meist dunkler als das des Regenbrachvogels, was insbesondere an Brust und Bauch gut sichtbar ist. Die Zeichnung auf dem Kopf ist weniger ausgeprägt, ein heller Augenstreif ist schwach zu erkennen. Nahrung finden sie in den lehmigen Böden von Mangroven und an Sandufern. Gelegentlich im östlichen Teil dieser beiden Länder zu sehen, meist verläuft dort ihre Migrationsroute.

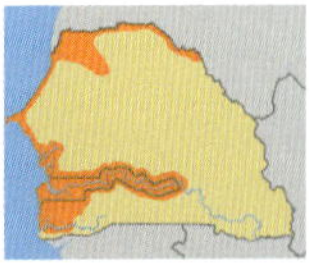

66cm 155gr 155gr

LC NT VU EN CE SA

J F M A M J J A S O N D

Rotschenkel *(Tringa totanus)*
Common Redshank *(29 cm)*
Wintergast. Die Wasserläufer der Gattung *Tringa* sind außerhalb der Brutzeit besonders schwer zu erkennen. Die Beine der Rotschenkel leuchten meist intensiver rot als diejenigen ihrer Artgenossen. Die Rückenpartie ist gräulich-braun, die Bauchpartie weiß bis grau, mit dezenten dunklen Flecken an Hals und Brust. Sie gehen in Salz-, Brack- und Süßwasser, aber auch in Sümpfen, Mangroven und Lagunen auf Nahrungssuche.

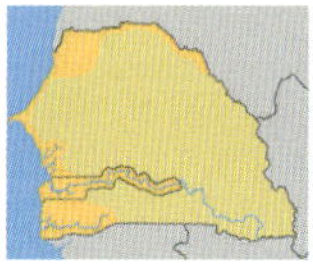

58cm 100gr 120gr

LC NT VU EN CE SA

J F M A M J J A S O N D

Teichwasserläufer *(Tringa stagnatilis)*
Marsh Sandpiper *(26 cm)*
Wintergast. Das Migrationsverhalten nach Gambia und in den Senegal ist schwer vorhersehbar. Manchmal lassen sie sich in großer Zahl nieder, in anderen Jahren, insbesondere bei milden Wintern in Südeuropa, sieht man sie hier nur selten. Außerhalb der Brutzeit ist die Rückenpartie überwiegend graubraun, die Federn haben weiße Ränder. Er sieht dem Grünschenkel sehr ähnlich, beim Teichwasserläufer ist der Schnabel jedoch gerade und nicht leicht nach oben gebogen. Sie bevorzugen sumpfiges Grasland, Lagunen und Gezeitenflächen.

Grünschenkel *(Tringa nebularia)* **Common Greenshank** *(35 cm)*
Wintergast. Graubraun meliertes Gefieder, der Hals ist leicht gesprenkelt, Kehle, Brust und Bauch sind weiß. Der lange, spitze Schnabel ist grau und leicht nach oben gebogen. Er sieht dem Teichwasserläufer sehr ähnlich, dieser hier hat jedoch „grüne" und keine „gelben" Beine. Man trifft die beiden oft gemeinsam an. Sie bevorzugen sumpfiges Grasland, Lagunen und Gezeitenflächen.

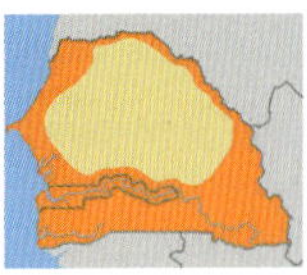

70cm 300gr 330gr

LC NT VU EN CE SA

J F M A M J J A S O N D

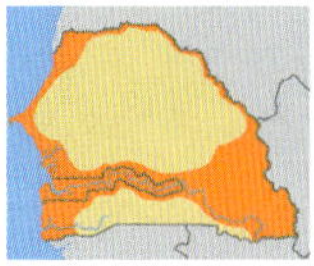

60cm 120gr 120gr

LC | NT | VU | EN | CE SA

J F M A M J J A S O N D

Waldwasserläufer *(Tringa ochropus)*
Green Sandpiper *(24 cm)*
Vor allem Wintergast. Weiße Kehle, jedoch unter der Kehle etwas dunkler als seine „Tringa"-Kameraden. Das gilt auch für den Vorderrücken und die Flügel. Auf dem Vorderrücken und den Flügeldeckfedern finden sich weiße Sprenkel. Vom Schnabel verläuft ein weißer und brauner Augenstreifen zu den weißen Augenrändern. Von der Brust bis zum Schwanzende ist er weiß. Die Beine sind grüngrau. Er sieht dem Bruchwasserläufer sehr ähnlich und zieht sumpfiges Grasland und Lagunen den Gezeitenflächen vor.

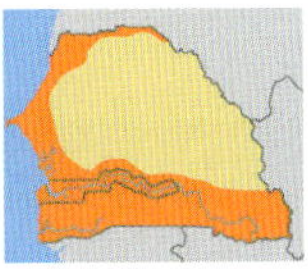

56cm 100gr 110gr

LC | NT | VU | EN | CE SA

J F M A M J J A S O N D

Bruchwasserläufer *(Tringa glareola)*
Wood Sandpiper *(23 cm)*
Wintergast. In Westafrika recht verbreitet, insbesondere in Gambia und Senegal, auf ihrem Weg in südlichere Regionen. Auf ihren gelben Beinen stelzen sie auf der Suche nach Nahrung durch das Wasser. Scheitel und Gefieder sind braun, dunkelbraun und gebrochen weiß meliert. Vom Bauch bis zum Unterschwarz sind sie weiß. Kopf und Schnabel schwenkend erbeuten sie ihre Nahrung.

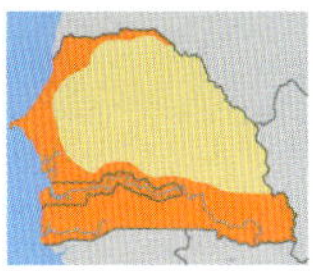

40cm 94gr 98gr

LC | NT | VU | EN | CE SA

J F M A M J J A S O N D

Flußuferläufer *(Actitis hypoleucos)*
Common Sandpiper *(20 cm)*
Wintergast. Der braune Kopf, die Kehle und ein Teil der Brust gehen bis zum Unterschwanz in Weiß über. Die Kehle ist gesprenkelt. Das Weiß der Augenlider durchbricht die dunkelbraune Maske und weißen Augenstreifen. Die Beine sind gelbgrün. Rücken und Flügel sind braun. Man sieht ihn in Weideflächen, Tümpeln und an Flussufern.

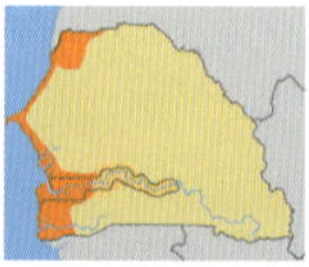

56cm 190gr 190gr

LC NT VU EN CE SA

J F M A M J J A S O N D

Steinwälzer *(Arenaria interpres)*
Ruddy Turnstone *(26 cm)*
Wintergast. Das Wintergefieder des graubraunen Steinwälzers ist nicht mit seinem rotbraunen Prachtkleid zu vergleichen. Er ist kräftig gebaut. Über der Brust verläuft ein hellbraunes Band bis zum Nacken. Vom Bauch bis zum Unterschwanz ist er weiß. Der gefleckte Vorderrücken und die Flügel haben dasselbe Braun wie der Kopf. Die Beine sind orangerot. Er hält sich gerne an felsigen Ufern und an Sandstränden auf, wo Algen und Muscheln angespült werden, und lebt hauptsächlich in Küstengebieten.

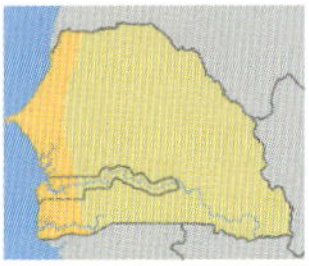

54cm 220gr 220gr

LC NT VU EN CE SA

J F M A M J J A S O N D

Knutt *(Calidris canutus)* **Red Knot** *(25 cm)*
Wintergast (C. c. canutus). Das silbergraue Wintergefieder beider Geschlechter gleicht sehr dem des kleinen Sanderlings. Der Knutt hat auf der Brust und an den Flanken Flecken, der Sanderling nicht. Die Beine sind gelblich.
Er frisst Muscheln und kleine Wirbellose, die er in Gezeitenebenen an der Küste und an Flussufern findet. Er ist in diesem Teil Afrikas nicht immer anzutreffen.

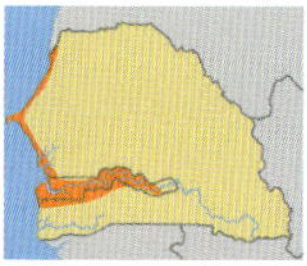

42cm 80cm 100cm

LC NT VU EN CE SA

J F M A M J J A S O N D

Sanderling *(Calidris alba)*
Sanderling *(20 cm)*
Wintergast. Das silbergraue Winterkleid gleicht dem des etwas größeren Knutts. Seine Bauchpartie ist meist ganz weiß, der Knutt hingegen hat einen leicht gefleckten Bauch. Die Beine und Handdeckfedern sind schwarz und die Arm- und Handschwingen dunkelgrau.
Auf trockenen Gezeitenebenen und an der Flutlinie sucht er nach Muscheln, Würmern und kleinen Wirbellosen.

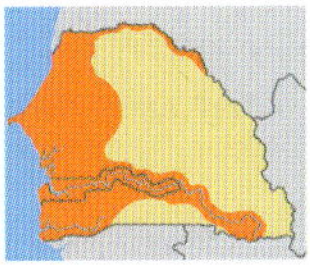

30cm 45gr 50gr

LC NT VU EN CE SA

J F M A M J J A S O N D

Zwergstrandläufer *(Calidris minuta)*
Little Stint *(14 cm)*
Wintergast. Er unterscheidet sich im Winterkleid nur durch seine geringe Größe von anderen Strandläufern. Die Beine sind schwarz, Bauch und Brust weiß, mit einem beigen Kragen entlang der weißen Kehle. Er hat einen kurzen schwarzen Schnabel, und sein Gefieder ist graubraun und cremefarben meliert. Weibchen sind etwas größer. Sie ernähren sich von Wasserinsekten und Pflanzenmaterial in Süß- und Salzwasser.

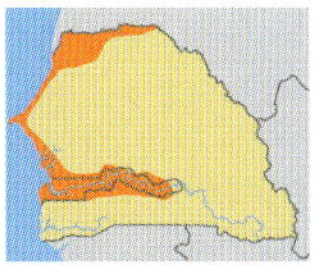

46cm 115gr 115gr

LC NT VU EN CE SA

J F M A M J J A S O N D

Sichelstrandläufer *(Calidris ferruginea)* **Curlew Sandpiper** *(22 cm)*
Wintergast. Die Beine sind schwarz, Bauch und Brust weiß, der Kragen entlang der Kehle ist beigefarben. Der schwarze Schnabel ist nach unten gebogen. Im Winterkleid ist die Rückenpartie graubraun und cremefarben meliert. Das Weibchen hat einen etwas längeren Schnabel. Daumenfittiche, Arm- und Handschwingen sind viel dunkler als der Rest der Flügel. Sie ernähren sich von Wasserinsekten und Pflanzenmaterial in Süß- und Salzwasser.

Kampfläufer *(Calidris pugnax)* **Ruff** *(32 cm)*
Wintergast. Das Winterkleid unterscheidet sich von Vogel zu Vogel stark. Kopf, Hals, Brust und Bauch können weiß, aber auch überwiegend graubraun-beigefarben meliert sein. Die Beine kommen in Farben von Orange bis Grau vor, die Flügel von gefleckt Hellbraun bis Dunkelbraun. Die Männchen sind ca. 6 cm größer. An schlammigen Ufern, in Sümpfen und auf Gezeitenflächen suchen sie nach Wasserinsekten, Larven, Würmern, Fröschen und kleinen Fischen.

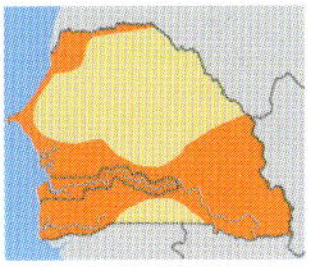

58cm 250gr 170gr

LC NT VU EN CE SA

J F M A M J J A S O N D

Es gibt sehr viele Meeresvögel, die sich dauerhaft oder zeitweise in diesem Teil Westafrikas aufhalten. In diesem Buch werden nur diejenigen Arten erwähnt, die außer an einem schmalen Küstenstreifen auch im Landesinneren zu finden sind.

REGENPFEIFERARTIGE *Charadriiformes - Laridae*

Möwen sind Meeresvögel der Laridae-Familie und gehören zur Ordnung der Regenpfeiferartigen (Charadriiformes). Es gibt 102 Möwenarten. Diese mittelgroßen bis großen Vögel sind meist grau oder weiß und haben am Kopf oft schwarze Akzente. Der kräftige Schnabel ist lang, und die Zehen sind durch Schwimmhäute verbunden, obwohl sie nur selten schwimmen. Seeschwalben haben meist ein grau-weißes Gefieder und oft einen schwarzen Scheitel.
Die meisten Seeschwalben jagen Fische, indem sie tauchen. Dabei rütteln sie oft erst über der Wasseroberfläche, um ihre Beute ausfindig zu machen. Seeschwalben nisten in großen, dichten Kolonien. Je nach Art und Habitat nisten sie in kleinen Bodenmulden oder bauen mit Zweigen unsystematisch Nester in Bäumen.

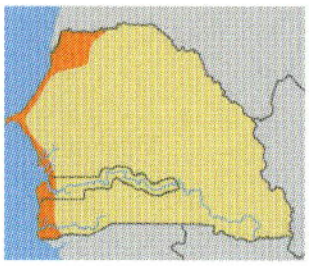

150cm 1000gr 1000gr

LC NT VU EN CE SA

J F M A M J J A S O N D

Heringsmöwe *(Larus fuscus)*
Lesser Black-backed Gull *(61 cm)*
Wintergast *(L. f. graellsii)* und *(L. f. intermedius)*. Die Heringsmöwe hat eine weiße Bauchpartie, ihre Flügelunterseite ist weiß mit schwarzen Handschwingen. Die Flügeloberseite ist fast schwarz. Ihr gelber Schnabel hat auf dem Unterschnabel rote Sprenkel, und sie hat gelbe Beine. Außerhalb der Brutzeit sind Kopf und Hals leicht gesprenkelt. Sie kommt vor allem an Küsten vor, gelegentlich aber auch am Gambia, wo sie sich von Fisch, Wasserinsekten und Küken ernährt. Die Heringsmöwe ist in diesem Teil Afrikas nicht immer gleich stark vertreten.

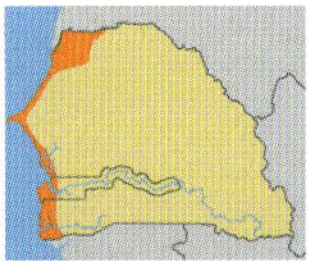

100cm 360gr 360gr

LC NT VU EN CE SA

J F M A M J J A S O N D

Graukopfmöwe *(Chroicocephalus cirrocephalus)* **Grey-headed Gull** *(45 cm)*
Kopf und die Flügel sind gräulich, Schnabel und Beine rot. Der Schwanz ist schwarz. Während der Brutzeit wird der graue Kopf des Männchens dunkler und das Grau von einem schwarzen Rand eingefasst. Diese Möwe streift an Flüssen entlang, man sieht sie jedoch hauptsächlich in Küstennähe an Mangroven, Lagunen und Meeresarmen. Ein Teil der Population migriert nach Europa. Sie sind Allesfresser.

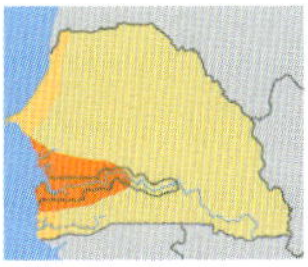

110cm 350gr 350gr

LC NT VU EN CE SA

J F M A M J J A S O N D

Dünnschnabelmöwe *(Chroicocephalus genei)* **Slender-billed gull** *(44 cm)*
Die Dünnschnabelmöwe ist überwiegend weiß mit hellgrauer Rückenpartie und schwarzen Schwanzfedern. Während der Brutzeit ist der Schnabel dunkelrot bis schwarz, die Brust wird dann rötlich und die Iris fast weiß mit einem roten Augenring. Die Beine sind orangefarben bis rot. Ein Teil der Population hat sich fest in diesem Teil Afrikas niedergelassen, ein anderer Teil wandert in Richtung Norden. Diese Möwe streift bei der Nahrungssuche (Fische und Wasserinsekten) auch die Flüsse ab, man sieht sie jedoch hauptsächlich in Küstennähe an Mangroven, Lagunen und Meeresarmen.

Raubseeschwalbe *(Hydroprogne caspia)* **Caspian Tern** *(56 cm)*
Diese Seeschwalbe mit einem roten Schnabel, schwarzen Scheitel (grau außerhalb der Brutzeit), schwarzen Beinen und grauen Schwanzfedern findet ihre Nahrung (Fisch, manchmal auch Eier anderer Vögel) vor allem an der Küste.
Die Brutkolonie im Senegal wandert nach der Brutzeit in südlichere Regionen ab. Die Population aus dem Osten kehrt nach dem Winter in ihre Brutstätten zurück. Eine kleine Population brütet und hält sich dauerhaft an der Küste auf.

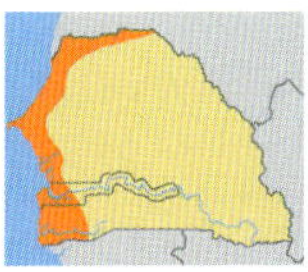

140cm 700gr 700gr

LC NT VU EN CE SA

J F M A M J J A S O N D

Königsseeschwalbe *(Thalasseus maximus)* **Royal Tern** *(50 cm)*
Die Königsseeschwalbe *(T. m. albidorsalis)* bekommt während der Brutzeit einen komplett schwarzen Scheitel mit einer kleinen Haube. Die Bauchpartie ist das ganze Jahr über weiß, und die Flügel sind hellgrau. Die hier abgebildete Seeschwalbe hat noch kein Prachtkleid. Sie leben in großen Kolonien und finden ihre Nahrung während der Brutzeit hauptsächlich in Flussmündungen, Mangroven und Lagunen. Außerhalb der Saison suchen sie ihre Nahrung, vorrangig Fisch, Tintenfisch, Garnelen und Krebse, eher entlang der Küste und weiter flussaufwärts. Ihr beliebtester Nistplatz im Senegal ist das Saloum-Delta.

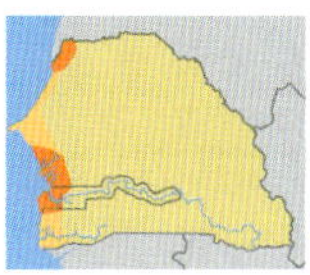

130cm 450gr 450gr

LC NT VU EN CE SA

J F M A M J J A S O N D

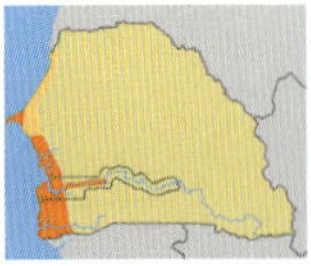

82cm 135cm 135cm

LC NT VU EN CE SA

J F M A M J J A S O N D

Flußseeschwalbe *(Sterna hirundo)*
Common Tern *(39 cm)*
Wintergast *(S. h. hirundo)*. Sie hat einen grauen bis schwarzen Scheitel bis zum Nacken, einen roten Schnabel (außerhalb der Brutzeit schwarz) mit schwarzer Spitze und roten Beinen. Die Bauchpartie ist weiß, die Rückenpartie gräulich, die Handschwingen sind dunkler. Die Flussseeschwalbe wechselt häufig den Ort. Hunderte von ihnen können gleichzeitig ankommen und bereits am nächsten Tag weiterziehen, wenn das Nahrungsangebot (Fisch, Krustentiere und Insekten) nicht ausreicht.

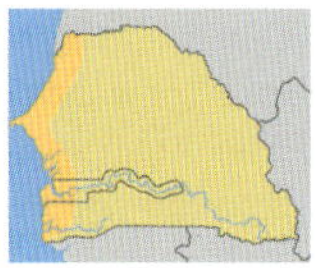

55cm 65gr 65gr

LC NT VU EN CE SA

J F M A M J J A S O N D

Zwergseeschwalbe *(Sternula albifrons)*
Little Tern *(28 cm)*
Ein kleiner Teil der Population *(S. a. guineae)* findet sich gelegentlich an der Küste dieser beiden Länder ein, vor allem im Norden Senegals und meist als Wintergäste. Die Zwergseeschwalbe hat einen langgezogenen schwarzen Scheitel (außerhalb der Brutzeit gräulich) und eine schwarze Maske. Sie hat einen gelben Schnabel mit schwarzer Spitze und gelbe Beine. Ihre Nahrung besteht aus Krustentieren, Muscheln und Insekten.

Weißflügelseeschwalbe *(Chlidonias leucopterus)* **White-winged Tern** *(27 cm)*
Wintergast. Im Winterkleid (weiß und hellgrau, schwarzer Schnabel und schwarzer Fleck hinter dem Auge) sieht diese Seeschwalbe komplett anders aus als in ihrem schwarzen und grauen Prachtkleid und mit rotem Schnabel. Ihre Nahrung sind Wasserinsekten und deren Larven, Libellen und gelegentlich Kröten und kleine Fische.

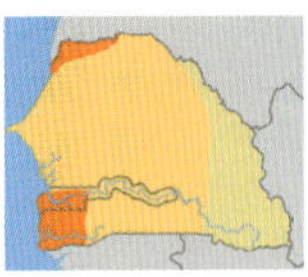

66cm 80gr 76gr

LC NT VU EN CE SA

J F M A M J J A S O N D

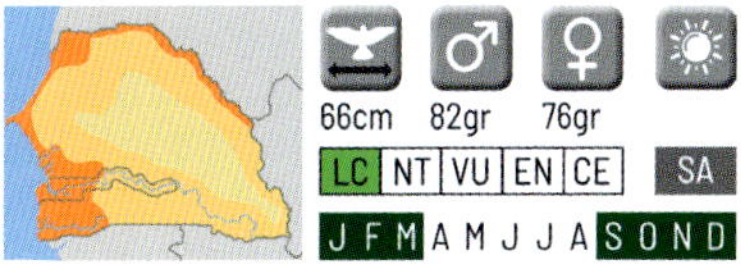

Weißflügel-Seeschwalbe *(Chlidonias hybrida)*
Whiskered Tern *(29 cm)*
Wintergast. Außerhalb der Brutzeit ist ihr Scheitel weniger schwarz. Der Schnabel wird schwarz, die Beine sind dann gräulich. Brust und Bauch sind weiß, die Flügel leicht grau. In diesem Teil Afrikas findet man die *C. h. hybrida*, eine der drei Unterarten der Weißwangenseeschwalbe. Ihr Lebensraum erstreckt sich bis in den Nordosten Chinas. Das Weibchen ist wesentlich kleiner. Vor allem in sumpfigen und feuchten Gebieten jagen sie in einem „falkenähnlichen" Flug Boden- und Wasserinsekten, Kröten, Krabben und kleine Fische.

Afrikanischer Scherenschnabel *(Rynchops flavirostris)* **African Skimmer** *(40 cm)*
Stirn, Wangen, Kehle, Brust und Bauchpartie sind weiß. Vom Scheitel bis zu den Schwanzfedern ist das Gefieder dunkelbraun bis schwarz. Das auffälligste Detail ist der lange orangefarbene Schnabel und der längere Unterschnabel. Beim Jagen fliegt sie mit nach unten gerichtetem Unterschnabel tief über die Wasseroberfläche. So schöpft sie kleine Fische aus dem flachen Wasser. Sie hält sich in Feuchtgebieten und auch an der Küste auf, ist jedoch in diesem Teil Westafrikas eher selten. Die Population in Afrika geht zurück.

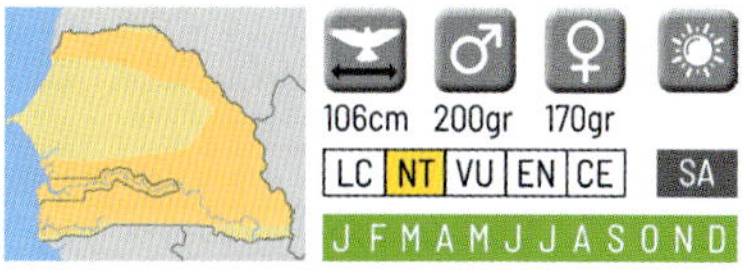

PTEROCLIFORMES

Pterocliformes - Pteroclidae

Flughühner bilden eine Familie mit 16 Arten. Auch wenn sie Hühnern ähnlich sehen, bilden sie eine eigene Ordnung (Pterocliformes). Sie leben in trockenen Gebieten. Obwohl sie gut in trockenen Regionen leben können, müssen sie mindestens einmal am Tag trinken. Erwachsene Tiere fliegen mühelos zur nächsten Trinkstelle. Küken können dies jedoch nicht. Die Hähne tauchen ihre Brustfedern ins Wasser und durchtränken sie. Anschließend fliegen sie zum Nest zurück (manchmal lange Strecken bis zu 80 km), um dort ihren Jungen „die Brust" zu geben. Flughühner fressen vor allem Samen.

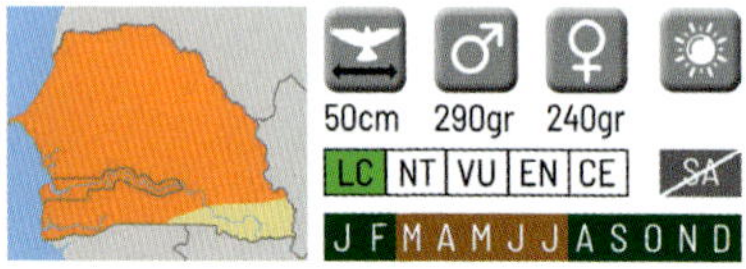

Braunbauch-Flughuhn *(Pterocles exustus)* **Chestnut-bellied Sandgrouse** *(33 cm)*
Ihr „roter" Bauch ist eher hellbraun als rot. Der Hahn hat ein weiß-schwarzes Band von der Brust bis zum Vorderrücken. Der Kopf ist strohgelb mit einem kurzen grauen Schnabel, großen schwarzen Augen und hellgrauen Augenringen. Ansonsten ist er überwiegend beigefarben. Die Ränder der Flügeldeckfedern sind schuppig schwarz. Der Bauch des Weibchens ist gleichmäßig beigefarben. Brust, Scheitel, Hals und Flügel sind bei ihr bis zu den Schwanzfedern braun gesprenkelt. Sie leben in Halbwüsten.

Buschflughuhn *(Pterocles quadricinctus)* **Four-banded Sandgrouse** *(25 cm)*
Ein kleines Flughuhn mit einem schönen Gefieder. Nur beim Männchen ist die Stirn weiß-schwarz gesprenkelt. Bis zum rotbraunen Band über der Brust ist sein Hals hellbraun. Das zweite Band ist weiß, darunter ist das Gefieder grau und weiß gestreift. Beim Weibchen fehlt diese Bänderung. Die beigefarbenen Flügel haben weiße und schwarze Streifen, und die Rückenpartie ist braun gefleckt. Das Gefieder der Henne ist braun meliert.

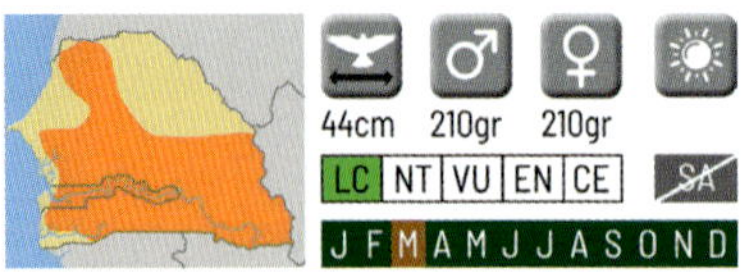

Zur Ordnung der Taubenvögel (Columbiformes) gehören über 300 Arten. Im Englischen wird zwischen „Dove" und „Pigeon" unterschieden. Wobei „Pigeon" die allgemeine Bezeichnung für Tauben ist und „Dove" eher im poetischen Sinne verwendet wird. Bei fast allen Arten sind kaum geschlechtsspezifische Unterschiede wahrnehmbar. Im Gegensatz zu den meisten Vögeln heben Tauben ihre Köpfe zum Trinken nicht an, sondern saugen das Wasser auf. Sie ernähren sich hauptsächlich von Samen und Früchten. Neugeborene Tauben wachsen schnell, viele Arten verlassen bereits nach zwei Wochen das Nest.

72cm 380gr 380gr

LC NT VU EN CE SA

J F M A M J J A S O N D

Guineataube *(Columba guinea)*
Speckled Pigeon *(33 cm)*
Eine recht häufig vorkommende Taube. Diese kräftige Taube hat einen grauen Kopf, rot umrandete Augen und rostbraune Flügel mit weißen Punkten. Der Schwanz ist grau und schwarz gebändert. Der Kopf ist gesprenkelt, der Rest der Bauchpartie grau. Ihr Lebensraum ist sehr vielfältig. Man findet sie in Savannen, offenen Wäldern, felsigem Gelände und Weideland. Aber auch in der Stadt fühlt sie sich wohl.

Turteltaube *(Streptopelia turtur)*
European Turtle-dove *(28 cm)*
Wintergast. Der Scheitel neigt zu Hellgrau, die Wangen sind weiß, ihr Nacken hat ein Zebramuster. Brust und Bauch sind zart beigefarben. Die großen schwarzen Flügeldeckfedern sind rotbraun umrandet, Flügel und Schwanz sind dunkelgrau. Ihr Lebensraum ist vielseitig und reicht von Waldrändern und Halbwüsten bis zu Savannen mit Akazien, windige und nasse Gebiete meidet sie jedoch.

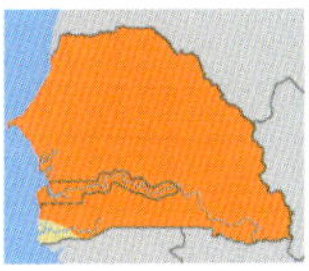

56cm 170gr 170gr

LC NT VU EN CE SA

J F M A M J J A S O N D

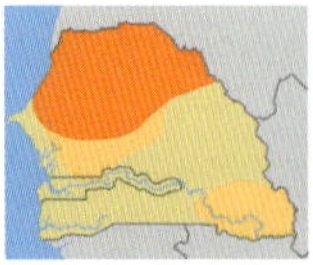

50cm 160gr 160gr
LC NT VU EN CE SA
J F M A M J J A S O N D

Lachtaube *(Streptopelia roseogrisea)*
African Collared-Dove *(26 cm)*
Es gibt viele verschiedene Taubenarten mit einem Halskragen, die schwer zu unterscheiden sind. Die Lachtaube hat einen fast weißen Kopf und einen halben, schwarzen Kragen. Hinterkopf, Brust und Bauch variieren von beigefarben bis zu sanftem Rotbraun. Schwanz und Rückenpartie sind meist beigefarben, Arm- und Handschwingen fast schwarz. Sie bevorzugen Trockengebiete mit Gebüsch und Gras in Wassernähe.

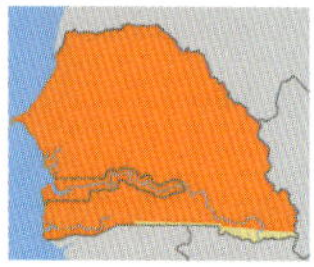

54cm 230gr 200gr
LC NT VU EN CE SA
J F M A M J J A S O N D

Brillentaube *(Streptopelia decipiens)*
Mourning Collared Dove *(28 cm)*
Die Brillentaube ist mit sechs Untersorten in ganz Afrika verbreitet. Die *S.d. decipiens* hat einen blaugrauen Kopf mit einem auffälligem roten Augenring und einem halben schwarzen Kragen. Sie hat graubraune Deckfedern, graue kleine Flügeldeckfedern und rote Beine. Arm- und Handschwingen sind fast schwarz. Von der Kehle bis zum Unterschwanz ist sie beigefarben oder auch blassrosa. Bevorzugt werden Wälder und Akazien- und Buschsavannen in Wassernähe.

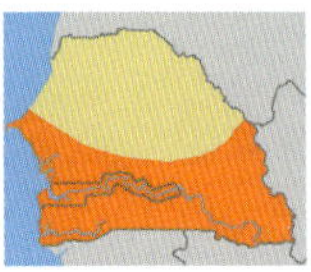

62cm 300gr 300gr
LC NT VU EN CE SA
J F M A M J J A S O N D

Halbmondtaube *(Streptopelia semitorquata)* **Red-eyed Dove** *(32 cm)*
Diese große Taube hat ein graubraunes Gefieder und wie die Brillentaube einen halben schwarzen Kragen und einen roten Augenring. Abgesehen vom dunklen Band über dem Schwanz und der grauen Kloake sieht sie der Brillentaube sehr ähnlich. Sie ist die größte Taubenart mit einem halben Kragen und hält sich gerne in Uferwäldern, Mangroven und dichten Wäldern in Wassernähe auf.

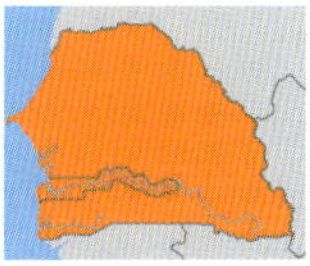

50cm 120gr 120gr
LC NT VU EN CE SA
J F M A M J J A S O N D

Röteltaube *(Streptopelia vinacea)*
Vinaceous Dove *(25 cm)*
Sie gehört zu den kleinsten Tauben mit halbem schwarzen Kragen. Die Bauchpartie ist beigefarben bis blassrosa, die Kloake weiß. Die kleinen Flügeldeckfedern sind grau, die Flügel beige und die Arm- und Handschwingen dunkelgrau. Der Schwanz ist beigefarben und endet grau. Sie bevorzugt trockenes Waldgebiet und Agrarflächen.

46cm 92gr 92gr
LC NT VU EN CE SA
J F M A M J J A S O N D

Palmtaube *(Streptopelia senegalensis)*
Laughing Dove *(25 cm)*
Die Palmtaube kommt in Afrika mit vielen Unterarten häufig vor, in offenen Savannen und auch in Städten. Kopf und Brust sind rosafarben mit einem gesprenkelten Band über dem Kopf. Der Vorderrücken ist rostbraun, der Rücken grau bis zum Bürzel. Der Bauch ist weiß. Die kleinen und großen Flügeldeckfedern sind blaugrau und rostbraun und die Beine rot. Farblich ist das Weibchen etwas fahler. Sie bevorzugen dünn bewaldete Savannen und Trockengebiete (max. 10 km von Trinkwasser entfernt).

Erzflecktaube *(Turtur abyssinicus)* **Black-billed Wood-Dove** *(20 cm)*
Wie bei der Stahlflecktaube ist auch ihre Bauchpartie rötlichweiß und die Rückenpartie graubraun. Ihr Scheitel ist graublau. Die großen Flügeldeckfedern haben dunkelblaue, irisierende Flecken. Der Schnabel ist schwarz mit einem schwarzen Zügel zum Auge hin. Bürzel und Rücken sind gebändert. Ihr Lebensraum ist die Trockensavanne, dort bevorzugt diese Taube dicht bewachsenes Gelände in Wassernähe.

40cm 78gr 78gr
LC NT VU EN CE SA
J F M A M J J A S O N D

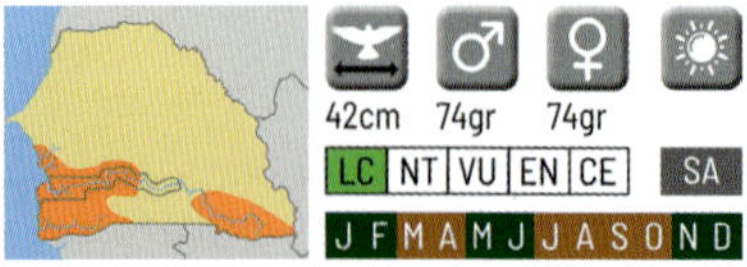

Stahlflecktaube *(Turtur afer)*
Blue-spotted Wood-Dove *(22 cm)*
Die Stahlflecktaube hat blaue oder amethystfarbene Flecken. Der Schnabel ist rot mit einer gelben oder orangefarbenen Spitze. Der Scheitel ist sanft blau. Vom Hals bis zum Unterschwanz variiert die Farbe von Hellgrau bis Rosa. Die Rückenpartie kann grau bis graubraun sein. Am Schwanzansatz hat sie ein dunkles Band. Sie bevorzugt waldreiche Gebiete und Akazien-Savannen.

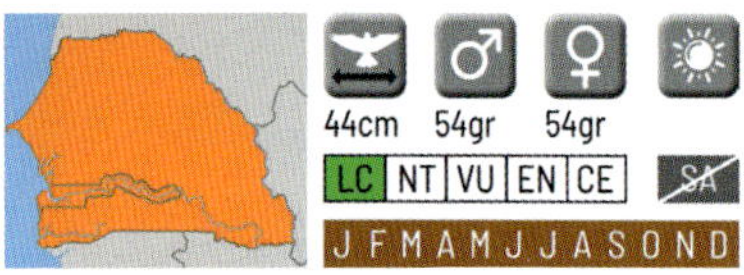

Kaptäubchen *(Oena capensis)*
Dove, Namaqua *(28 cm)*
Bei ihm ist der Kopf auf der Vorderseite bis zur Brust schwarz, die Handschwingen sind rostbraun. Ansonsten ist das Gefieder überwiegend braun und grau. Das Weibchen hat keine Maske, und ihr Gefieder ist hellbraun. Der Schnabel des Männchens ist orangefarben mit violettem Ansatz. Beide Geschlechter haben violette bis schwarze Flecken auf beiden Flügeln. Sie bevorzugen trockene Gebiete mit sandigem Boden.

Waaliataube *(Treron waalia)* **Bruce's Green-Pigeon** *(30 cm)*
Eine schöne Taube mit hellgrauem Kopf und Hals und einer gelben Brust. Die Rückenpartie ist olivgrün, ein Teil des Vorderrückens grau. Auf den Daumenflügeln ist sie lila. Die Kloake ist gefleckt. Das Weibchen hat die gleiche Zeichnung, jedoch blasser. Sie bevorzugen dichte Wälder mit vielen Feigen. Die Waaliataube ist sehr auf Wasser angewiesen. Sie ist scheu und wegen ihres schnellen Flugs und dem bunten Gefieder ein beliebtes Beutetier für Jäger.

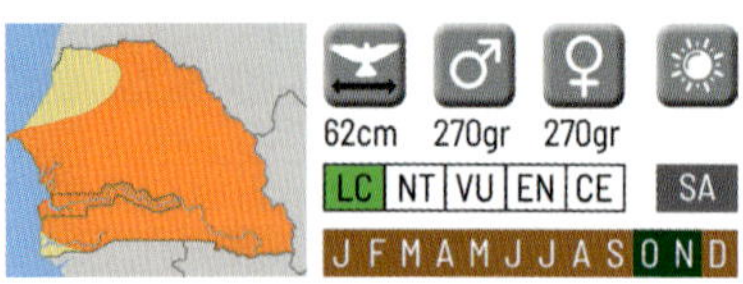

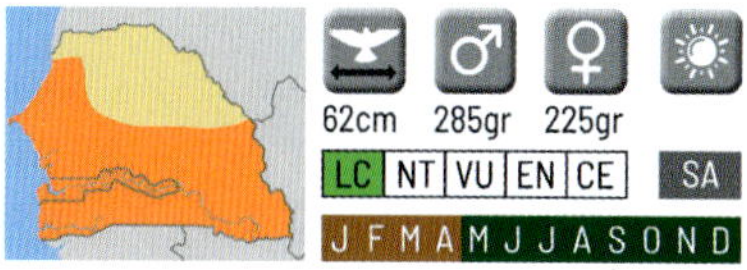

Rotnasen-Grüntaube *(Treron calvus)*
African Green Pigeon *(30 cm)*
Es gibt 15 Unterarten der Rotnasen-Grüntaube, die wegen ihres bunten Gefieders oft mit Papageien verwechselt wird. Zumal sie, wie der Papagei, auch mit dem Kopf nach unten an Ästen hängen kann. Sie gleicht stark der Waaliataube, Kopf und Bauchpartie dieser Grüntaube *(T.c. calvus)* sind jedoch grün. Die Kloake ist weiß und grün gestreift. Ihre Flügel haben dasselbe Olivgrün wie bei der Waaliataube. Der Schnabel ist grau mit roter Wachshaut. Ihr Lebensraum umfasst verschiedene Waldsorten und bewaldete Savannen, solange es dort Feigenbäume gibt.

PAPAGEIEN *Psittaciformes: Psittacidae & Psittaculidae*

Zur Ordnung der Papageienvögel (Psittaciformes) zählen drei Familien: Kakadus, Papageien und Loris. Als Papageien werden die Vögel ohne Federhaube bezeichnet. Papageien sind sehr sozial. Sie haben einen starken, kurzen, krummen Schnabel, je zwei Zehen weisen nach vorne und zwei nach hinten. Zum Klettern benutzen sie den Schnabel und die Zehen. Meist sind sie sehr bunt und zudem monogam. Sie ernähren sich vor allem von Samen und Früchten. Auch Sittiche gehören zu den Papageienvögeln. Meist ist kein optischer Unterschied zwischen den Geschlechtern zu erkennen.

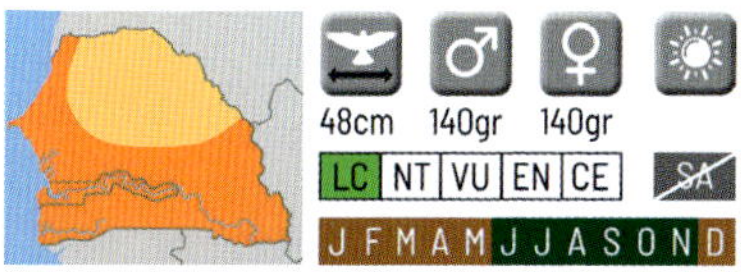

Halsbandsittich *(Psittacula krameri)*
Rose-ringed Parakeet *(42 cm)*
Ein überwiegend grüner Sittich mit rotem Schnabel, schwarzer Kehle, schwarzem Streifen zum Auge hin und rosafarbenem Ring um den Kopf. Die Hinterseite des Kopfs ist bläulich, die Schwanzfarben sind Blau und Grün. Beim Weibchen fehlen das Schwarz, Rosa und Blau am Kopf. Man findet sie in Gegenden mit blattverlierenden Bäumen in Gebieten mit Halbwüsten und Savannen mit Gras und Sträuchern, aber auch blatthaltenden Bäumen in feuchteren Gebieten. Ihr Futter besteht vorrangig aus Samen und Früchten wie Guaven, Mangos und Tamarinden.

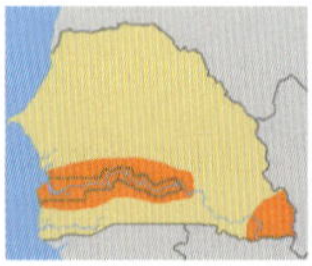

48cm 380gr 380gr

LC NT VU EN CE SA

J F M A M J J A S O N D

Kappapagei *(Poicephalus fuscicollis)*
Brown-necked Parrot *(36 cm)*
Ihr Scheitel ist grau-braun, der schwere Schnabel gelb, und Kehle und Hals sind hellbraun. Manchmal hat das Männchen einen orangefarbenen Fleck auf der Stirn. Die kleinen Flügeldeckfedern und die Federn über den Zehen haben einen orangefarbenen Rand. Ansonsten sind sie überwiegend grün mit teilweise gelben kleinen Flecken. Sie leben in waldreichen Gebieten, ohne Vorliebe für bestimmte Waldarten. Ihre Nahrung besteht aus Samen, Nüssen, Beeren und Nektar.

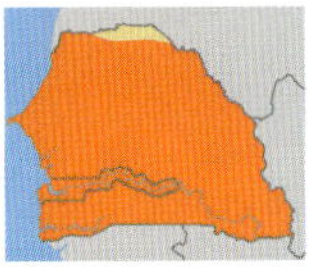

38cm 160gr 160gr

LC NT VU EN CE SA

J F M A M J J A S O N D

Mohrenkopf *(Poicephalus senegalus)*
Senegal Parrot *(23 cm)*
Ein schöner, kleiner Papagei mit einem grauen Kopf mit dunklerem Schnabel, gelber Iris und grüner Kehle. Die Brust ist bis zum Unterschwanz *(P.s. senegalus)* gelb und beim *P.s. versteri* gelb und orangefarben. Die Flügel sind grün, Arm- und Handschwingen dunkler grün. Er bevorzugt Savannen mit Baobabs, Fächerpalmen und Olivenbäumen. Seine Nahrung besteht aus Früchten (Feigen) und Samen von Olivenbäumen und Akazien.

TURAKOS *Musophagiformes - Musophagidae*

Die Turakos und der Lärmvogel (Musophagidae) gehören zur Ordnung der Musophagiformes (wörtlich: Bananenfresser). Im Englischen werden Turakos in „Louries" und „Go-away-birds" unterteilt. Letztere sind nach ihrem Alarmruf benannt, den sie bei Gefahr von sich geben. Turakos und Lärmvogel leben in waldreichen Gebieten und ernähren sich hauptsächlich von Früchten und Blumen. Bei diesen Vögeln gibt es keine äußerlichen Unterschiede zwischen den Geschlechtern. Sie leben monogam.

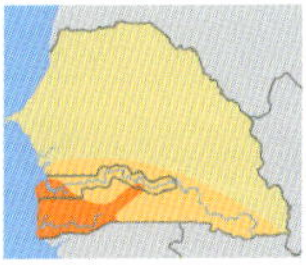

80cm 290gr 290gr BU

LC NT VU EN CE SA

J F M A M J J A S O N D

Guineaturako *(Tauraco persa)*
Guinea oder **Green Turaco** *(42 cm)*
Die Vielfarbigkeit der Turakos ist sehr auffällig. Gleiches gilt für diesen Guineaturako *(T.p. buffoni)*, dessen rot umrandete Augen durch eine weiße Linie betont werden. Ein südlicher lebender Guineaturako (T.p. persa) hat ebenfalls eine Linie unter dem Auge. Von der hohen Haube bis zum Bauch ist er grasgrün. Ein großer Teil der Flügel ist oben violett und unten tomatenrot, auch der Bürzel ist rot. Häufig in Flachlandwäldern in Wassernähe anzutreffen.

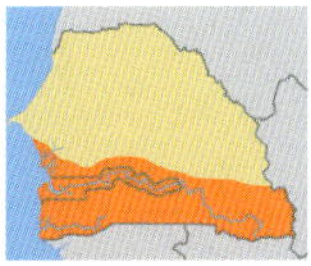

90cm 360cm 360cm

LC NT VU EN CE SA

J F M A M J J A S O N D

Schildturako *(Musophaga violacea)*
Violet Turaco *(50 cm)*
Vom Hals bis zu seinem langen Schwanz ist er tiefblau. Bei bestimmtem Lichteinfall scheinen seine Deckfedern violett. Er hat einen orangefarbenen Schnabel und einen gelben Scheitel zwischen den rosafarben umrandeten Augen. Darunter liegt ein weißer Augenstreif. Die kleine Haube ist karminrot. Die Flügel sind auf der Unterseite hellrot. Ein echter Waldbewohner, der sich am liebsten an Waldrändern aufhält, die an Wasser grenzen.

Schwarzschwanz-Lärmvogel *(Crinifer piscator)* **Western Grey Plantain-eater** *(50 cm)*
Der große gelbe Schnabel ist das Bunteste an diesem Vogel. Er hat schwarze Knopfaugen und einen braun-grauen Kopf. Sein brauner Hals reicht bis zur weißen, braun gestreiften Brust. Vom Vorderrücken bis zum Schwanz ist sein graues Gefieder gesprenkelt. Die grauen Flügel reichen bis zu seinem langen Schwanz (24cm), die Unterseite der Handdeckfedern ist weiß, Arm- und Handschwingen sind dunkelbraunn.

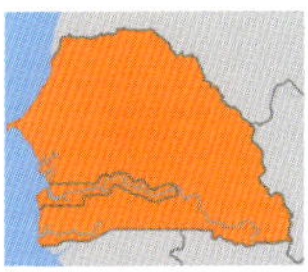

90cm 400gr 400gr

LC NT VU EN CE SA

J F M A M J J A S O N D

KUCKUCKSVÖGEL *Cuculiformes - Cuculidae*

Kuckucke und Spornkuckucke gehören zur Vogelordnung der Kuckucksvögel. Zur Familie (Cuculidae) zählen etwa 150 verschiedene Arten. Etwa 60 Arten der Unterfamilie Cuculinae sind Brutparasiten. Es sind schlanke Vögel, die in allen gemäßigten und warmen Regionen der Welt vorkommen. Sie haben einen langen Schwanz, einen gebogenen Schnabel und spitze Flügel. Insekten sind ihre Hauptnahrung, einschließlich behaarter Raupen, die von anderen Vögeln gemieden werden. Die Weibchen fressen oft Eier von Singvögeln. Kleinere Reptilien wie Schlangen und Eidechsen werden ebenfalls verzehrt. Bei einigen Arten unterscheiden sich die Geschlechter äußerlich.
Spornkuckucke sind robuster und haben alle rostbraune Flügel und einen schweren schwarzen Schnabel. Sie parasitieren nicht. Spornkuckucke suchen ihre Nahrung meist am Boden.

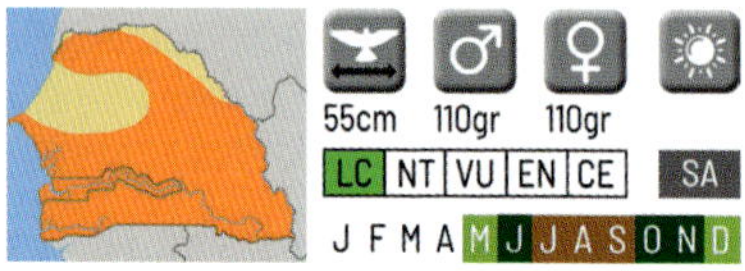

Afrikanerkuckuck *(Cuculus gularis)*
African Cuckoo *(32 cm)*
Der Afrikanerkuckuck sucht in der Regenzeit diesen Teil Westafrikas zum Brüten auf. Kopf, Kehle, Vorderrücken und Flügel sind grau. Seine graue Brust hat schwarze, horizontale Streifen. Beim Weibchen ist die Kehle zum Teil rötlichbraun. Sie ernähren sich hauptsächlich von haarigen Raupen, aber auch von anderen Insekten. Die Art ist in offenen Waldgebieten und Savannen weit verbreitet. Sie legen ihre Eier in die Nester von Trauerdrongos und Gelbschnabelwürgern. Auch unser heimischer Kuckuck hält sich in diesem Teil Afrikas auf und sieht seinen afrikanischen Verwandten sehr ähnlich. Sein Schnabel endet jedoch fleckig gelb und nicht schwarz wie der des Afrikanerkuckucks.

Kapkuckuck *(Clamator levaillantii)* **Levaillant's Cuckoo** *(40 cm)*
Die Kopffedern des Kuckucks aus der *Clamator*-Familie stehen leicht hoch. Der Kapkuckuck ist kräftig, seine irisierende Rückenpartie ist grün bis tiefblau. Über der weißen Brust hat er kleine schwarze Federn. Ein Teil der Handdeckfedern sowie Bauch, Beinfedern und der Rand des Schwanzes sind weiß. Er kann auch ganz schwarz sein. Seine Nahrung besteht hauptsächlich aus haarigen Raupen, Termiten, Käferlarven und Heuschrecken. Offene Waldgebiete und Savannen werden bevorzugt. Er legt seine Eier zu Beginn der Regenzeit gerne in Nester von Bülbüls und Drosslingen.

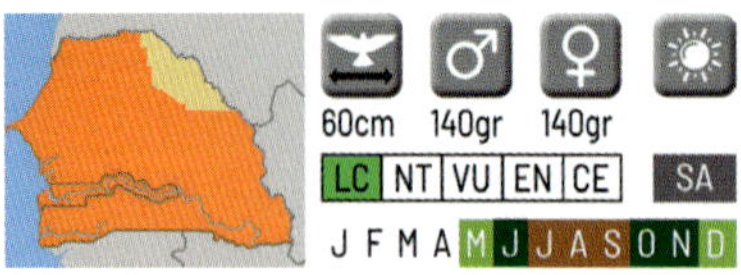

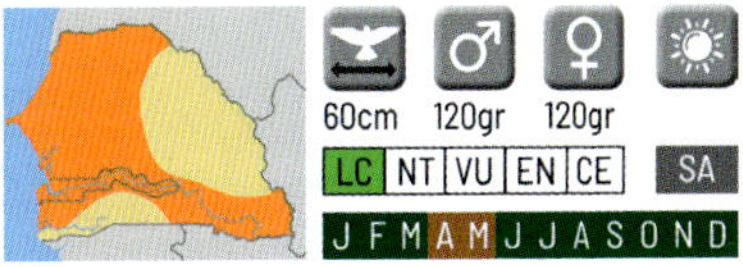

Häherkuckuck *(Clamator glandarius)*
Great Spotted Cuckoo *(38 cm)*
Ein schöner Kuckuck mit cremefarbener Kehle und blaugrauem Kopf. Von der Brust bis zum Schwanz ist er weiß, die braungrauen Flügel haben ein weißes Fleckenmuster. Er ist weit verbreitet und nicht auf einen bestimmten Lebensraum beschränkt, bevorzugt jedoch halbtrockene offene Waldgebiete und Savannen mit Felsformationen. Seine Nahrung besteht hauptsächlich aus haarigen Raupen, Termiten, Heuschrecken und kleine Eidechsen. Seine Eier legt er vorzugsweise in Nester von Rabenvögeln. Die Migration ist unregelmäßig, kleine Populationen leben hier auch fest, etwa im Norden des Senegal.

Klaaskuckuck *(Chrysococcyx klaas)*
Klaas's Cuckoo *(18 cm)*
Er gehört zu den kleineren Kuckucken. Das Gefieder des Männchens ist überwiegend grün. Das Weibchen hat einen graubraunen Kopf und hellbraune Streifen von der Kehle über die Flanken bis zum Unterschwanz. Über ihre braunen und grünen Flügel laufen gelbbraune Linien. Beim Männchen sind Kehle, Brust und Bauch weiß. Es gibt Ähnlichkeiten mit dem Goldkuckuck, der Klaaskuckuck ist jedoch kleiner und hat grüne Wangen und eine überwiegend weiße Bauchpartie. Er ist stark verbreitet, jedoch schwer auszumachen. Raupen, Sommervögel, Termiten und anderen kleine Wirbellose dienen ihm als Nahrung. Seine Eier legt er in Nester von Nektarvögeln und Drosselrohrsängern. Die Migration innerhalb Westafrikas folgt den Regenzeiten. Nicht allzu dichte Wälder, Waldränder und Savannen mit Büschen bilden seinen Lebensraum.

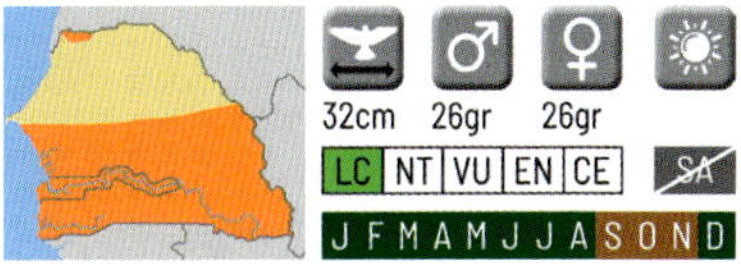

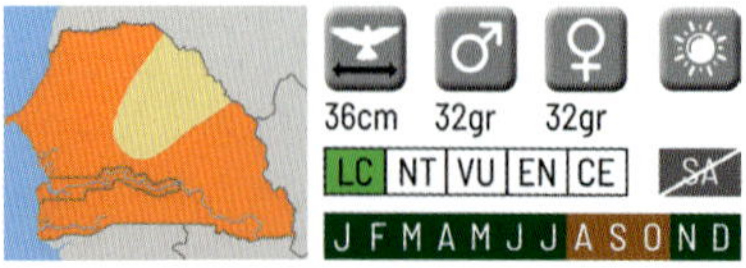

Goldkuckuck *(Chrysococcyx caprius)*
Dideric Cuckoo *(19 cm)*
Sein Gefieder ist größtenteils gemischt glänzend bronzefarben und grün mit einer weißen Brust und kurzen Zebrastreifen an den Flanken. Die Augen des Männchens sind leuchtend rot mit einem weißen Streifen hinter dem Auge. Das Weibchen hat die gleiche Zeichnung, bei ihr ist jedoch das Helle von Kopf und Brust beigefarben bis hellbraun, auch die Flügel zeigen mehr Brauntöne. Hinsichtlich des Lebensraums sind sie nicht wählerisch. Als Brutparasiten legen sie ihre Eier in Nester von Webervögeln. In niederschlagsreichen Gebieten ist die Population deutlich größer.

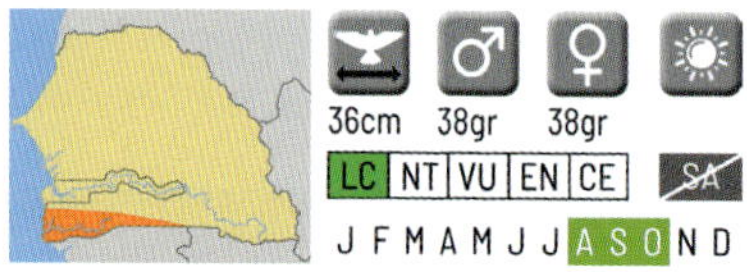

Smaragdkuckuck *(Chrysococcyx cupreus)* **African Emerald Cuckoo** *(20 cm)*
Das Weibchen hat Zebrastreifen über Brust und Bauch, die Oberseite des Kopfes, der Vorderrücken und die Flügel sind rostbraun und grün, das Gefieder des prächtigen Männchens glänzt smaragdgrün. Kräftiges Gelb zeichnet seinen Bauch. Im Flug kann man die Zebrastreifen unter seinen Flügeln sehen. Er hält sich in Westafrika und vorrangig in tief gelegenen, wasserreichen Waldgebieten auf. Auf Ihrem Speiseplan stehen vor allem haarige Raupen, Termiten, Heuschrecken, Schnecken, Vogeleier und manchmal auch Früchte. Als Brutparasit legt er seine Eier in Nester von Bülbüls, Nektarvögeln und Webervögeln.

Spornkuckuck *(Centropus senegalensis)* **Senegal Coucal** *(40 cm)*
Es gibt zwei Gefiedervarianten dieses Spornkuckucks: komplett schwarz bis auf einen rostbraunen Rücken, Flügel und Bauch, oder von der Kehle bis zum Unterschwanz weiß. Auch seine Flügel sind rostbraun. Beide haben eine rote Iris. Sie suchen in hohem Gras und dichtem Gestrüpp nach Wirbellosen und kleinen Reptilien, jedoch nicht nur in Wassernähe, wie die meisten Spornkuckucke. Die Brutzeit beginnt in Gambia im Juli.

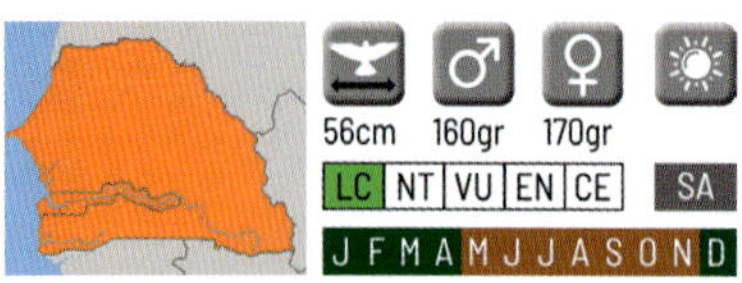

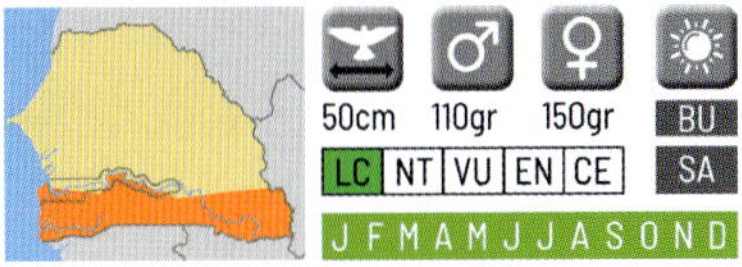

Grillkuckuck *(Centropus grillii)*
Black Coucal *(34 cm)*
Das Weibchen ist deutlich größer, sonst gibt es keine äußeren Unterschiede. Das Gefieder beider Geschlechter wird während der Brutzeit schwarz und kastanienbraun. Außerhalb dieses Zeitraums gleichen sogar die Jungen ihren Eltern, nur sind bei ihnen die Bänder auf den Flügeln und dem Schwanz ausgeprägter. Sie finden sich in Gambia und Senegal nicht sehr häufig, denn diese Länder bilden quasi die nördliche Grenze ihres Lebensraums. Sie ernähren sich von Heuschrecken, Käfern, Spinnen und auch von kleinen Reptilien, die sie in hohem Gras in Flussbetten, Schilfgürteln und Süßwassersümpfen finden.

EULEN *Strigiformes: Tytonidae & Strigidae*

Auch wenn Eulen Greifvögel sind, bilden sie doch eine eigene Ordnung (Strigiformes). Sie haben ein rundes, abgeflachtes Gesicht mit großen, nach vorne gerichteten Ohren. Da diese nicht beweglich sind, muss die Eule stets den Kopf drehen (max. 270°). Die großen Augen werden auch als „Fernglas“ genutzt und helfen, den Abstand zur Beute zu messen. Der Schnabel hat an der Spitze einen Haken. Eulen fliegen lautlos und erbeuten nachts oft von zwei oder drei festen Stellen aus ihre Beute. Tagsüber ruhen sie. Eulen nisten in hohlen Bäumen, auf dem Boden oder in Gebäuden. Aus der Nähe sehen sie sehr schlecht, deshalb können sie kaum selber Nester bauen und übernehmen oft Nester von anderen Vögeln. Es gibt keine äußerlichen Unterschiede zwischen den Geschlechtern, das Weibchen ist lediglich viel größer. Eulen sind ausschließlich Fleischfresser. Sie ernähren sich vor allem von Nagetieren, fressen aber auch Insekten, Reptilien, Frösche und Vögel.

Schleiereule *(Tyto alba)* **Barn Owl** *(44 cm)*
Die Schleiereule ist mit 28 Unterarten auf allen Kontinenten (außer in der Antarktis) zu Hause. In diesem Teil Afrikas lebt die Schleiereule *T.a. affinis*. Sie hat ein weißes Gesicht, einen weißen Scheitel und eine grau und rostbraun gefleckte und gestreifte Rückenpartie. Die leicht gefleckte Brust ziert zartes Rotbraun. Die Beine sind eher grau als weiß. Diese Eule meidet dichte Vegetation und jagt gelegentlich auch tagsüber.

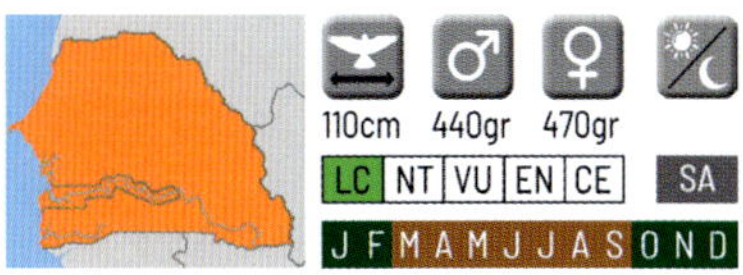

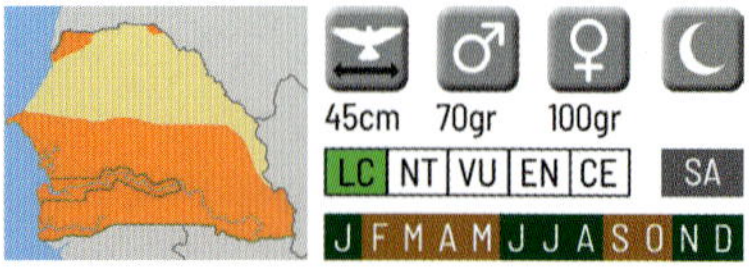

Afrika-Zwergohreule *(Otus senegalensis)* **African Scops-Owl** *(18 cm)*
Diese Art gehört zu den kleinsten Eulen. Wenn die Ohrbüschel nicht nach hinten anliegen, stehen sie hoch über den Kopf hinaus. Diese Eule ist überwiegend grau mit einigen dunklen Flecken. Es gibt auch eine rostbraune Farbvariante. Bei beiden ist das Gefieder eine gute Tarnung. Der Schnabel ist grau, die Augen sind gelb. Sie bevorzugt Waldränder entlang trockener Savannen. Man sieht sie gelegentlich auch tagsüber, manchmal wochenlang am selben Ort, dann insbesondere inmitten tief hängender Äste mit dichtem Laub oder in der Rindenöffnung eines Baums.

Nordbüscheleule *(Ptilopsis leucotis)*
Northern White-faced Owl *(25 cm)*
Diese mittelgroße Eule hat Ohrbüschel, orangefarbene Augen und einen gelblichen Schnabel. Der cremeweiße Kopf ist schwarz umrandet. Die Flügel sind dunkelgrau oder braun, Brust und Bauch sind weiß oder beigefarben mit schwarz melierten oder graubraunen Federchen. Über den Vorderrücken laufen diagonale weiße und schwarze Bänder. Sie bevorzugen Halbwüsten und Savannen mit Akazien.

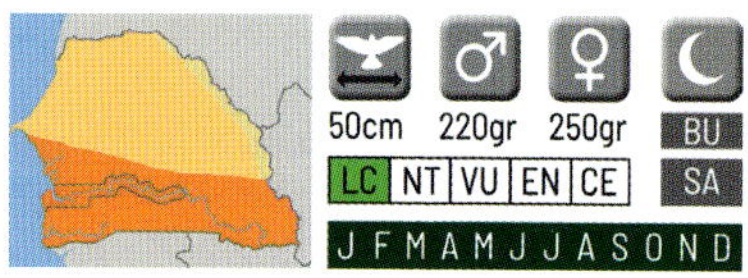

Grauuhu *(Bubo cinerascens)* **Greyish Eagle-Owl** *(43 cm)*
Ein relativ kleiner Uhu. Sein Gefieder kann sowohl grau als auch braun sein (siehe beide Fotos). Die Ränder des Vorderrückens und die Bänder über den Flügeln sind weiß auf einem grau-braun melierten Federkleid. Beine und Zehen sind meist weiß, und insbesondere an den Flanken des Bauchs sind blasse schmale Bänder sichtbar. Der Kopf ist weiß oder beigefarben, und die Wangen werden von den typischen dunklen Wangenrändern abgegrenzt. Auf dem dunkelgrauen oder beigefarbenen Kopf sieht man hohe Ohrbüschel. Er bevorzugt trockene Halbwüsten mit Felsformationen, bewaldete Hänge in hügeliger Landschaft, Savannen mit Büschen und Bäumen.

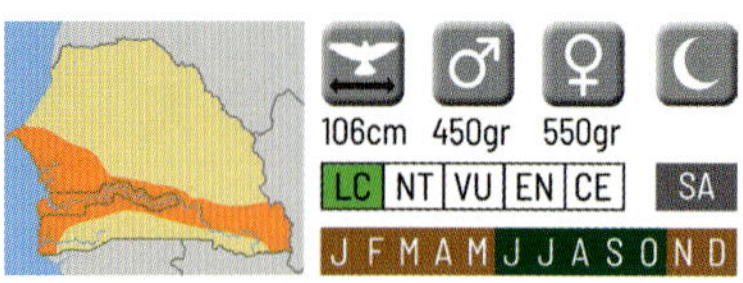

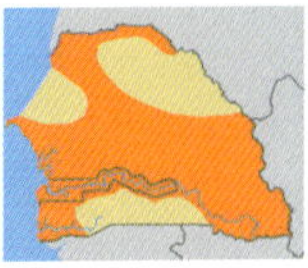

160cm 2000gr 3000gr

LC | NT | VU | EN | CE   SA

J F M A M J J A S O N D

Blaßuhu *(Bubo lacteus)*
Verreaux's oder **Giant Eagle-Owl** *(65 cm)*
Die weitaus größte der afrikanischen Eulen, wuchtig und mit Ohrbüscheln. Auch tagsüber oft in Waldgebieten am Rande von Savannen und Flussufern zu sehen. Ihr Gefieder ist auf der Vorderseite leicht grau bis cremefarben. Die Flügel sind braun meliert. Der Kopf ist groß mit schwarzen Augen und rosa Augenliedern. Schwarze Ränder umranden die Wangen. Diese gefürchteten Räuber schrecken nicht davor zurück, mittelgroße Affen, Ferkel oder Ginsterkatzen vom Boden zu greifen und in Bäume zu heben.

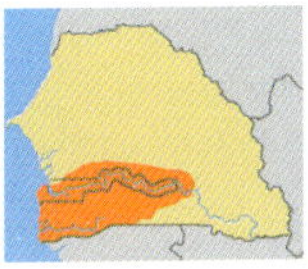

150gr 2000gr 2300gr

LC | NT | VU | EN | CE   SA

J F M A M J J A S O N D

Bindenfischeule *(Scotopelia peli)*
Pel's Fishing Owl *(61 cm)*
Diese Eule ist nicht mit anderen Artgenossen zu verwechseln. Das schöne rostbraune Gefieder wird von schwarzen und hellbraunen kleinen Federn durchbrochen. Man sieht diese Eulen nicht allzu oft, manchmal aber sogar tagsüber, ruhend in hohen Bäumen mit dichtem Laub, an langsam fließenden Flüssen, Sumpfufern und Seen. Diese Eule ernährt sich vor allem von Fisch, aber auch Frösche, Krabben und Muscheln werden von ihr erbeutet. Farblich ist das Weibchen etwas fahler.

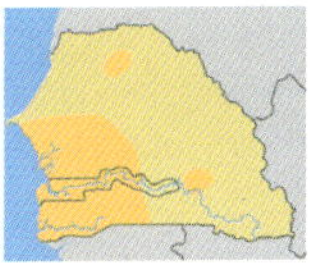

80cm 270gr 350gr

LC | NT | VU | EN | CE   SA

J F M A M J J A S O N D

Afrikanischer Waldkauz
(Strix woodfordii) **African Wood Owl**
(35 cm)
Von den vier Unterarten dieses Waldkauzes sieht man in diesem Teil Afrikas die *S. w. nuchalis*. Diese mittelgroße Eule hat einen dunkelbraunen Kopf mit weißen, kleinen Sprenkeln. Die Augenränder sind weiß, und die Brust ist rotbraun gebändert. Schnabel und Zehen sind gelb. Sie bevorzugen dicht bewaldete Hügel in Küstengebieten und tropischen Wäldern. Auf ihrem Speiseplan stehen hauptsächlich Insekten, aber auch kleinere Reptilien und Vögel.

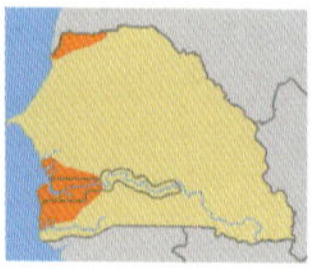

100cm 350gr 400gr BU

LC NT VU EN CE SA

J F M A M J J A S O N D

Kapohreule *(Asio capensis)*
Marsh Owl *(38 cm)*
Die Kapohreule, die in diesen Ländern vorkommt, ist die *A. c. capensis*, eine der drei Unterarten, die man oft in Afrika und Madagaskar findet. Sie ist überwiegend braun, nur die „Hosen", der Bauch und die Augenränder sind deutlich heller. Der Schnabel ist schwarz. Das Weibchen ist in der Regel dunkler braun. Die Spitzen der Armschwingen sind beigefarben. Die Handschwingen zwischen den dunkelbraunen Fingern und großen Deckfedern sind eine Mischung aus Rotbraun und Dunkelbraun. Ihr Speiseplan ist sehr vielseitig, sie ist nicht wählerisch und jagt in offenem Gelände, an der Küste und in Savannen mit Grasland.

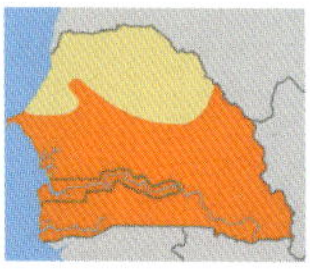

45cm 85gr 140gr

LC NT VU EN CE SA

J F M A M J J A S O N D

Perlzwergkauz *(Glaucidium perlatum)*
Pearl-spotted Owlet *(19 cm)*
Eine kleine Eule *(G.p. perlatum)* mit braunem Gefieder mit weißen Akzenten. Brust und Bauch sind braun meliert und gebrochen weiß. In der Mitte der schwarzen Augenränder liegt die leuchtend gelbe Iris. Auch der kleine Schnabel ist gelb. Ihre „Perlen" sind weiße Flecken am rostbraunen Kopf. Sie sind auch häufig tagsüber zu beobachten, in geringer Höhe auf Ästen mit freier Sicht. Sie hält sich gerne in Savannen mit Akazien auf, ihre bevorzugte Beute sind Gliederfüßer, aber auch Mäuse oder Eidechsen.

SCHWALMARTIGE *Caprimulgiformes - Caprimulgidae*

Nachtschwalben jagen hauptsächlich nachts. Tagsüber, wenn sie sich am Boden zwischen Blättern verstecken, bietet ihr Federkleid ihnen eine sehr gute Tarnung. Bei Gefahr verlassen sie sich lange auf ihre Tarnung und schließen sogar die großen Augen. Sie sind nicht mit der Schwalbe oder dem Segler verwandt. Es gibt fast 100 Arten. Sie ernähren sich von Käfern, Schnaken, Nachtfaltern und anderen Nachtinsekten, die sie in ihrem Kehlsack verstauen. Nachtschwalben bauen kein Nest, sondern entfernen allenfalls etwas Gras. Wenn das Nest während dieser Zeit von einem Feind umzingelt wird, halten die Jungen ganz still. Für Nachtschwalben ist das Laufen sehr mühsam.

Marmornachtschwalbe

(Caprimulgus inornatus) **Plain Nightjar** *(23 cm)*

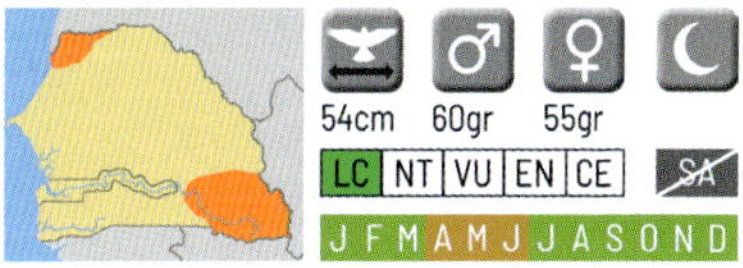

Die Marmornachtschwalbe kann sowohl rotbraun sein oder überwiegend grau mit rotbraunen Akzenten. Dies gilt übrigens für verschiedene Nachtschwalbenarten. Beide Farbvarianten haben schmale Wangenstreifen und einen gebänderten Schwanz. Nur das Männchen hat weiße Flecken auf den Handschwingen und am Schwanz. Savannen mit Bäumen und Sträuchern sowie Halbwüsten sind ihr Lebensraum. Brütende Vögel wurden nur in der Sahelzone des Senegals beobachtet.

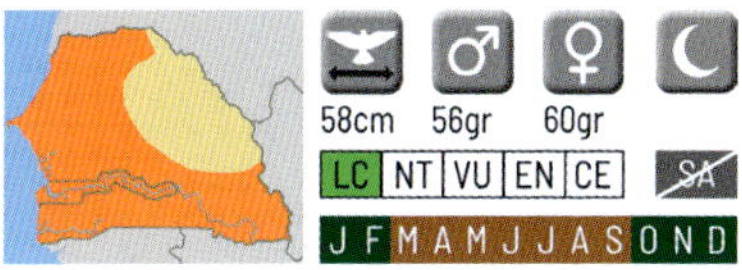

Schleppennachtschwalbe

(Caprimulgus climacurus) **Longtailed Nightjar** *(28 cm)*

Das Gefieder dieser Nachtschwalbe variiert: Strohgelb mit dunklen Flecken, Graubraun oder blasses Braun. Von den Schultern abwärts hat das Männchen vier weiße Bänder, beim Weibchen sind diese hellbraun. Die grauen Schwanzschwingen des ca. 15 cm langen Schwanzes sind beim Weibchen kürzer. Diese Nachtschwalbe *(C. c. climacurus)* lebt in Halbwüsten, aber auch in Wäldern, Grasland, Sekundärwald und Sträuchern. Beide Geschlechter haben einen schmalen weißen Wangenstreifen.

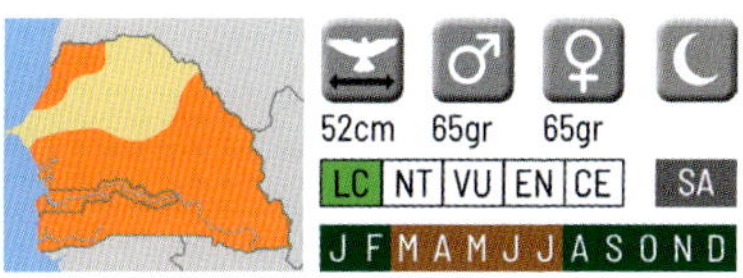

Fahnennachtschwalbe

(Caprimulgus longipennis) **Standard-winged Nightjar** *(20 cm)*

Mit den etwa 30 cm langen Prachtfedernfedern des Nachtschwalben-Männchens (nur in der Brutzeit) erreicht dieses eine Länge von ca. 50 cm. Daher rührt auch der Name Fahnennachtschwalbe. Im Flug sieht es so aus, als ob er von Nachtfaltern verfolgt würde. Das Gefieder ist grau, braun und weiß meliert, die Schmuckfederenden und der Schwanz sind schwarz. Rund um die Augen herum ist er weiß. Der Nacken ist meist bei beiden Geschlechtern weiß. Das Weibchen ist häufiger gelb oder sandfarben. Ihr Lebensraum sind leicht bewaldete Savannen mit Bäumen und Sträuchern, bewachsene Felsformationen und Weideland.

Segler (Apodidae) bilden eine Familie innerhalb der Ordnung der Seglervögel. Sie leben vor allem in der Luft und fangen fliegende Insekten. Obwohl sie gewöhnlichen Schwalben ähnlich sehen, sind sie nicht mit diesen verwandt. Die Beine des Seglers sind während des Fluges nicht oder kaum sichtbar (Altgriechisch: ápous - Lateinisch: a poda = ohne Beine). Mit den scharfen Krallen können sie sich an vertikalen Objekten, z. B. Felswänden oder Wänden, festkrallen. Sie landen nie horizontal und ausschließlich während der Brutzeit. Sogar Schlaf und Paarung finden bei vielen Arten im Fliegen statt.

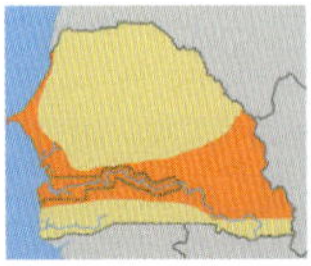

Kaffernsegler *(Apus caffer)*
White Rumped Swift *(14 cm)*
Die weiße Kehle und das schmale weiße Band auf dem Rücken fallen bei diesem eleganten kleinen graubraunen Segler auf. Wenn er die Schwanzfedern im Flug nicht zusammenhält, ist auch der tief gegabelte Schwanz sichtbar. Er ernährt sich hauptsächlich von fliegenden Ameisen. Ein Teil der Population migriert nach Südeuropa oder innerhalb Afrikas.

Baobabsegler *(Telacanthura ussheri)*
Mottled Spinetail *(14 cm)*
Ein überwiegend dunkelgraubrauner Segler mit weißer Kehle und weißer Kloake und Bürzel. Unter der Kehle hat er blasse Streifen. Man findet ihn vor allem paarweise oder in kleinen Gruppen im Flachland. Im Senegal bevorzugt er die Küstenregion. Fliegende Ameisen, Hummeln, Bienen und einige Fliegenarten dienen ihm als Nahrung.

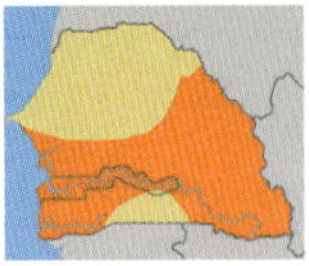

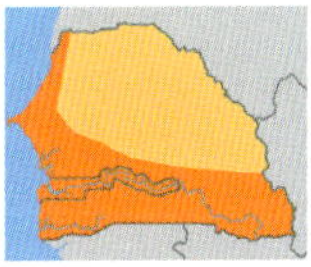

32cm 20gr 20gr

LC NT VU EN CE SA

J F M A M J J A S O N D

Palmensegler *(Cypsiurus parvus)*
African Palm-Swift *(16 cm)*
Der lange, tiefe, gegabelte Schwanz lässt diesen Segler größer scheinen. Er ist jedoch mit nur 20 Gramm klein und schlank. Blasses Braungrau bestimmt sein Gefieder, die Flügel sind etwas dunkler und die Unterseite deutlich heller. Er lebt in Palme, insbesondere Fächerpalmen in Regenwaldgebieten. Fliegende Termiten, Ameisen und Käfer sind seine Hauptnahrung.

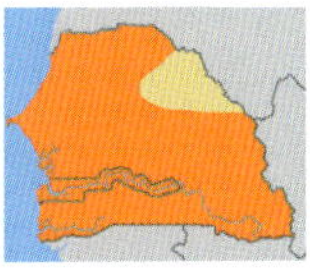

32cm 25gr 25gr

LC NT VU EN CE SA

J F M A M J J A S O N D

Haussegler *(Apus affinis)*
Little Swift *(12 cm)*
Ein kleiner Segler, stämmig und mit kurzem Schwanz. Überwiegend hellbraun, weiße Kehle und weißer Bürzel. Man sieht in über verschiedenen Gebieten, jedoch seltener dort, wo es sehr trocken ist. Fliegen, Ameisen, Termiten, Käfer und Heuschrecken fängt er, wie alle Mauersegler, im Flug.

MAUSVÖGEL *Coliiformes - Coliidae*

Zur Ordnung der Mausvögel (Coliiformes) gehört eine Familie mit sechs Arten. Der Name bezieht sich darauf, wie sie sich in den Bäumen bewegen. Alle Mausvögel haben eine Haube und leben in Gruppen. Sie bewohnen Wälder in Savannen und vorzugsweise Waldränder.

Blaunacken-Mausvogel *(Urocolius macrourus)* **Blue-naped Mousebird** *(18 cm)*
Vom Blaunacken-Mausvogel gibt es sieben Unterarten. Seine Rückenpartie ist überwiegend grau, mit einem blauen Fleck im Nacken, einem rot-schwarzen Schnabel und rot umrandeten Augen. Die Bauchpartie ist cremeweiß. Er ist schlank und hat einen langen, graublauen, dünnen Schwanz (ca. 24 cm). Die Beine sind rot. Der Lebensraum des Blaunacken-Mausvogels *(U. m. macrourus)* ist sehr vielfältig und variiert von offenen Waldgebieten in halbtrockenen Zonen und Savannen, jedoch immer in Wassernähe.

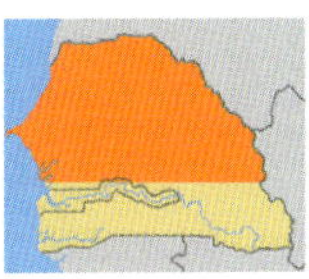

38cm 65gr 65gr

LC NT VU EN CE SA

J F M A M J J A S O N D

Die meisten Eisvögel lieben das Wasser. Sie gehören zur Ordnung der Rackenvögel (Coraciiformes). Mit seinem bunten Gefieder und dem langen, spitzen Schnabel ist der Eisvogel eine markante Erscheinung. Die meisten Arten leben in den Tropen. Der Name stammt aus dem Altdeutschen Wort „Eisan" („Glanz"). Und das von „Eisan" abgeleitete „Eis" bezieht sich auf den schimmernden metallischen Glanz des Gefieders. Seine Beute fischt der wasserliebende Eisvogel im Tauchflug aus dem Wasser. Manche Arten fressen ausschließlich Landinsekten. Die Geschlechter sind äußerlich identisch oder unterscheiden sich nur sehr wenig. Viele Arten stehen in ständigem Kontakt miteinander, sie jagen solitär und brüten mehrmals im Jahr.

20cm 20gr 20gr

LC NT VU EN CE SA

J F M A M J J A S O N D

Haubenzwergfischer *(Corythornis cristatus)* **Malachite Kingfisher** *(13 cm)*
Haubenzwergfischer gehören zu den kleinsten Eisvögeln. Brust, Bauch und Wangen sind orangefarben. Die Flügel sind stahlblau, die Beine und der lange Schnabel rot und Kehle sowie Wangenstreifen weiß. Einer der Unterschiede zum Natalzwergfischer besteht darin, dass bei dieser Art das Blau des Scheitels bis zu den Augen reicht. Lagunen, Schilfgelände, Sümpfe und langsam strömende Gewässer bilden seinen Lebensraum. Er frisst hauptsächlich Fisch und Wasserinsekten. Zum Nisten gräbt er meist kleine Tunnel in Uferböschungen van Flüssen oder Erdwällen.

Natalzwergfischer *(Ispidina picta)* **African Pygmy Kingfisher** *(12 cm)*
Dieser Eisvogel sieht dem Haubenzwergfischer sehr ähnlich. Ins Auge stechen die schöne orangefarbene Brust und der Bauch sowie die stahlblauen Flügel. Beide haben eine weiße Kehle. Beim Natalzwergfischer reicht der blaue Scheitel nicht bis zu den Augen, sondern wird von einem orangefarbenen Augenstreifen unterbrochen. Der rote oder violett-rosafarbene Fleck hinter den Augen fehlt beim Haubenzwergfischer. Sie jagen hauptsächlich Insekten. Ihre Nester bauen sie in 30 bis 60 cm langen Tunneln in Uferböschungen an Flüssen oder Erdwällen.

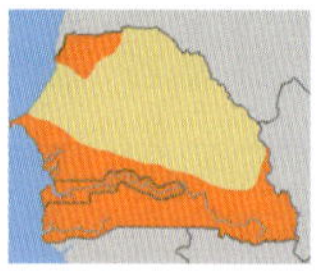

18cm 16gr 16gr

LC NT VU EN CE SA

J F M A M J J A S O N D

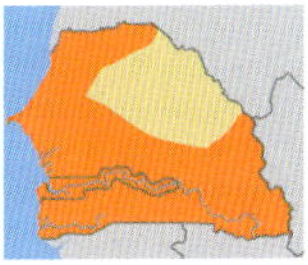

28cm 43gr 43gr

LC NT VU EN CE SA

J F M A M J J A S O N D

Graukopfliest *(Halcyon leucocephala)*
Grey-headed Kingfisher *(22 cm)*
Der Graukopfliest hat einen orangefarbenen Schnabel und eine cyanfarbene und schwarze Rückenpartie. Der Kopf ist grau, der Bauch rostbraun. Die Flügelunterseite ist orangefarben, schwarz und weiß. Weibchen sind etwas blasser. Ihre Nahrung besteht vor allem aus Heuschrecken und anderen großen Insekten, manchmal auch kleinen Reptilien und Fischen. Sie leben in Wäldern in Wassernähe und graben zum Nisten meist kleine Tunnels in Uferböschungen an Flüssen und in Erdwälle, gelegentlich nisten sie auch in Baumhöhlen.

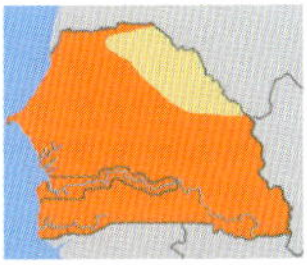

30cm 60gr 64gr BU

LC NT VU EN CE SA

J F M A M J J A S O N D

Senegalliest *(Halcyon senegalensis)*
Woodland Kingfisher *(23 cm)*
Das Federkleid des Senegalliesten ist türkis- und cyanfarben. Hand- und Armschwingen sowie der Unterschnabel sind schwarz, der Oberschnabel orangefarben. Kehle, Brust und Bauch sind weiß, der Scheitel ist hellgrauer. Sie fressen große Insekten, Fische, Reptilien und kleine Vögel. Sie sind sehr gut hörbar, insbesondere in der Brutzeit, und leben in verschiedenartigen Wäldern in Wassernähe. Baumhöhlen dienen ihnen als Nistplätze.

Zügelliest *(Halcyon malimbica)* **Blue-breasted Kingfisher** *(25 cm)*
Der Zügelliest hat ein überwiegend cyanfarbenes und schwarzes Gefieder, eine weiße Kehle, eine schwarze Maske, einen roten Ober- und schwarzen Unterschnabel. Bauch und Unterschwanz sind weiß. Seine Brust ist cyanfarben, im Gegensatz zum Senegalliest mit seiner weißen Brust. Sie bevorzugen Regenwälder, Mangroven, wasserreiche Wälder und Waldränder. Ihre Nahrung besteht vor allem aus Wirbellose sowie Fischen wie Schlammpeitzger, Fröschen und Eidechsen. Baumhöhlen dienen ihm als Nistplatz.

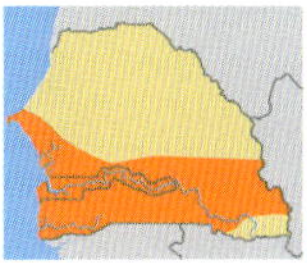

34cm 90gr 90gr

LC NT VU EN CE SA

J F M A M J J A S O N D

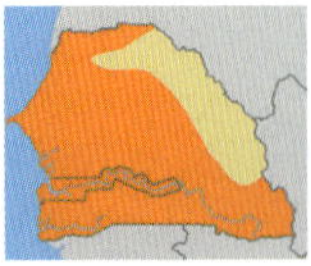

Streifenliest *(Halcyon chelicuti)*
Striped Kingfisher *(17 cm)*
Der rote Schnabel endet in einer schwarzen Spitze, oder nur der Unterschnabel ist rot. Eine schmale braune Maske führt bis zum Hinterkopf. Der Scheitel ist braun, ebenso der Vorderrücken und ein Teil der Flügel. Wangen und Kehle sind weiß, die Brust ist gedeckt weiß mit vertikalen braunen Streifen. Das Weibchen hat weniger Streifen, und ihre Flanken sind leicht rotbraun. Schwanz und Handschwingen sind cyanfarben. Als Lebensraum bevorzugen sie Savannen mit Wäldern in See- oder Flussnähe. Sie fressen vor allem Heuschrecken und andere große Insekten. Ihre Nester bauen sie in Baumhöhlen.

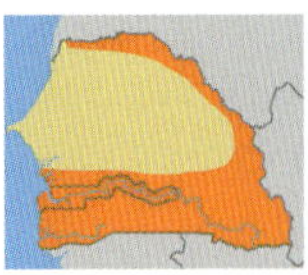

Riesenfischer *(Megaceryle maxima)*
Giant Kingfisher *(44 cm)*
Sein Kopf ist dunkel, und die Flügel sind grauweiß gesprenkelt, die Brust ist rotbraun, der weiße Bauch grau gestreift. Brust und Kehle des Weibchens sind grau gefleckt, der Bauch ist bis zum Schwanz rotbraun. Sie sind die größten Eisvögel Afrikas. Fisch, Frösche und Krabben sind ihre Hauptnahrung. Sie halten sich häufig in wasser- und waldreichen Gebieten auf, am liebsten an stark strömenden Flüssen. Gräbt zum Nisten oft kleine Tunnels in Uferböschungen an Flüssen.

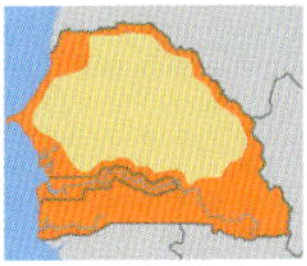

42cm 100gr 110gr

LC NT VU EN CE SA

J F M A M J J A S O N D

Graufischer *(Ceryle rudis)*
Pied Kingfisher *(28 cm)*
Das Federkleid des Graufischers ist komplett schwarz-weiß. Er rüttelt oft über der Wasseroberfläche, bevor er im Sturzflug seine Beute fängt. Bei Männchen führen zwei schwarze Bänder über die Brust, bei Weibchen und Jungtieren ist es nur eines und nicht durchgehend. Sie halten sich gerne in wasserreichen Gebieten, Mangroven, Sümpfen und bei Flüssen mit starker Strömung auf. Graufischer nisten in kleinen Tunneln, die sie in Flussböschungen oder Erdwälle etwas abseits des Wassers graben.

RACKENVÖGEL — *Coraciiformes - Meropidae*

Bienenfresser (Meropidae) gehören zu den Rackenvögeln (Coraciiformes). Diese Vogelfamilie umfasst 26 Arten, eingeteilt in drei Gattungen. Man sieht sie fast immer paarweise oder in Gruppen. Im Flug fangen Sie Bienen und Wespen als Hauptnahrung. Um deren Stachel zu entfernen, schlagen sie diese gegen etwas Hartes. Bienenfresser haben einen relativ langen, nach unten gebogenen Schnabel und eine ähnliche Flugtechnik wie Schwalben.
Die Geschlechter unterscheiden sich äußerlich nicht (einige Arten haben verlängerte Steuerfedern, die bei den Weibchen kürzer sind). Die Jungtiere sind blasser. Sie rufen ständig und halten so Kontakt zueinander. Bienenfresser nisten in Gruppen in selbstgegrabenen Tunneln in Flussböschungen oder Erdwällen.

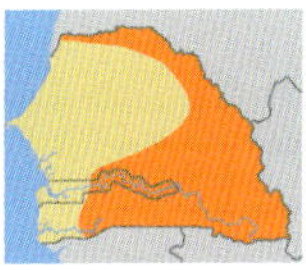

46cm 30gr 30gr

LC NT VU EN CE SA

J F M A M J J A S O N D

Rotkehlspint *(Merops bulocki)*
Red-throated Bee-eater *(22 cm)*
Der Rotkehlspint hat einen grünen Scheitel, eine schwarze Maske und eine rote Kehle. Seine Brust ist orangefarben, Kloake und Rücken sind blau. Auch der Vorderrücken ist orangefarben, die Flügel überwiegend grün. Der orangefarbene Schwanz mündet in zartes Grün. Sie halten sich am liebsten in Savannen mit Wäldern und Sträuchern, an saisonalen Flüssen, Waldrändern und in Sümpfen auf.

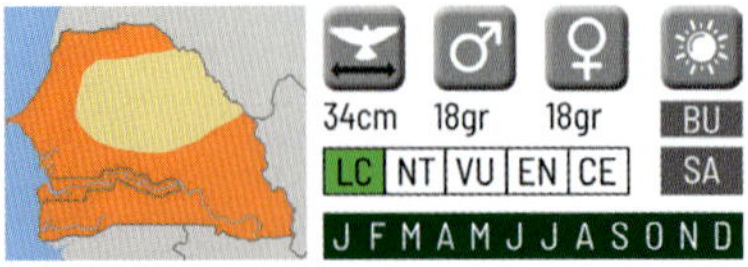

Zwergspint *(Merops pusillus)*
Little Bee-eater *(16 cm)*
Vom Scheitel bis über die Flügel und den Schwanz ist dieser kleinste Bienenfresser grün (die Ränder der Arm- und Handschwingen sind braun). Vom Schnabel verläuft eine schwarze Maske bis weit hinter die roten Augen mit schmalen, blauen Augenbrauen. Die Kehle ist gelb mit einem dunkelbraunen Fleck. Die Brust leuchtet gelb und orangefarben. Am häufigsten halten sie sich in Wassernähe auf.

Schwalbenschwanzspint *(Merops hirundineus)*
Swallow-tailed Bee-eater *(23 cm)*
Im Flug sieht er mit seinem gegabelten Schwanz wie eine Schwalbe aus. Vom Scheitel über den Vorderrücken, Rücken und die kleinen Flügeldecken ist er grün. Die Flügel sind rotbraun, die Ränder der Armschwingen dunkelbraun. Unter der schwarzen Maske mit der roten Iris folgt eine gelbe, blau umrandete Kehle. Von der gleichen Farbe sind auch die blassen Augenbrauen, der Bauch, die Kloake und die Schwanzfedern. Er lebt in Savannen, Halbwüsten und Auenwäldern.

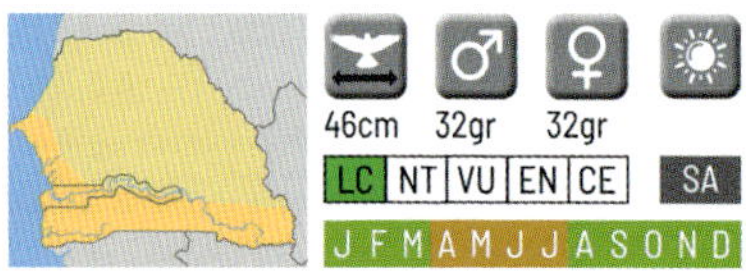

Weißkehlspint *(Merops albicollis)* **White-throated Bee-eater** *(20 cm)*
Das Männchen hat einen schwarzen und das Weibchen einen dunkelbraunen Scheitel sowie breite weiße Augenbrauen und eine schwarze Maske mit roten Augen. Die weiße Kehle wird von einem schwarzen Band begrenzt. Darunter folgt zartes Hellblau, das zum Schwanz hin in Weiß übergeht. Hinterkopf und Vorderrücken sind rotbraun, die Flügel blau, grün und rotbraun. Der blaue Schwanz hat 10 cm lange Steuerfedern, die beim Weibchen kürzer sind. Er brütet hauptsächlich im Norden Senegals. Die Bestände in West-Gambia und im Südwesten des Senegals sind stabil. Anderswo in diesen Ländern trifft man ihn nur auf der Durchreise. Er bevorzugt Savannen und Mangroven.

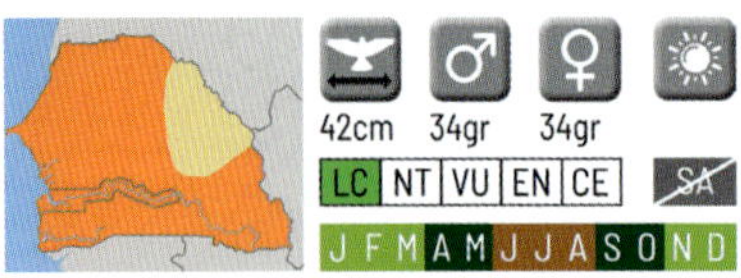

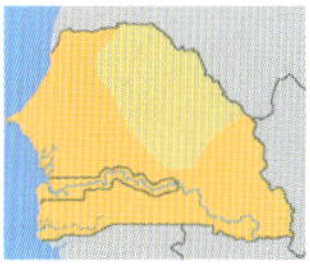

44cm 64gr 64gr

LC NT VU EN CE SA

J F M A M J J A S O N D

Bienenfresser *(Merops apiaster)* **European Bee-eater** *(28 cm)* Ein Teil dieser Bienenfresser migriert von Europa und Kleinasien bis in den Nordosten Südafrikas. Brütende Paare trifft man sowohl in Europa als auch in Nordafrika an. In Teilen Südafrikas und Namibias leben sie als Standvögel. Ihr Gefieder ist auffallend vielfarbig: ab dem Bauch blau bis zu einem schwarzen Band unter der gelben Kehle. Über den roten Augen hat er blaue Augenbrauen und eine schwarze Maske. Die Vögel sind vom Scheitel an bis zu ihrem gelben Rücken rostbraun, Flügel und Schwanz rostbraun und blau. Ihr Lebensraum ist sehr vielseitig, bevorzugt werden jedoch Savannen mit blattbehaltenden Bäumen. Die Farbe des Weibchens kann etwas blasser sein, jedoch weniger blass als bei den Vogeljungen.

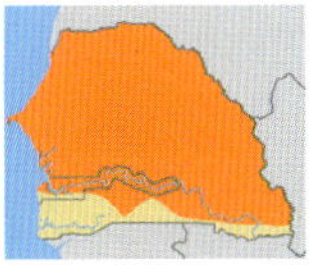

34cm 30gr 30gr

LC NT VU EN CE SA

J F M A M J J A S O N D

Smaragdspint *(Merops orientalis)* **Little Green Bee-eater** *(18 cm)* Der Smaragdspint hat viele Unterarten, die überall auf der Welt vorkommen. Die Unterart in diesem Teil Westafrikas ist der *M.o. viridissimus*. Über der schwarzen Maske liegt ein gelbgrüner Scheitel, die Kehle ist gelber und wird von einem schwarzen Kehlstreifen begrenzt (beim Weibchen ist dieser schmaler). Die Brust beginnt gelblich und wird zum Bauch hin grün. Die Rückenpartie ist bronzegrün, ebenso wie der Schwanz mit den 7 cm langen Steuerfedern (beim Weibchen sind diese kürzer). Die Ränder der Armschwingen sind dunkelbraun. In Trockenwäldern mit verstreut stehenden Bäumen (Palmen) und mit Gras bewachsenen Boden jagt er Wespen, Bienen, Käfer, Termiten, Motten und Fliegen.

Blauwangenspint *(Merops persicus)* **Blue-cheeked Bee-eater** *(24 cm)*
Über und unter der für Bienenfresser typischen schwarzen Maske sind die Federn bis zu ihrem grünen Scheitel hellblau. Die Kehle ist gelb und unten orangefarben. Die Rücken- und Bauchpartie ist überwiegend grün, ebenso wie der Schwanz mit den 7 cm langen Steuerfedern. Die Iris des Weibchens ist eher orangefarben als rot, die Schwanzfedern sind etwas kürzer. Diese Art migriert über große Distanzen hinweg. Im Norden des Senegals kann man oft brütende Paare beobachten. In anderen Gegenden in Westafrika ist er migrierend. Libellen sind seine Leibspeise.

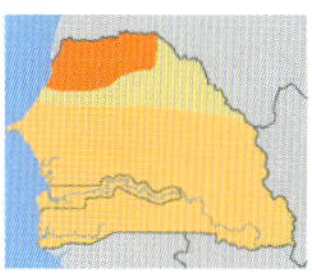

40cm 55gr 55gr

LC NT VU EN CE SA

J F M A M J J A S O N D

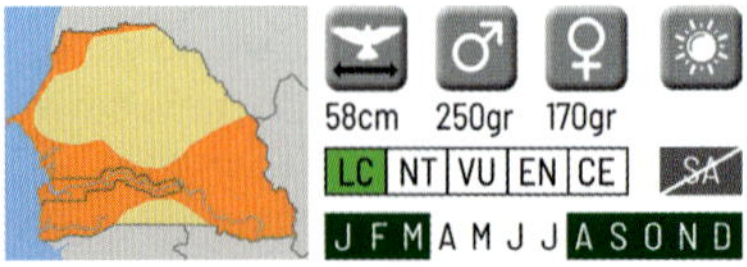

Karminspint *(Merops nubicus)*
Northern Carmine Bee-eater *(27 cm)*
Ein auffälliger Bienenfresser: Karminrot, von der Brust bis zur blauen Kloake. Der Kopf mit der schwarzen Maske und roten Iris ist bis zum Hinterkopf blau. Und von dort bis zum blauen Bürzel ist er rot. Vorderrücken und Flügel sind dunkler rot. Arm- und Handschwingen sind dunkelbraun. Der lange Schwanz mit den 8 cm langen Steuerfedern ist rotbraun. Sie suchen ihre Nahrung, vorzugsweise Heuschrecken und Bienen, in bewaldeten Gebieten in Savannen. Im Süden dieser Länder sind sie im Winter zu Gast, und im äußersten Norden des Senegals brüten sie.

RACKENVÖGEL *Coraciiformes - Coraciidae*

Racken (Coraciidae) sind bunte Vögel, die in zwei Gattungen und zwölf Arten unterteilt sind. Der englische Name „Roller" bezieht sich auf ihre Flugkapriolen in der Paarungszeit. Männchen und Weibchen sind äußerlich nicht zu unterscheiden. Rackenvögel ernähren sich hauptsächlich von Heuschrecken, Grillen und fliegenden Käfern. Zum Jagen suchen sie von einem Ast aus die Umgebung ab und stürzen sich dann blitzschnell auf ihre Beute. Sie leben monogam.

Senegalracke *(Coracias abyssinicus)*
Abyssinian Roller *(31 cm)*
Der blassbraune Rücken mündet in einen blauen Bürzel. Kopf und Bauchpartie sind hellblau. Die Flügel sind dreifarbig: blau, hellblau und violett. Die Senegalracke gleicht sehr der „gemeinen" Racke, hat jedoch längere, 12 cm lange Steuerfedern. Am liebsten halten sie sich in trockenen Wäldern, dornigen Akaziensavannen, Getreide- und Maniokfeldern auf und kommen zum Brüten vor allem in den nördlichen Teil des Senegals. Sie durchqueren Gambia von Januar bis März und von Juli bis August.

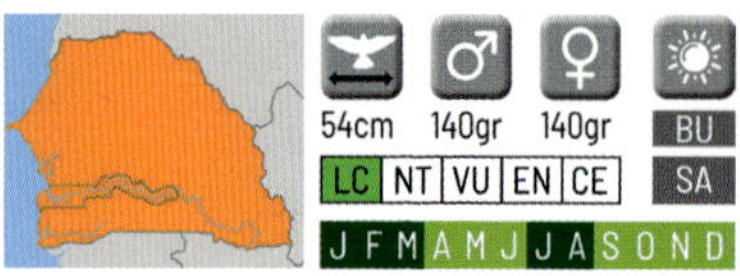

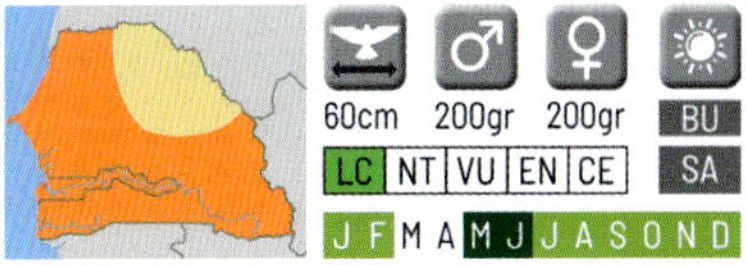

Strichelracke *(Coracias naevius)* **Purple Roller** *(38 cm)*
Unter einem rostbraunen Scheitel verlaufen breite weiße Augenbrauen zum schweren, dunkelgrauen Schnabel hin. Brust und Bauch sind violett-braun mit weißen, zerzausten Federn. Die Schultern sind blau. Der Vorderrücken ist leicht olivfarben oder graubraun.
Die Enden der Arm- und Handschwingen sind blau, die großen Flügeldeckfedern blass violett oder rostbraun. Auf der Unterseite der Flügel sind die großen Handdeck- und Deckfedern weiß. Sie leben in kleinen Gruppen in Savannen mit felsigem Gelände. Man sieht sie nur selten paarweise, obwohl sie monogam sind.

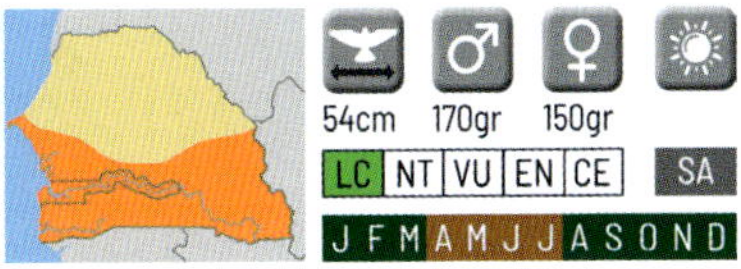

Opalracke *(Coracias cyanogaster)* **Blue-bellied Roller** *(30 cm)*
Diese Opalracke ist erkennbar an ihrem weißen Kopf und der weißen Brust. Der Bauch ist tiefblau, ebenso wie die großen und kleinen Flügeldeckfedern. Der Rücken ist dunkelbraun, der Schwanz hellblau, die beiden verlängerten Steuerfedern sind 6 cm lang (nur bei erwachsenen Vögeln). Im Flug kann man das typische Hellblau der Racken zwischen den Schultern sowie Hand- und Armschwingen gut sehen. Bevorzugt werden Regionen mit vielen Hülsenfrüchtlern *(Fabaceae)*, wo sie Nagetiere und Insekten jagen. Aber auch die Nüsse der Ölpalme *(Elaeis guineensis)* werden gerne gefressen.

Zimtracke *(Eurystomus glaucurus)* **Broad-billed** oder **Cinnamon Roller** *(28 cm)*
Diese Zimtracke kommt mit vier Unterarten im subsaharischen Afrika vor. Die Art *E.g. afer* findet man in diesem Teil Afrikas. Sie hat einen kurzen Schwanz, einen gelben Schnabel und hellviolette Wangen. Scheitel, Vorderrücken und Deckfedern sind rostbraun, der Rest der Flügel blau. Kehle, Brust und Bauch sind purpurrot oder lila. Kloake und Schwanzunterseite sind hellblau. Sie hält sich gerne in Wassernähe in waldreichen Gebieten und Savannen auf. Dort erbeutet sie Ameisen, Termiten, Grillen und Heuschrecken.

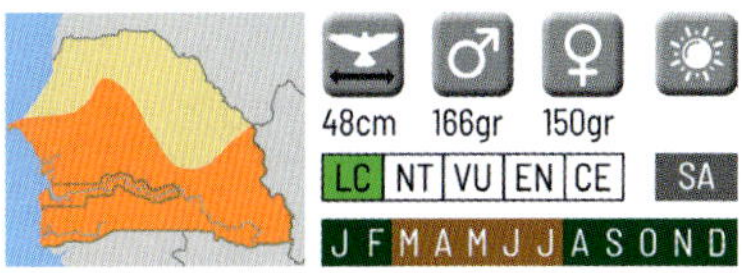

HORNVÖGEL & HOPFE *Bucerotiformes - Upupidae*

Wiedehopfe (Upupidae) sind eine Familie der Ordnung der Bucerotiformes. Die drei Arten dieser Familie haben wiederum verschiedene Unterarten, die sich jedoch nur wenig voneinander unterscheiden. Sie ernähren sich von größeren Insekten, Larven, Insektenpuppen, Grillen und verschiedenen Käferarten. Das Federkleid des Weibchens ist etwas blasser als das des Männchens.

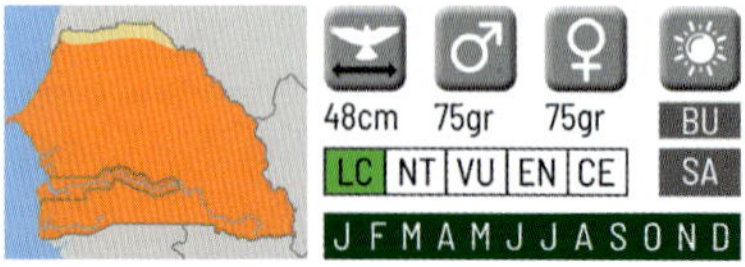

Wiedehopf *(Upupa epops)* **Hoopoe** *(28 cm)*
Wiedehopfe sind überwiegend rotbraun, haben eine schwarz gefleckte Federhaube, und die schwarzen Flügel sind hell gebändert. Ihr Lebensraum ist sehr vielseitig, sie bevorzugen jedoch trockenere, waldreiche Savannen. Wiedehopfe fressen hauptsächlich Insekten und Larven. Mit ihrem langen Schnabel wühlen sie im Boden und in Baumstrünken. Die verschiedenen Wiedehopf-Unterarten unterscheiden sich kaum voneinander. Die hier vorkommenden Unterfamilien sind die zentralafrikanische Wiedehopfe *(U.e. senegalensis)* und die europäischen Wiedehopfe *(U.e. epops)*.

HORNVÖGEL & HOPFE *Bucerotiformes - Phoeniculidae*

Zur Ordnung der Bucerotiformen gehört die Familie der Baumhopfe (Phoeniculidae). In Afrika kommen neun verschiedene Arten von Baumhopfen vor. Außer in der Größe gibt es keine äußerlichen Unterschiede zwischen den Geschlechtern. Sie fressen Insekten, Termiten, Grillen, Larven und Spinnen, aber auch Früchte und Samen. Sie sind monogam, und man sieht sie meist in lauten Gruppen. Einige Baumhopfen werden auch als „Kakelaare" bezeichnet.

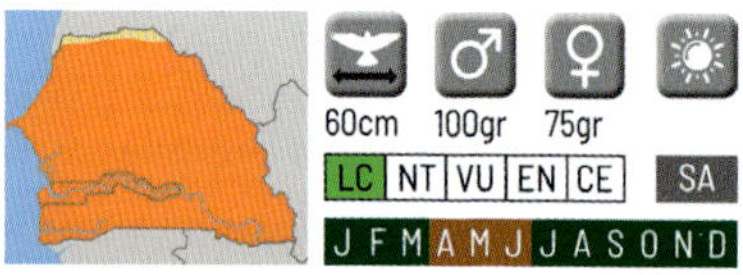

Baumhopf *(Phoeniculus purpureus)*
Green Woodhoopoe *(38 cm)*
In diesem Teil Afrikas kommen zwei grüne Baumhopfe vor: die *P. p. guineensis* (Nord-Senegal) und die *P. p. senegalensis* (Süd-Senegal und Gambia). Bei Letztgenannten ist der gekrümmte, spitze

Schnabel oft ganz oder teilweise schwarz, Nacken und Vorderrücken sind weniger bunt. Der Scheitel und ein Teil des Rückens sind blaugrün und violett. Sie haben einen langen gekrümmten Schnabel, und der dunkle Schwanz ist auf der Unterseite weiß gebändert. Parallel über die Flügel verlaufen ebenfalls weiße Bänder. Baumhopfen oder Kakelaare machen viel Lärm und leben in Familien von etwa zehn Vögeln in waldreichen Gebieten. Nur das dominanteste Pärchen nistet, der Rest der Familie kümmert sich um die Nahrungsbeschaffung.

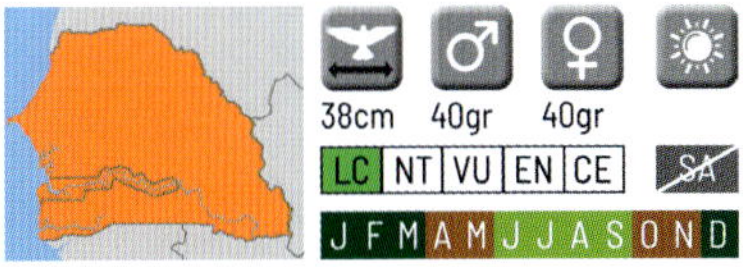

Mohrensichelhopf *(Rhinopomastus aterrimus)* **Black Scimitar-bill** *(23 cm)*
Eigentlich ist dieser Mohrensichelhopf *(R. a. aterrimus)* dunkelblau, im Sonnenlicht irisieren jedoch Nacken und Vorderrücken ins Violette. Er hat dunkelgraue Beine und einen langen, spitzen Schnabel. Im Flug sind die beiden weißen Bänder über den Flügeln deutlich sichtbar. Bei den Weibchen ist der violette Glanz weniger ausgeprägt, Brust und Bauch sind hier dunkelbraun. Auf der Suche nach Ameisen und deren Larven, Käfern, Raupen, Spinnen und kleinen Beeren halten sie sich am liebsten in baumbestandenen, trockenen Savannen auf.

HORNVÖGEL & HOPFE *Bucerotiformes - Bucerotidae*

Tokos, Hornraben und Hornvögel gehören zur Ordnung der Hornvögel und Hopfe (bucerotiformes). Diese Vögel haben einen auffallend schweren Schnabel. Die Geschlechter unterscheiden sich nur geringfügig. Sie fressen Insekten, Beeren, Früchte, Larven und auch Frösche und andere kleine Reptilien.
Man sieht sie oft in Gruppen, sie sind jedoch monogam. Die meisten Arten suchen ihre Nahrung auf dem Boden. Vor allem Tokos und Hornvögel sind sehr laut.

Westlicher Rotschnabeltoko *(Tockus erythrorhynchus)* **Red-billed Hornbill** *(35 cm)*
Der kleinste unter den Tokos. Der westliche Rotschnabeltoko *(T.e. Kempi)* ist eine kleinere Unterart, die in diesem Teil Afrikas vorkommt. Der gekrümmte Schnabel ist rot, beim Männchen von unten teilweise schwarz. Die Augen sind schwarz umrandet und die Flügel dunkelbraun bis schwarz mit weißen Flecken. Von der Brust bis zum Unterschwanz sind sie schmutzig weiß. Sie bevorzugen spärlich bewachsene Savannen und Gebiete mit trockenen, dornigen Sträuchern.

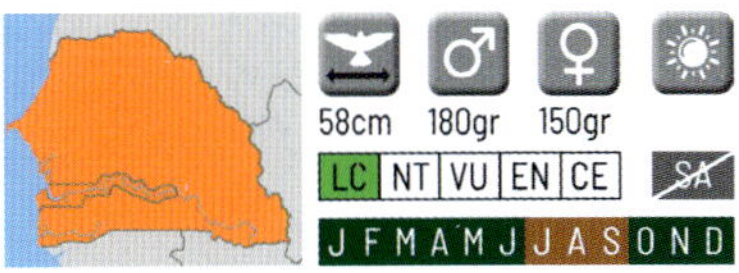

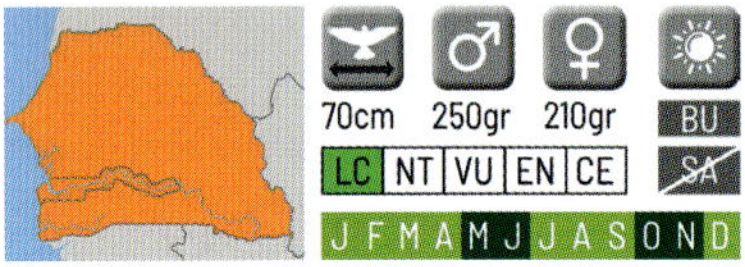

Grautoko *(Lophoceros nasutus)*
African Grey Hornbill *(51 cm)*
Der einzige Toko mit hellbraunem Gefieder, nur am Hals und Kopf ist er grau. Der Schnabel des Männchens ist überwiegend schwarz, beim Weibchen rot und gelb. Die Flügel sind hell- und dunkelbraun geschuppt. Beide Geschlechter haben lange weiße Augenbrauen. Von der Brust bis zum Unterschwanz sind sie beigefarben. Spärlich bewachsene Savannen und Laubwälder, Halbwüsten und Weidefelder bilden ihren Lebensraum. Sie migrieren von Nord nach Süd, Dauer und Zeitpunkt der Migration richten sich stark nach der Trockenheit und dem Blattverlust der Bäume. Dieser ist ihr Auftakt zur Migration, und er bestimmt auch ihr Vorkommen und die Brutzeit.

Elstertoko *(Lophoceros fasciatus)* **West African Pied Hornbill** *(45 cm)*
Beim Elstertoko handelt es sich in diesem Teil Westafrikas um *T. f. semifasciatus* mit vornehmlich schwarzem Gefieder. Einzig der Bauch und einige Schwanzfedern sind weiß. Beide Geschlechter haben blaue Augenlider und einen strohgelben Schnabel. Beim Weibchen sind Schnabel und Horn teils rot, beim Männchen teils schwarz. Der Kehlfleck ist bei ihm blau, bei ihr orangefarben. Dichte Laubwälder, Palmenwälder und Gärten mit vielen Früchten werden bevorzugt. Neben Palmfrüchten und Feigen fressen sie auch Heuschrecken, Käfer und zum Teil Frösche und Eidechsen.

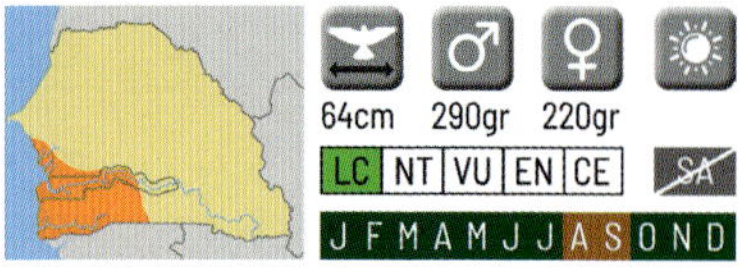

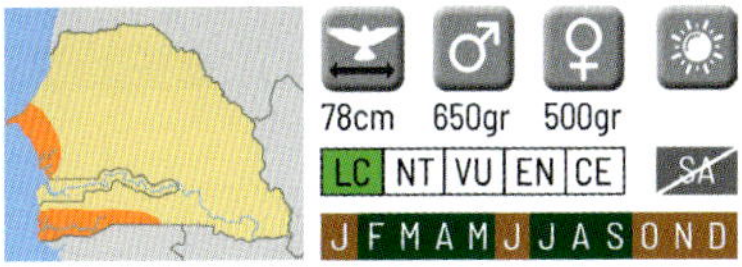

West-Schreihornvogel *(Bycanistes fistulator)* **Piping Hornbill** *(45 cm)*
Ein leicht gedrungener Nashornvogel *(B.f. fistulator)* mit weißem Bauch und Unterschwanz. Vom Kopf bis zum Schwanz ist er dunkelblau, ebenso an der Brust. Der schwere Schnabel variiert von gebrochenem Gelb bis Grau. Beim Männchen ist die Augenpartie blau, der Schnabel des Weibchens ist weniger schwer und die Haut um die Augen schmaler und eher grün als blau. Die Handschwingen sind schwarz, die Armschwingen weiß. Sein Lebensraum ist bewaldet und reicht von Mangrovenwäldern bis zu Feuchtgebieten mit hohen Bäumen.

Sudanhornrabe *(Bucorvus abyssinicus)* **Northern** oder **Abyssinian Ground-Hornbill** *(100 cm)*
Ein schwerfälliger, bodenlebender Vogel mit schwarzem Gefieder. Der schwere Schnabel hat ein kurzes hohes Horn (der Schnabelansatz ist bei beiden Geschlechtern beigefarben). Um die Augen herum sind sie blau. Der Kehlsack des Weibchens ist blau, der des Männchens rot-blau gesprenkelt. Sie leben in Familienformationen in Savannen und Halbwüsten mit Gras. Als Fleischfresser erbeuten sie Wirbellose, Eidechsen und Schlangen, fressen aber auch Baumfrüchte wie Nüsse. Die Bestände sind stark rückläufig. Manche ethnische Völker Gambias sehen sie als Unglücksboten, und in südlicheren Ländern werden sie geköpft und als Köder für die Jagd verwendet.

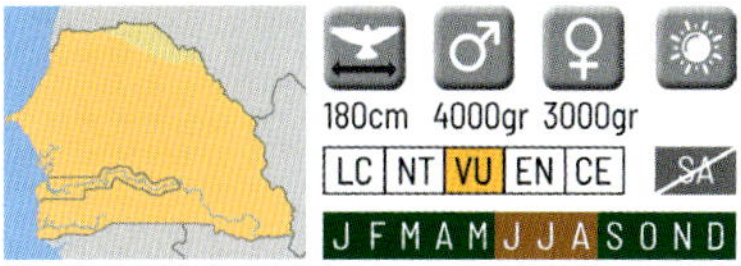

Afrikanische Bartvögel bilden eine Vogelfamilie (Lybiidae) aus der Ordnung der Spechtvögel. Sie sind eher stämmig gebaut und haben einen relativ großen Kopf und schweren Schnabel. Bei manchen Arten sind die Schnabelkanten „gezackt". Nur wenige von ihnen haben einen „Bart" (Federn unter dem Schnabel). Die meisten Arten findet man oft in Feigenbäumen und in anderen fruchttragenden Bäumen. Aber auch Insekten, Wirbellose und Samen gehören zu ihrer Nahrung. Die meisten Bartvögel hacken ein Nest aus altem Holz. Die kleineren Arten wie die Zwergbärtlinge ernähren sich hauptsächlich von Mistelbeeren, Früchten, Nektar und Insekten. Manche Paare singen im Duett. Die Geschlechter sind äußerlich identisch oder unterscheiden sich nur wenig.

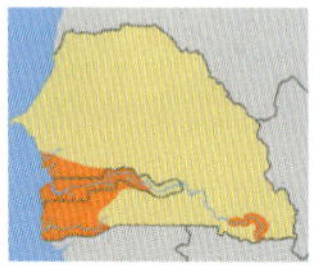

16cm 20gr 20gr

LC NT VU EN CE SA

J F M A M J J A S O N D

Goldbürzel-Bartvogel
(Pogoniulus bilineatus)
Lemon-rumped Tinkerbird *(12 cm)*
Dieser Zwergbärtling *(P.b. leucolaimus)* hat einen gelben Bürzel. Die Rückenpartie ist fast schwarz mit gelben Akzenten auf den großen und kleinen Flügeldeckfedern. Die Kehle ist weiß, die Brust hellgrau und zum Bauch hin bis zum Unterschwanz cremig gelb. Wald(ränder) sowie Ufer mit Wäldern und Sträuchern bilden ihren Lebensraum. Sie ernähren sich hauptsächlich von Früchten.

Gelbstirn-Bartvogel *(Pogoniulus chrysoconus)* **Yellow-fronted Tinkerbird** *(12 cm)*
Auch dieser Zwergbärtvogel gleicht seinen Artgenossen, unterscheidet sich jedoch durch seine gelbe Stirn. Im Übrigen hat er das typische Gefieder des Zwergbärtlings: kurzer Schwanz, breite schwarze Streifen über dem Kopf und gelber Unterkörper. Sie bewohnen Trockengebiete mit Sträuchern, spärlich bewachsene Waldgebiete und bewaldetes Grasland. Sie ernähren sich hauptsächlich von Obst.

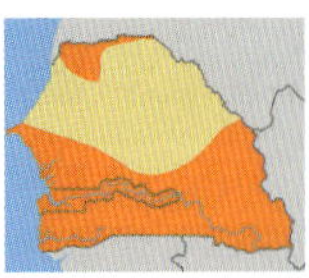

16cm 20gr 20gr

LC NT VU EN CE SA

J F M A M J J A S O N D

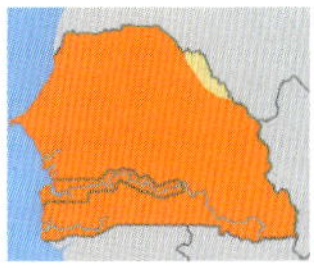

22cm 40gr 40gr

LC NT VU EN CE SA

J F M A M J J A S O N D

Blutbrust-Bartvogel *(Lybius vieilloti)*
Vieillot's Barbet *(16 cm)*
Der schwere, „gezahnte" dunkelgraue Schnabel und der rote Kopf sind das Auffälligste an diesem Bartvogel *(L. v. rubescens)*. Auf der weißen Kehle und Brust befinden sich rote Flecken, weniger als auf dem gezeigten Bild *(L. v. buchanani)*. Sein Lebensraum begrenzt sich auf den Norden des Senegals. Der Vorderrücken ist heller als die strohgelben bis graubraunen Flügel. Sie halten sich am liebsten auf bewaldetem Weideland, in Auwald und an Waldrändern auf. Bevorzugt werden die Früchte des indischen Jujube, Kürbisse und Mistelbeeren, sie fressen jedoch auch Insekten.

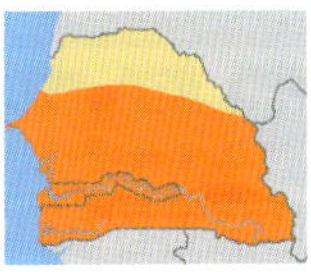

44cm 100gr 100gr

LC NT VU EN CE SA

J F M A M J J A S O N D

Furchenschnabel-Bartvogel
(Pogonornis dubius) **Bearded Barbet** *(25 cm)*
Der schwere, „gezahnte" Schnabel ist strohgelb. Unter dem Schnabel haben beide Geschlechter einen schwarzen „Bart". Die Kehle ist dunkelrot, der Bauch heller rot und gelb an den Flanken, das Weibchen hat weniger Rot am Bauch. Scheitel, Vorderrücken, Flügel und Schwanz sind schwarz wie auch das Band über der Brust. Sie leben hauptsächlich in Trockengebieten mit vielen Feigenbäumen, Akazien und Baobabs.

SPECHTVÖGEL *Piciformes - Indicatoridae*

Der Honiganzeiger, der zur Ordnung der Spechtvögel gehört, sieht zunächst eher unspektakulär aus, er überrascht jedoch mit seinem Verhalten. Er ernährt sich hauptsächlich von Insekte und, hat eine bemerkenswerte Strategie für Bienennester entwickelt: Mit seinen lauten Rufen und kurzen Flugmanövern führt er Menschen, Paviane, Honigdachse oder Mangusten zu Bienennestern, wartet, bis diese die Nester öffnen, und frisst danach das Wachs, die Larven und den Honig. Wissenschaftliche Belege für dieses Verhalten stehen noch aus. Sie ziehen ihre Junge nicht selbst auf, sondern legen die Eier in das Nest anderer insektenfressender Vogelarten.

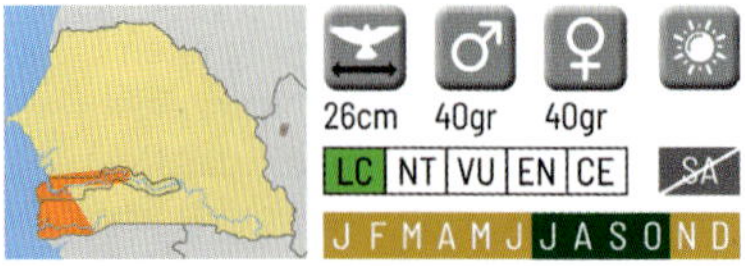

Termitenspecht *(Campethera nivosa)*
Buff-spotted Woodpecker *(15 cm)*
Dieser Specht hat einen schwarzen Scheitel, die Männchen sind vom Hinterkopf bis zum Nacken rot, die Flügel der Weibchen sind brauner. Der Kopf ist cremeweiß oder grau mit dunklen Streifen über Kehle und Wangen. Ab der Brust sind sie grünlich und cremeweiß gesprenkelt. Vorderrücken und Schwanz sind beim Männchen gleichmäßig grün und die Flügel stärker olivgrün. Ihre Nahrung besteht hauptsächlich aus Ameisen *(Crematogaster)* und Termiten *(Isoptera)*, diese fangen sie meist in dichten Wäldern wie dem Abuko Naturschutzgebiet in Gambia.

♂

♀

Kardinalspecht *(Dendropicos fuscescens)* **Western Cardinal Woodpecker** *(15 cm)*
Es gibt neun Untersorten des Kardinalspechts. Einen dieser Spechte, den *D.f. lafresnayi*, findet man in diesem Teil Afrikas. Er gehört zu den kleinsten Spechten und ist der meistvorkommende Specht Afrikas. Das Männchen hat einen halben roten Scheitel bis zum Nacken. Die Vorderseite des Scheitels ist, wie größtenteils der Vorderrücken, gelblichbraun. Flügel und Rücken haben cremefarbene Flecken. Auf den Flügeln sind die Flecken gelber. Ab der Kehle bis zur Kloake sind sie cremeweiß mit dunkleren Flecken. Der Bürzel ist rotbraun. Das Weibchen hat einen dunkelbraunen Scheitel. Sie ernähren sich vor allem von Käferlarven, Raupen und Termiten.

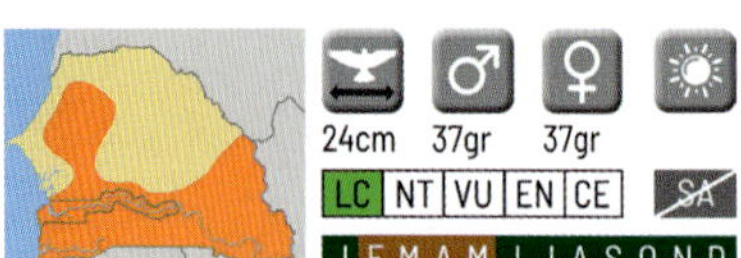

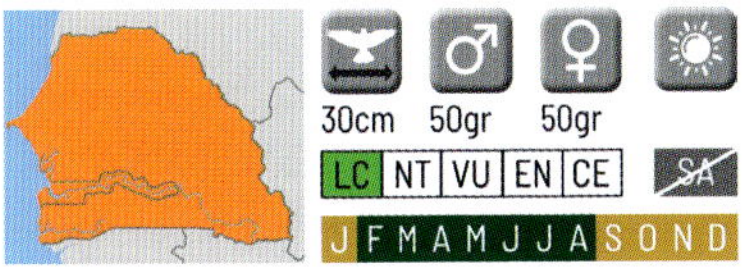

Graubrustspecht *(Dendropicos goertae)*
Grey Woodpecker *(20 cm)*
Mit seinem hellgrauen Kopf und Schnabel, dem roten Scheitel, den hellen Brustfedern und dem roten Bürzel ist der graugrüne Specht leicht von anderen Arten zu unterscheiden. Der gleichmäßig goldbraune bis olivgrüne Vorderrücken endet bei den gestreiften Flügeln. Sie halten sich oft in waldreichen Gebieten auf, wo sie Ameisen, Termiten und Käferlarven suchen. Der Kopf des Weibchens ist vollständig grau.

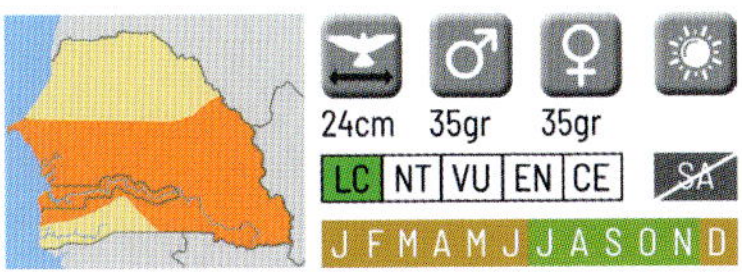

Braunrückenspecht *(Ipophilus obsoletus)*
Brown-backed Woodpecker *(15 cm)*
Der Scheitel des Braunrückenspechts *(I.o. obsoletus)* ist beim Männchen zur halb braun und rot bis zum Hinterkopf (der Scheitel des Weibchens ist vollständig braun). Wangen- und Schnabelstreifen sowie Vorderrücken und Flügel sind gleich braun. Die Flügel haben cremefarbene Flecken. Die Bauchpartie ist fast ganz cremeweiß. Sie ernähren sich von Raupen, Puppen, Käferlarven und Insekten, die sie in Trockengebieten mit Sträuchern und in Grasland mit Wäldern finden.

♀

♂

Schwalben bilden eine Familie mit 88 Unterarten. Sie sind schnelle Flieger, die im Flug Insekten jagen. Die ähnlichen Segler gehören nicht zu dieser Familie und auch nicht zur gleichen Ordnung. Sie sehen Schwalben ähnlich, haben aber längere Flügel, die sie im Flug steifer halten. Schwalben und Segler sind gute Beispiele für eine konvergente Evolution (gleiche Eigenschaften in nicht verwandten Gruppen). Schwalben haben keine äußerlich unterscheidbaren Geschlechtsmerkmale.

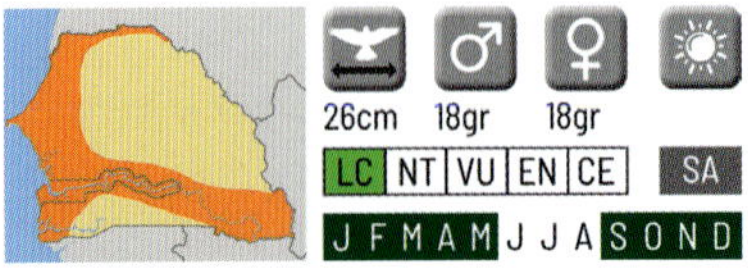

Uferschwalbe *(Riparia riparia)*
Sand Martin *(13 cm)*
Wintergast. In Westafrika von September bis Anfang Mai und manchmal in Kolonien von Tausenden. Ihr Körperbau ist gedrungen und sie sind überwiegend braun. Unter der weißen Kehle befindet sich ein breites braunes Brustband, darunter ist sie bis zum Unterschwanz weiß. Der Schwanz ist, anders als bei den meisten Schwalben, kaum gegabelt. Die Eier werden in hohen Uferwänden oder Erdwällen in selbst gefertigten Löchern abgelegt. Ihre Nahrung besteht hauptsächlich aus Insekten. Der Lebensraum ist nicht spezifisch.

Rauchschwalbe *(Hirundo rustica)* **Barn Swallow** *(18 cm)*
Wintergast. Ein um die Welt ziehender Vogel, der 10.000 km fliegt, um einen Teil des Jahres in Afrika zu verbringen, wie Messungen anhand von implantierten Chips gezeigt haben. Manche dieser Vögel fliegen über 200.000 km pro Jahr und legen 550 km am Tag zurück. Der tief gegabelte Schwanz ist typisch für diese metallisch blaue Schwalbe. Scheitel und Kehle sind rotbraun, mit einem blauen Band unter der Kehle, einer weißen Brust und weißen Bauchpartie. Außerhalb der Brutzeit ist sie deutlich blasser. Ihr Futter besteht aus Insekten, Spinnen und auch Akaziensamen.

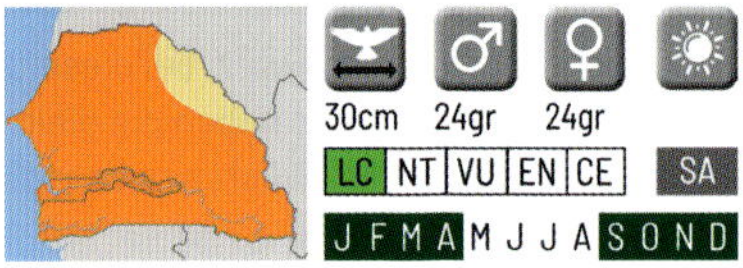

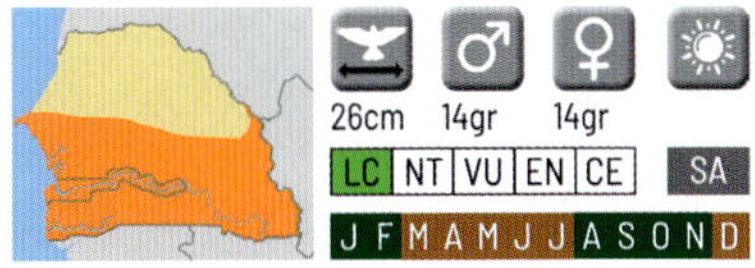

Singschwalbe *(Hirundo lucida)*
Red-chested Swallow *(15 cm)*
Diese Schwalbe ähnelt der Rauchschwalbe, das Rotbraun beschränkt sich jedoch auf einen Punkt über dem Schnabel und eine rotbraune Kehle, die tiefer bis zu dem schwarzen, die Brust abgrenzenden Band verläuft. Der gegabelte Schwanz ist deutlich kürzer als bei der Rauchschwalbe. Ihre Nahrung besteht fast ausschließlich aus Termiten. Am liebsten hält sie sich in Grasland, Savannen, Sümpfen, an Flüssen und Seen auf.

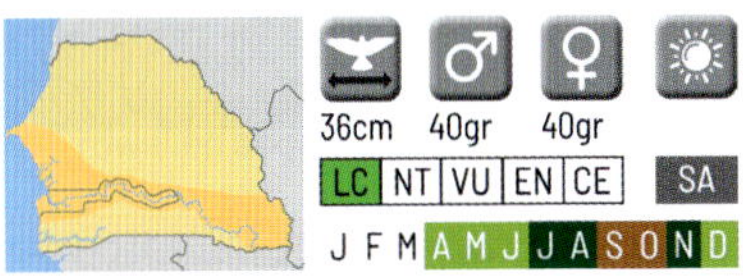

Rotbrustschwalbe *(Cecropis semirufa)*
Rufous-chested Swallow *(24 cm)*
Kopf und Flügel der Rotbrustschwalbe sind metallisch blau. Von der Kehle bis zum Hinterkopf und von der Brust bis zur Kloake ist sie rotbraun. Diese Schwalbe hat einen tief gegabelten Schwanz. In Begleitung von Artgenossen fängt sie fliegende Ameisen, Fliegen und Käfer. Sie hat keinen bestimmten Lebensraum, doch viele Rotbrustschwalben jagen über frisch abgebrannten Grasflächen und wandern häufig in südlichere Regionen ab. Ihre Eier legen sie in eine Brutröhre aus getrocknetem Schlamm, Gras und Federn.

Senegalschwalbe *(Cecropis senegalensis)* **Mosque Swallow** *(24 cm)*
Eine große Schwalbe mit einer rotbraunen Brust und weiße Kehle. Vom Kopf bis zu den Armschwingen ist sie blau, die Handschwingen sind graubraun. Der Schwanz ist gegabelt und bei ihr kürzer als bei ihm. Sie leben in kleinen Gruppen und legen ihre Eier in Nester aus getrocknetem Schlamm, Gras und Federn. Ihre Nahrung besteht aus fliegenden Ameisen, Fliegen und Käfern. Bei der Wahl des Lebensraums sind sie flexibel.

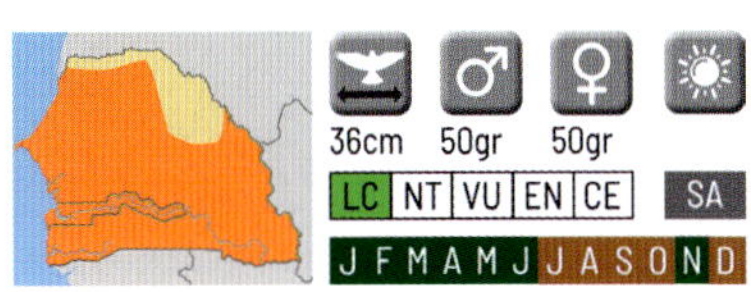

(M. f. iberae)

(M. f. flavissima -Brutkleid)

(M. f. flavissima Weibchen)

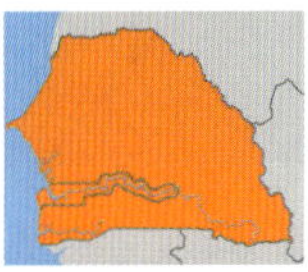

30cm 25gr 22gr

LC NT VU EN CE SA

J F M A M J J A S O N D

Wiesenschafstelze *(Motacilla flava)*
Yellow Wagtail *(17 cm)*

Wintergast. In den europäischen Wintermonaten sind vier Unterarten der Wiesenschafstelze in Gambia und Senegal anzutreffen. Die äußerlichen Unterschiede sind vor allem am Kopf sichtbar. Die hier nicht gezeigte *M. f. cinereocapilla* hat einen grauen Scheitel und schwarze Wangen mit dezentem weißen Überaugenstreif, die *M. f. thunbergi* hat die gleiche Kopfzeichnung, jedoch ohne den weißen Überaugenstreif. Außerhalb der Brutzeit gleicht das Federkleid der Männchen dem der Weibchen während der Brutzeit. Gelb ist dann nur sein Unterbauch, der Kopf ist gräulich und die Brust gebrochen weiß. Ihre Nahrung ist sehr vielseitig. Sie jagen Insekten und Wassertierchen, fressen jedoch auch Samen und Pflanzenmaterial und halten sich am liebsten in Sumpfwiesen, Sümpfen und Schilfgürteln auf.

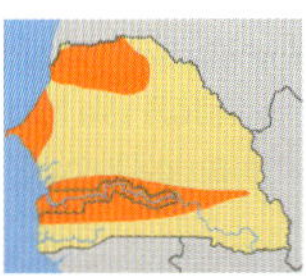

30cm 30gr 30gr

LC NT VU EN CE SA

J F M A M J J A S O N D

Braunrückenpieper *(Anthus leucophrys)*
Plain-backed Pipit *(17 cm)*

Dies ist eine der Unterarten *(A. l. ansorgei)*, die in diesem Teil Afrikas zu finden ist. Ein breiter hellbrauner Überaugenstreif unterbricht das Braun des Scheitels. Die Kehle ist weiß, die Brust hell- und dunkelbraun gestreift, der Bauch beigefarben und der Unterschwanz etwas dunkler. Der Vorderrücken ist vom selben Braun wie der Scheitel. Die Nahrung besteht aus Insekten, Larven, Schmetterlingen und Heuschrecken Sie bevorzugen Savannen mit einzelnen Bäumen und offenes Grasland.

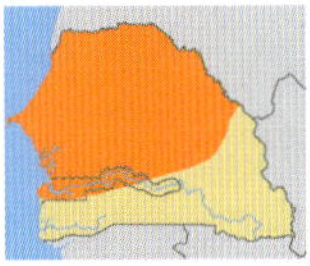

30cm 32gr 32gr

LC NT VU EN CE SA

J F M A M J J A S O N D

Brachpieper *(Anthus campestris)*
Tawny Pipit *(17 cm)*
Wintergast. Pieper sind schwer voneinander zu unterscheiden. Der Dünenpieper ist heller als der Braunrückenpieper. Ihm fehlen die Flecken auf der Brust. Sein Bartstreif ist etwas dunkler. Dünenpieper finden ihre Nahrung auf dem Boden; sie besteht hauptsächlich aus Insekten und Samen. Sie bevorzugen trockene Sandflächen mit offenem Grasland.

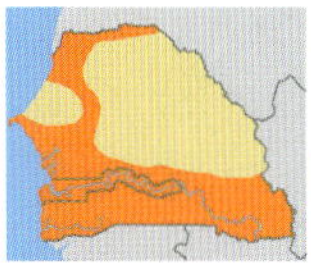

32cm 38gr 38gr

LC NT VU EN CE SA

J F M A M J J A S O N D

Baumpieper *(Anthus trivialis)*
Tree Pipit *(15 cm)*
Wintergast. Der weiße Überaugenstreif und Bartstreif umranden die Wangen, welche von dem gleichen Braungrau sind wie Scheitel, Vorderrücken und Flügel. Die Brust ist cremefarben mit langen, dunklen Linien. Bauch und Unterschwanz sind weiß. Zum Lebensraum gehören Waldränder und Grasland. Er ernährt sich vor allem von Rüsselkäfern und anderen Wirbellosen.

Gelbkehlpieper *(Macronyx croceus)* **Yellow-throated Longclaw** *(22 cm)*
Ein unregelmäßiger Besucher Gambias und des südwestlichen Senegals. Erkennbar an der gelben Kehle und Brust, die durch ein schwarzes „V" abgegrenzt sind. Die Flügelfarbe besteht aus Gelb-, Braun- und Olivgrüntönen. Die Zeichnung des Weibchens ist identisch, nur blasser. Die Lebensräume sind vielfältig, wobei offene Graslandschaften bevorzugt werden. Als Nahrung dienen Heuschrecken, Nymphen, Käfer und deren Larven.

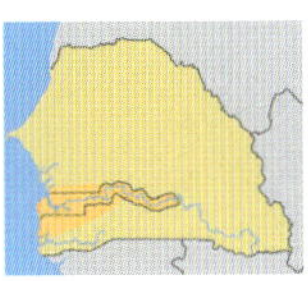

36cm 55gr 50gr

LC NT VU EN CE SA

J F M A M J J A S O N D

SPERLINGVÖGEL *Passeriformes - Campephagidae*

Die Gattung Campephaga besteht aus vier Arten von Stachelbürzlern. Diese Vögel ernähren sich hauptsächlich von Raupen. Diese Art lebt nur in Afrika.

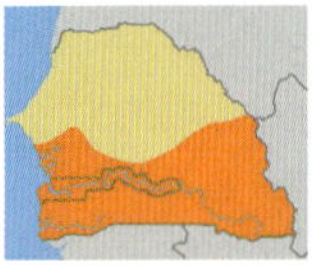

32cm 35gr 35gr

LC NT VU EN CE SA

J F M A M J J A S O N D

Rotschulter-Raupenfresser *(Campephaga phoenicea)* **Red-shouldered Cuckoo-shrike** *(20 cm)*
Das Männchen ist überwiegend schwarz, mit teilweise roten Schultern und einem gelben Schnabelstreif. Bei einer Variante dieser Art hat das Männchen gelbe Schulterfedern. Das Weibchen hat eine grün-olivfarbene Rückenpartie und eine gestreifte weiße Körperunterseite. Ihre Nahrung besteht aus Insekten, vor allem Raupen, die sie im dichten Unterholz über feuchten Böden in bewaldeten Teilen der Savanne finden.

SPERLINGVÖGEL *Passeriformes - Pycnonotidae*

Bülbüls (Pycnonotidae) sind eine Vogelfamilie aus der Ordnung der Singvögel. Es sind mittelgroße Vögel, die ein wenig wie Drosseln aussehen, aber nicht mit diesen verwandt sind. Die Familie besteht aus 148 Arten. Bülbüls halten sich am liebsten im dichten Laub auf.

Graubülbül *(Pycnonotus barbatus)* **Garden** oder **Common Bulbul** *(18 cm)*
Von diesen Bülbüls gibt es sieben Unterarten, die in dieser Umgebung am häufigsten vorkommende ist der *P. b. inornatus*. Der Kopf ist dunkelbraun, über der Kehle beigefarben, die übrige Bauchpartie ist gebrochen weiß. Die Flügel sind hellbraun. Diese Bülbülart ist die vermutlich häufigste Vogelart in Afrika. Neben Gliederfüßern (äußeres Skelett) essen sie Früchte, Nektar, Blüten, manchmal Samen und Wirbeltiere (inneres Skelett). Ihr Lebensraum umfasst alle Arten von Wäldern, solange die Nahrungsversorgung dort gesichert ist.

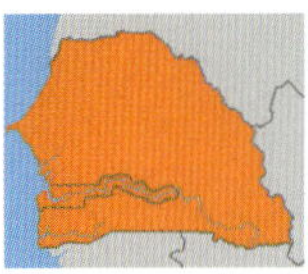

30cm 48gr 42gr

LC NT VU EN CE SA

J F M A M J J A S O N D

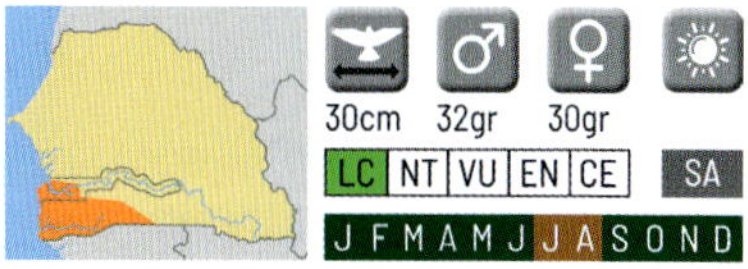

Grünbülbül *(Eurillas virens)*
Little Greenbul *(16 cm)*
Dieser Grünbülbül *(E. v. erythroptera)* ist nicht so grün, wie sein Name vermuten lässt. Kopf und Vorderrücken sind eher graubraun, die Brust weißlich, zum Teil zu gebrochenem Grün neigend. Die Flügel sind braun. Der Lebensraum sind Wälder mit dichtem Laub und dichten Sträuchern. Dieser scheue Bülbül ist schwer zu finden, es sei denn, man kennt seinen Ruf und Gesang. Seine Nahrung besteht aus Früchten (Beeren) und Gliederfüßern.

Gelbkehlbülbül *(Atimastillas flavicollis)* **Yellow-throated Greenbul** oder **Leaflove** *(22 cm)*
Dieser Bülbül hat eine gelbe Kehle. Der Oberkörper ist braun, der Kopf graubraun, die Iris hellbraun. Der lange spitze Schnabel ist schwarz, die Bauchpartie beigefarben. Seine Nahrung besteht hauptsächlich aus Obst und gelegentlichen Insekten. Er bewohnt dichte Wälder mit viel Unterholz, Flussufern, Mangroven und Lagunen.

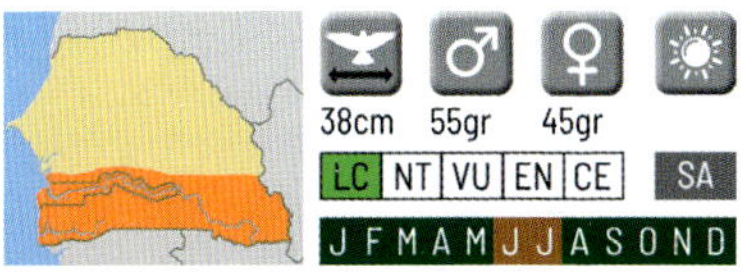

Graukopfbleda *(Bleda canicapillus)* **Grey-headed Bristlebill** *(22 cm)*
Ein schwach weißer Überaugenstreif verläuft über dem grauen Kopf. Von der Kehle bis zum Unterschwanz ist die Bauchpartie gelb. Vorderrücken, Flügel und Schwanz sind olivgrün, die Beine grau. Die Nahrung besteht aus verschiedensten Insekten, gelegentlich nimmt er auch Früchte und kleine Frösche zu sich. Er lebt vor allem in tief gelegenen, nicht zu dichten Waldgebieten.

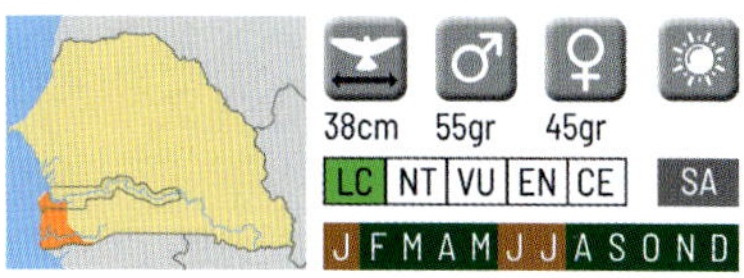

Drosseln bilden eine große Familie meist mittelgroßer Vögel mit überschwänglichem Gesang. Weibchen und Männchen haben das gleiche Gefieder (der Steinrötel bildet eine Ausnahme). Sie suchen am Boden nach Nahrung und picken an der Oberfläche Insekten, Spinnen, Schnecken und andere Wirbellose auf. Sie graben auch Regenwürmer und Larven aus. Ferner fressen sie Beeren und Früchte. Sie sind monogam und territorial.

Afrikadrossel *(Turdus pelios)* **African Thrush** *(23 cm)*
In diesem Teil Afrikas findet man eine der Unterarten *(T. p. chiguancoides)*. Unter dem braungrauen Kopf ist die Kehle weiß, Brust und Bauch sind gebrochen weiß oder grau. Der Schnabel leuchtet gelb, die Iris ist rotbraun. Die Flanken entlang des Bauches sind zart orangefarben. Die Rückenpartie ist braun. Die Beine sind grau bis gelblich. Sie suchen ihr Futter (Termiten, Käfern, Ameisen. Kleine Fische, Beeren und andere Früchte), in offenen Waldgebieten in Wassernähe.

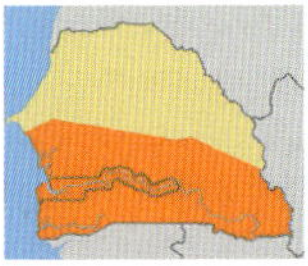

42cm 75gr 75gr
LC NT VU EN CE SA
J F M A M J J A S O N D

SPERLINGVÖGEL *Passeriformes - Cisticolidae*

Halmsängerartige (Cisticolidae), zu denen unter anderem Prinien und Eremomelas gehören, sind kleine Insektenfresser mit abgerundeten Flügeln und langen, oft runden und kurzen Schwänzen. Sie haben dünne Beine und einen scharfen Schnabel. Allein in Gambia und Senegal leben elf Arten dieser Familie. Viele dieser Halmsänger sind nur schwer zu unterscheiden. Aus diesem Grund werden in diesem Buch nur die häufigsten erwähnt. Sie leben in Wäldern, Savannen, Grasland, Sümpfen und Büschen in trockenen und semi-ariden Gebieten. Das Gefieder ist hell bei Arten, die im Wald leben, und dunkler bei Arten in eher offenen Gebieten. Während der Brutzeit werden die Farben dieser Sänger bei einigen blasser, bei anderen intensiver.

Rotgesicht-Zistensänger *(Cisticola erythrops)* **Red-faced Cisticola** *(14 cm)*
Wangen und Stirn dieses Zistensängers *(C. e. erythrops)* sind rotbraun; Vorderrücken, Flügel und Schwanz graubraun. Die Bauchpartie ist beigefarben, die Flanken sind rötlich. Die Beine sind rosafarben und der leicht gebogene Schnabel ist silbrig bis schwarz. Er ernährt sich von Käfern, Schmetterlingen, Ameisen und Heuschrecken, die er im Laub hoher Büsche sucht.

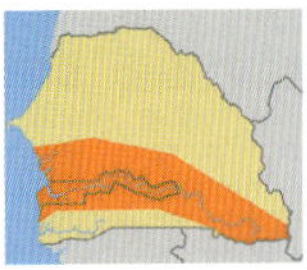

22cm 18gr 16gr
LC NT VU EN CE SA
J F M A M J J A S O N D

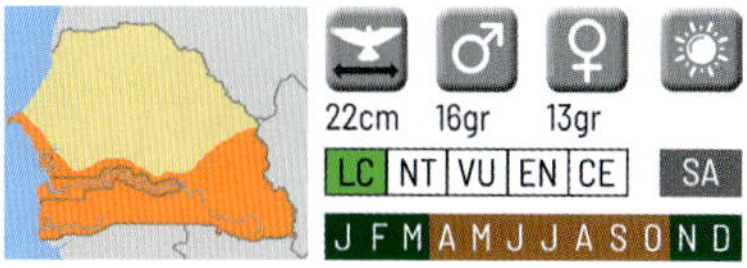

Weißbrauen-Zistensänger *(Cisticola cantans)* **Singing Cisticola** *(13 cm)*
Unter der rotbraunen Stirn des Weißbrauen-Zistensängers *(C. c. swanzii)* verläuft ein weißer Überaugenstreif. Kehle und Brust sind gebrochen weiß, der Bauch ist gräulich oder beigefarben. Der leicht geschwungene Schnabel ist schwarz, die Beine sind rosa. Die Flügel weisen helle und dunkle Brauntöne auf. Zwischen den Blättern von Bäumen und Sträuchern in unterschiedlichen Umgebungen sucht er nach kleinen Insekten wie Käfern, Schmetterlingen, Fliegen und Larven.

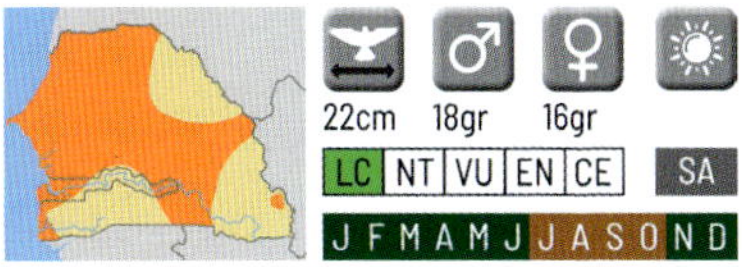

Zistensänger *(Cisticola juncidis)*
Zitting Cisticola *(13 cm)*
Allein von diesem Zistensänger gibt es 18 Unterarten, sechs davon in Afrika. Die in diesen beiden Ländern vorkommende Unterart ist die *C. j. uropygialis*. Der rotbraune Scheitel ist der Länge nach dünn gestreift. Die Flügel haben Beige-, Braun- und Schwarztöne. Die Kehle ist weiß, ebenso wie Brust und Bauch. Die Flügel sind hellbraun. Sie bevorzugen Grasebenen, einschließlich sumpfiger Umgebungen. Hier suchen sie vor allem nach Insektenlarven, Libellen, Motten und Schmetterlingen. Während der Brutzeit sind die Farben des Grassängers etwas kräftiger.

Rahmbrustprinie *(Prinia subflava)* **Tawny-flanked Prinia** *(12 cm)*
Hier sieht man die *P. s. subflava*, eine der zehn Unterarten der Rahmbrustprinie. Prinien sind schlanke Sänger, die häufig den Schwanz heben. Ihre Beine sind relativ lang, so auch der Schnabel. Die Iris ist auffällig rotbraun. Gleiches gilt für diese Prinie, erkennbar an ihrem weißen Überaugenstreif und der weißen Kehle, Brust- und Bauchpartie. Die Flanken sind oft zart rotbraun. Die Rückenpartie ist graubraun. Im hohen Gras sowie in Sträuchern und Büschen an Bächen und Sümpfen suchen sie nach Insekten.

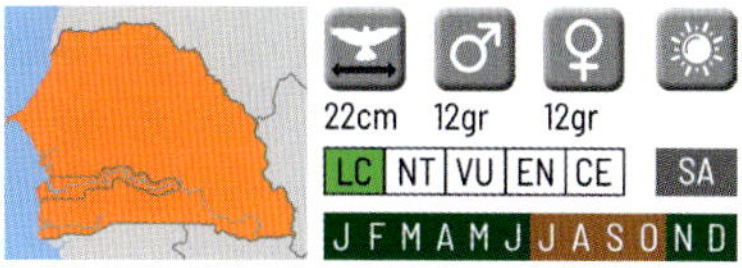

Schuppenkopfprinie *(Spiloptila clamans)* **Cricket Longtail** oder **Warbler** *(11 cm)*
Der Streifen über den kleinen Flügeldecken und der gesprenkelte Kopf fallen bei ihm sofort auf (beim Weibchen weniger offensichtlich). Die Unterseite des relativ langen Schwanzes ist schwarz-weiß gebändert. Der Hinterkopf ist grau oder hellbraun, der Vorderrücken rotbraun, Brust und Bauch sind beigefarben. Vor allem in trockeneren Gebieten mit vielen Büschen suchen sie nach Insekten.

20cm 10gr 10gr
LC NT VU EN CE SA
J F M A M J J A S O N D

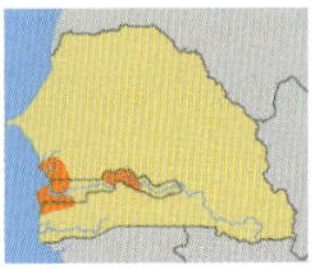

20cm 9gr 9gr
LC NT VU EN CE SA
J F M A M J J A S O N D

Gelbbrust-Feinsänger *(Apalis flavida)*
Yellow-breasted Apalis *(12 cm)*
Vom Gelbbrust-Feinsänger leben acht Unterarten in Afrika. Die hier gezeigte Unterart ist der *A.f. caniceps*. Der Kopf ist grau, Kehle und Bauch weiß, die Brust ist gelb und die Rückenpartie olivgrün. Die Iris leuchtet rotbraun. Manchmal hat das Männchen einen schwarzen Fleck auf der Brust, der beim Weibchen jedoch fehlt. Sie bevorzugen Wälder mit dichtem Laub und Mangrovenwälder. Ihre Nahrung besteht aus zahlreichen Insektenarten.

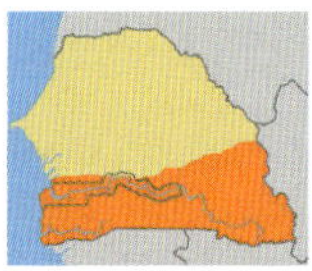

30cm 32gr 32gr
LC NT VU EN CE SA
J F M A M J J A S O N D

Pirolsänger *(Hypergerus atriceps)*
Oriole Warbler *(19 cm)*
Dieser Pirolsänger ist eine hübsche Erscheinung. Seinen Namen verdankt er seiner Ähnlichkeit mit dem Maskenpirol. Rückenpartie und Schwanz sind olivfarben, Brust und Bauch gelb. Am auffälligsten ist jedoch der schwarze Kopf mit den weißen Federkanten. Die Kehle und ein Teil der Brust sind schwarz. Auf der Suche nach Nahrung wie Heuschrecken und Käfern hält er sich im dichten Unterholz an Waldrändern, Mangroven und Ölpalmenplantagen auf.

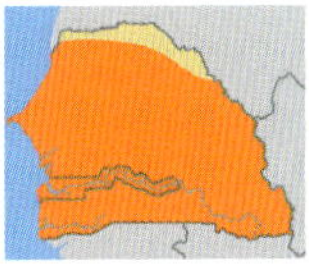

22cm 13gr 12gr

LC NT VU EN CE SA

J F M A M J J A S O N D

Graurücken-Camaroptera
(Camaroptera brevicaudata)
Grey-backed Camaroptera *(11 cm)*
Bogenflügel sind an ihrem kurzen, häufig hochstehenden Schwanz zu erkennen. Es sind kleine, unruhige Sänger, die von Ast zu Ast springen. Sie sind überwiegend grau, nur die Flügel und einige Federn am Beinansatz sind gelblich. Im dichten Unterholz von Wäldern, Waldrändern und Vegetation an Bächen und Flüssen suchen sie nach Schmetterlingen, Ameisen und anderen kleinen Insekten.

Graukappen-Eremomela *(Eremomela pusilla)* **Senegal Eremomela** *(10 cm)*
Beide Eremomelas werden in diesem Abschnitt beschrieben, weil sie fast das gleiche Verbreitungsgebiet haben und sich sehr ähnlich sind. Beide haben einen grauen Kopf mit weißlicher Kehle. Brust und Bauch der **Graukappen-Eremomela** sind gelb und die Flügel grün. Bei der **Gelbbauch-Eremomela** *(Eremomela icteropygialis alexanderi)(10 cm)* ist nur der Bauch gelb, Kopf, Kehle und Brust sind grau. Die Flügel sind eher grau als braun. Ihre Beine sind normalerweise dunkler. Beide Arten jagen Insekten in Buschsavannen, an Waldrändern und Büschen entlang von Bächen und kleineren Flüssen.

(Graukappen-Eremomela)

(Gelbbauch-Eremomela)

20cm 10gr 10gr

LC NT VU EN CE SA

J F M A M J J A S O N D

Orange = Graukappen-Eremomela
Purpur = Gelbbauch- Eremomela
Violett = Überlappungsgebiet

SPERLINGVÖGEL *Passeriformes - Macrosphenidae*

Diese Familie der Afrikanischen Sänger und Sylviettas (Macrosphenidae) umfasst 18 Arten und sechs Gattungen, darunter Vögel mit einem relativ langen, nach unten gebogenen Schnabel (Sylvietta). Sylviettas haben fast keinen Schwanz

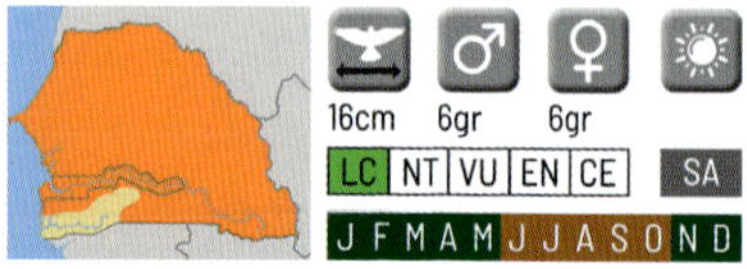

Braunbauch-Sylvietta *(Sylvietta brachyura)* **Northern Crombec** *(8 cm)* Diese Sylvietta *(S.b. brachyura)* ist sehr verbreitet. Dennoch ist es nicht einfach, diese nur 8 cm großen Vögel zu entdecken. Der schwarze Schnabel ist relativ lang. Über den Kopf läuft ein grauer Scheitel, und auch der Vorderrücken ist grau. Die Flügel sind etwas dunkler. Die Bauchpartie ist orangefarben ebenso wie der Überaugenstreif und die Wangen. In den trockeneren Teilen der bewaldeten Savannen suchen sie in dichtem Laub nach Insekten.

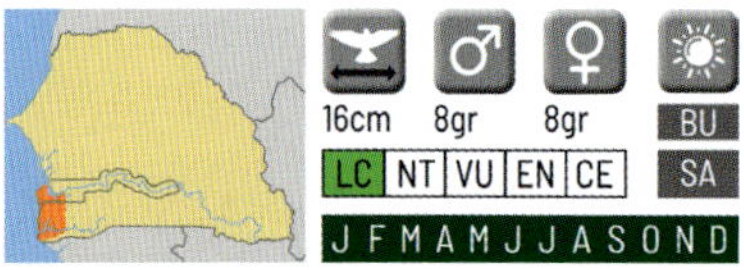

Grünmantel-Sylvietta *(Sylvietta virens)* **Green** oder **Yellow-bellied Crombec** *(9 cm)* In Afrika leben vier Unterarten. Eine davon *(S.v. flaviventris)* lebt im Südwesten von Gambia und Senegal. Die Rückenpartie ist olivgrün. Sie hat helle Überaugenstreifen, eine weißliche Kehle, eine gelbe bis zart orangefarbene Brust und einen weißen Bauch. Sie sucht ihre Nahrung wie Ameisen, Käfer, Fliegen, Spinnen und Raupen in dichten Büschen, oft an Wald- und Mangrovenwaldrändern.

SPERLINGVÖGEL *Passeriformes - Acrocephalidae*

Die meisten Singvögel dieser Familie, werden im Englischen „Warblers" genannt. Die Familie der Rohrsängerartigen (Acrocephalidae) ist mit anderen Arten der Überfamilie Sylvioidea verwandt. Es sind meist unscheinbare kleine Singvögel, die leichter zu hören als zu sehen sind.
Viele Arten ähneln sich sehr stark, nur an ihrem Ruf und Gesang kann man sie unterscheiden.

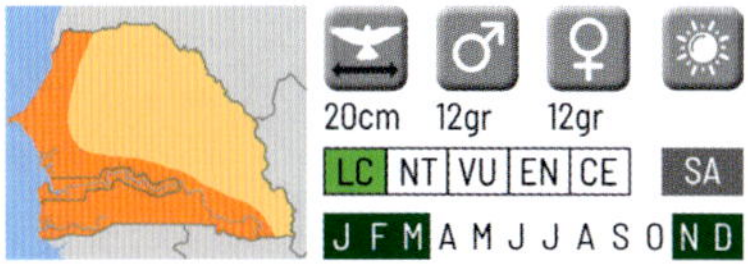

Schilfrohrsänger *(Acrocephalus schoenobaenus)* **Sedge Warbler** *(13 cm)* Wintergast. Ein lauter Sänger mit ausgezeichneter Tarnung. Der Schilfrohrsänger ist an seinem dunklen Scheitel und dem breiten weißen Überaugenstreif zu erkennen. Die Kehle ist weiß, die Brust erst hellbraun und zum Bauch hin weiß. Die Rückenpartie ist hell- und dunkelbraun meliert. Sie fressen Insekten samt Larven sowie Spinnen, Schnecken und Würmer, oft in der Nähe von Gewässern mit dichter Vegetation, z. B. in Schilfbeeten und Sträuchern.

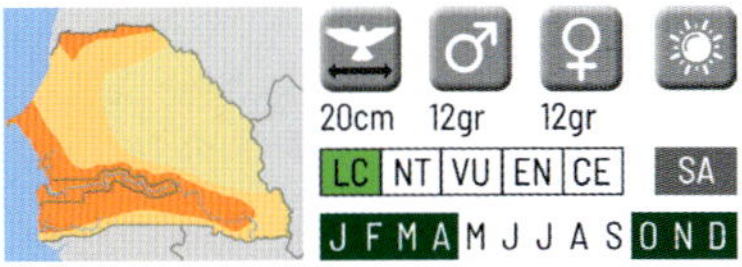

Teichrohrsänger *(Acrocephalus scirpaceus)* **Eurasian Reed-Warbler** *(13 cm)* Wintergast. Auf dem braungrauen Kopf verläuft ein hellbrauner, dünner Überaugenstreif. Die Kehle ist weiß, die Ränder von Brust und Bauch beigefarben, Brust und Bauch sind bis zum unteren Schwanz weiß. Rückenpartie und Schwanz sind hellbraun. Das Braun der Arm- und Handschwingen ist dunkler. In Schilfbeeten, am Ufer von Flüssen und Bächen, suchen sie nach Insekten, Larven, Samen, Blüten und Früchte.

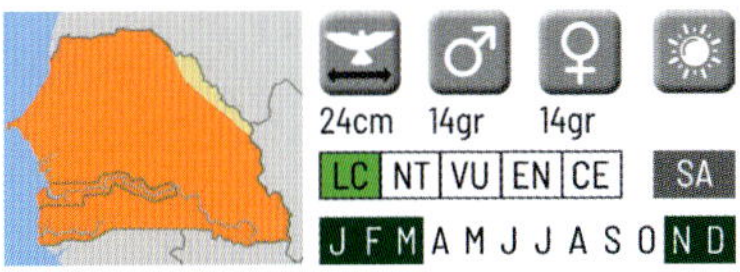

Isabellspötter *(Iduna opaca)* **Western Olivaceous** oder **Isabelline Warbler** *(15 cm)* Er ist etwas größer als der Teichrohrsänger, manchmal grauer, es fällt jedoch schwer, diesen Isabellspötter von anderen Rohrsängern zu unterscheiden. Er sucht an bewaldeten Orten nach Insekten, Spinnen, Libellen, Schmetterlingen und Käferlarven. So zum Beispiel in Flusswäldern mit dichtem Unterholz oder in Plantagen und an Waldrändern.

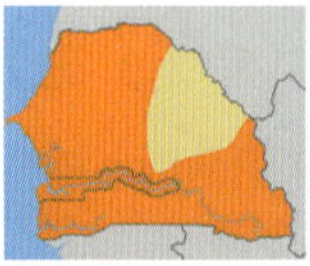

22cm 12gr 12gr

LC NT VU EN CE SA

J F M A M J J A S O N D

Orpheusspötter *(Hippolais polyglotta)*
Melodious Warbler *(13 cm)*
Wintergast. Dieser Spötter hat eine gelbe Kehle und Zügel, die Brust variiert von sanftem Gelb bis Beige, der Bauch ist meist weiß. Kopf und Vorderrücken sind hellbraun, Flügel und Schwanz sind dunkler. Auf ihrer Flugroute nutzen sie vor allem den östlichen Teil des Senegals. Solange es ausreichend Insekten gibt, sind sie nicht wählerisch hinsichtlich des Aufenthaltsorts.

SPERLINGVÖGEL *Passeriformes - Phylloscopidae*

Laubsängerartige sind kleine insektenfressende Vögel mit unauffälligem Gefieder. Diese Sänger haben eher kurze Schwänze. Sie bewohnen Wälder und Dickichte. Ihre hauptsächlich aus Insekten bestehende Nahrung fangen sie im Flug.

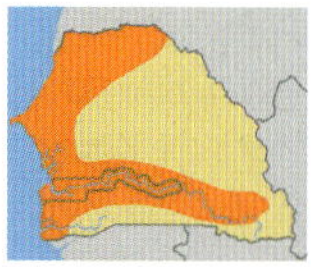

22cm 12gr 12gr

LC NT VU EN CE SA

J F M A M J J A S O N D

Fitis *(Phylloscopus trochilus)*
Willow Warbler *(11 cm)*
Wintergast. Es handelt sich hier um die Unterart *(P. t trochilus)*, die auch in Deutschland brüten. Scheitel und Vorderrücken sind olivgrün, Überaugenstreif, Kehle und ein Teil der Brust gelb. Die Bauchpartie ist bis zum Schwanz weiß. Arm- und Handschwingen sind graugrün. In Afrika lebt sie bevorzugt in Sumpfgebieten, Flusswäldern und Mangroven. Ihre Nahrung besteht vor allem aus Insekten und Larven sowie Pflanzenmaterial.

Zilpzalp *(Phylloscopus collybita)* **Common Chiffchaff** *(12 cm)*
Wintergast. Der Zilpzalp ist dem Fitis sehr ähnlich. Zwei Unterschiede fallen auf: Die Beine des Zilpzalps sind viel dunkler als die rosafarbenen Beine des Fitis, und die Wangen des Zilpzalps sind wie sein Scheitel gefärbt, nicht gelblich wie die des Fitis. Seine Nahrung (Insekten samt Eiern und Larven) findet er im Unterholz des Waldes.

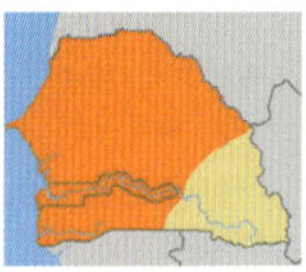

22cm 10gr 10gr

LC NT VU EN CE SA

J F M A M J J A S O N D

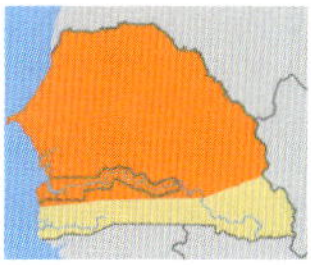

22cm 11gr 11gr
LC NT VU EN CE SA
J F M A M J J A S O N D

Berglaubsänger *(Rhadina bonelli)* **Bonelli's Warbler** *(11 cm)*
Wintergast. Das schwach olivgrüne Gefieder reicht vom Kopf bis zum Schwanz. Die Flügel haben weiße und graue Akzente, von der Kehle bis zum Unterschwanz ist der Vogel weiß. Er sucht seine Nahrung, meist Insekten, in offenen Waldgebieten, vor allem im Laub von hohen Sträuchern. Der Berglaubsänger wird auch unter dem lateinischen Namen *Phylloscopus bonelli* geführt.

SPERLINGVÖGEL *Passeriformes - Sylviidae*

Die Grasmückenartigen (Sylviidae) sind eine Familie kleiner Singvögel, die im dichten Laub fast unsichtbar sind, deren Gesang jedoch gut hörbar ist.
Die Familie zählt 20 Gattungen und 70 Arten, die Ansichten über diese Klassifizierung ändern sich jedoch relativ häufig.

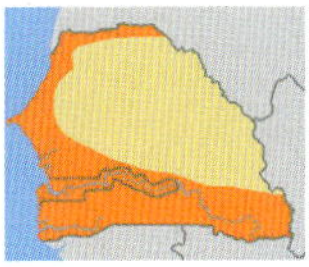

24cm 20gr 20gr
LC NT VU EN CE SA
J F M A M J J A S O N D

Gartengrasmücke *(Sylvia borin)* **Garden Warbler** *(14 cm)*

Wintergast. Die schüchterne Gartengrasmücke hat ein eher unscheinbares Gefieder. Wangen, Kopf und Rückenpartie sind hellbraun, Kehle, Brust und Bauch gebrochen weiß. Vorderrücken und Rücken sind etwas heller als die Flügel. Die Beine sind grau, und über dem Auge findet sich ein schwach beigefarbener Überaugenstreif. Ihre Nahrung besteht aus Insekten und Beeren. Bevorzugt dichte, trockenere Zonen.

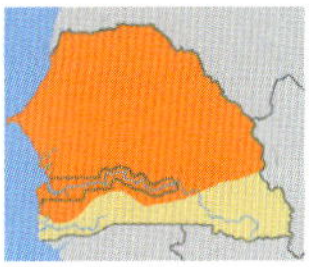

22cm 16gr 16gr
LC NT VU EN CE SA
J F M A M J J A S O N D

Weißbart-Grasmücke *(Curruca cantillans)* **Western Subalpine Warbler** *(12 cm)*
Wintergast. Bei dieser Weißbart-Grasmücke *(S. c. inornata)* fällt beim Männchen sofort der orangefarbene Augenring auf dem weißen Bartstreif auf, der teilweise unter den grauen Wangen verläuft. Der Kopf ist grau. Von der Kehle bis zu den Flanken des Bauches sind sie rotbraun. Der Bauch ist bis zum Unterschwanz weiß. Das Weibchen ist blasser und hat einen fast weißen Augenring. In den Savannen mit Akazien suchen sie hauptsächlich nach Insekten und deren Larven. Dazu kommen Beeren und Früchte.

♀

♂

Der Name Fliegenschnäpper wird hauptsächlich für Arten aus der Überfamilie Muscicapidae verwendet. Hier handelt es sich nicht um eine exklusive Eigenschaft, denn es gibt noch viel mehr Arten, die entweder im Flug oder im Gebüsch Fliegen fangen. „Muscicapidae" ist ein Sammelbegriff diverser Vögel, deren Zusammenstellung nicht eindeutig ist und zu permanenten Studien bzgl. des tatsächlichen Stammbaums führt. Vögel aus der Familie der Platysteiridae gehören nicht zu dieser Überfamilie, werden aber trotzdem den Fliegenschnäppern zugerechnet. Auch im Gefieder unterscheiden sich diese Arten deutlich vom „echten" Fliegenschnäpper.

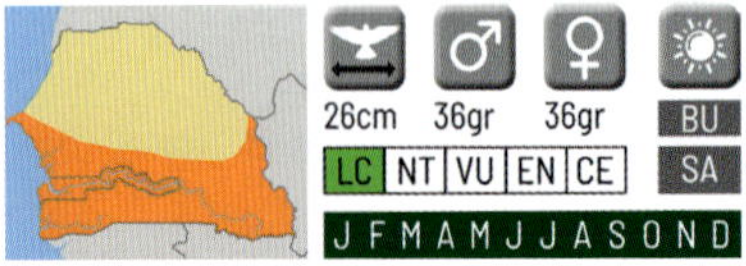

Senegaldrongoschnäpper
(Melaenornis edolioides)
Northern Black-Flycatcher *(20 cm)*
Er gleicht stark dem größeren Drongo, doch die Iris dieses Fliegenschnäppers ist dunkelbraun, die des echten Drongos dagegen leuchtend rot. Das Gefieder ist komplett schwarz, die Beine dunkelgrau. Das Weibchen ist blasser. Die in diesem Teil Afrikas vorkommende Unterart ist die *M.e. edolioides*. Sie bevorzugen feuchte Waldlandschaften, Flusswälder und gelegentlich trockenere Savannen. Die Nahrung, die sie im Flug oder am Boden fangen, besteht hauptsächlich aus Käfern, Gottesanbeterinnen, Zikaden und Schmetterlingen. Am häufigsten kommt der Vogel zur Regenzeit vor.

Sumpfschnäpper *(Muscicapa aquatica)* **Swamp Flycatcher** oder **Swamp Alseonax** *(13 cm)*
Der Kopf, einschließlich der Wangen bis zum Schwanz, ist graubraun. Die Bauchpartie ist überwiegend weiß, auf der Brust leicht gebrochen weiß. Die Beine sind grau. Sie leben in der Papyrusvegetation am Rande von Sümpfen, Seen und Tümpeln, wo sie nach Fliegen und Nymphen von Heuschrecken suchen. Manchmal laufen sie über Seerosen, um kleine Insekten zu fangen.

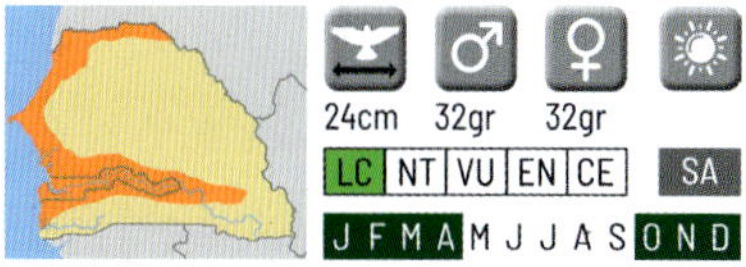

Nachtigall *(Luscinia megarhynchos)*
Common Nightingale *(17 cm)*
Wintergast. Die Rückenpartie dieser Unterart *(L. m. megarhynchos)* ist vollständig zartbraun, einschließlich des breiten Schwanzes. Die Bauchpartie ist beigefarben, die Beine rosa. Auch außerhalb der Brutzeit ist die Nachtigall ein ausgelassener Sänger, während der Partnersuche ist ihr Gesang jedoch noch abwechslungsreicher. In Afrika bevorzugt sie dichte Waldränder, Flusswälder und Savannen mit dichten Sträuchern. Ihre Nahrung besteht hauptsächlich aus vielen Insektenarten sowie Beeren und Würmern.

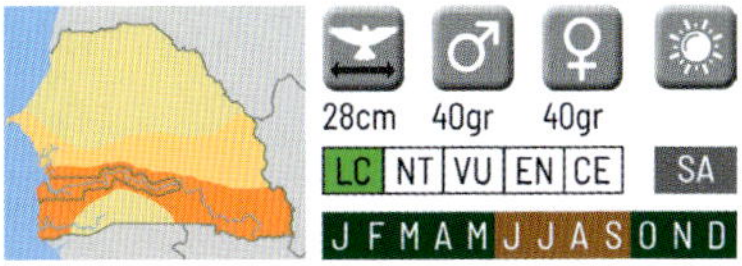

Schneescheitelrötel
(Cossypha niveicapilla)
Snowy-crowned Robin-Chat *(17 cm)*
Dieser Rötel ist der kleinste der beiden, einander sehr ähnlichen Krakeeler, die man in diesem Teil Afrikas findet. Der Schneescheitelrötel hat einen orangefarbenen Kragen unter dem Hinterkopf, dem Weißscheitelrötel fehlt dieser. Fast ununterbrochen macht sich der Schneescheitelrötel bemerkbar und imitiert oft andere Vögel. Er ernährt sich von Insekten und Früchten, die er hauptsächlich in dichten Büschen in Savannen sowie an Waldrändern entlang von Flüssen, Mangroven und Bächen sucht.

Weißscheitelrötel *(Cossypha albicapillus)* **White-crowned Robin-Chat** *(25 cm)*
Der Weißscheitelrötel ist deutlich größer als der Schneescheitelrötel, vor allem wegen des längeren Schwanzes. Bei ihm reicht das Schwarz des Kopfes bis zum schwarzen Vorderrücken und Rücken. Seine Bauchpartie ist ebenfalls orangefarben. Die weißen Federn auf dem Scheitel haben schmale schwarze Ränder. Auf der Suche nach Insekten findet man sie in Gärten, Plantagen und dichten Sträuchern in trockenen Savannenlandschaften.

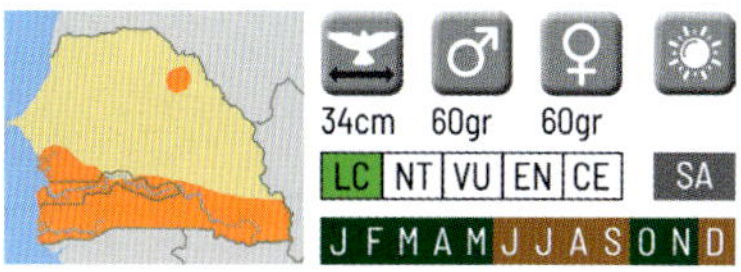

28cm 26gr 22gr

LC NT VU EN CE SA

J F M A M J J A S O N D

Rußheckensänger *(Cercotrichas podobe)* **Black Scrub-Robin** *(20 cm)*
Der schwarze Fächerschwanz ist überwiegend graubraun, die Flügel sind bräunlich-violett. Der Unterschwanz hat weiße und schwarze Streifen (was ihn vom braunen Ameisenschmätzer unterscheidet). Der lange Schwanz steht oft aufrecht. In trockenen, heißen Halbwüsten und Savannen sucht dieser Vogel unter Büschen oder Akazien auf dem Boden nach Insekten.

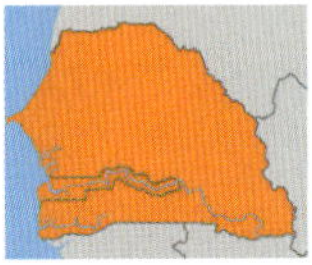

28cm 28gr 28gr BU

LC NT VU EN CE SA

J F M A M J J A S O N D

Heckensänger
(Cercotrichas galactotes minor)
African Scrub-Robin *(15 cm)*
Von insgesamt fünf Unterarten findet man in diesen Ländern den *C. g. minor*. Der breite rostbraune Schwanz, den er als Fächer aufstellen kann, ist das Auffälligste an diesem Vogel. Scheitel und Mantel leuchten etwas schwächer rotbraun als der Schwanz. Ein breiter weißer Überaugenstreif liegt über dem dunklen Zügel. Die Brust ist beigefarben, die Kehle und der Rest der Bauchpartie sind weiß. Die Beine sind rosafarben. Eine weitere Unterart ist der *(C. g. Galactotes)* **Rufous-tailed Scrub-Robin** *(15cm)*. Er ist ein Wintergast.

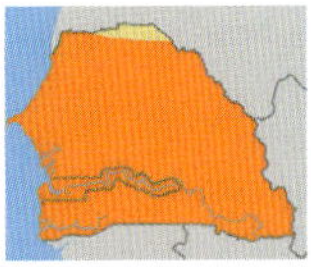

22cm 22gr 22gr

LC NT VU EN CE SA

J F M A M J J A S O N D

Gartenrotschwanz *(Phoenicurus phoenicurus)*
Common Redstart *(14 cm)*
Wintergast. Dieser Rotschwanz *(P.p. phoenicurus)* ist außerhalb der Brutzeit etwas weniger intensiv gefärbt, behält aber seine Zeichnung. Die weiße Umrandung des grauen Scheitels markiert das schwarze Gesicht. Die Brust leuchtet orangefarben, Bauch und Unterschwanz sind weiß. Der Vorderrücken ist grau, die Flügel sind hellbraun. Die Rückenpartie ist bei ihr hellbraun, ihre Bauchpartie und ihr Schwanz schimmern zart orangefarben. Ihre Nahrung, insbesondere Käfer und deren Larven, Fliegen und Ameisen, suchen sie vor allem in trockenen offenen Waldgebieten mit Büschen in Trockensavannen.

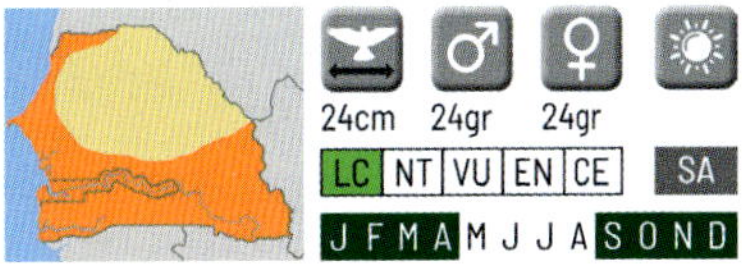

Braunkehlchen *(Saxicola rubetra)*
Whinchat *(13 cm)*
Wintergast. Beide Geschlechter unterscheidet nur die intensivere Färbung des Männchens. Das Braunkehlchen erkennt man an dem weißen Überaugenstreif und Bauch, der orangefarbenen Kehle, dem dunklen Scheitel und den dunklen Wangen. Die Flügel enthalten Brauntöne und Weiß. Die Beine sind schwarz. Sie ernähren sich von Insekten und deren Larven. Diese finden sie vor allem in trockeneren Gebieten, Flussvegetation, Grasland und leicht bewaldeten Gebieten mit viel Unterholz.

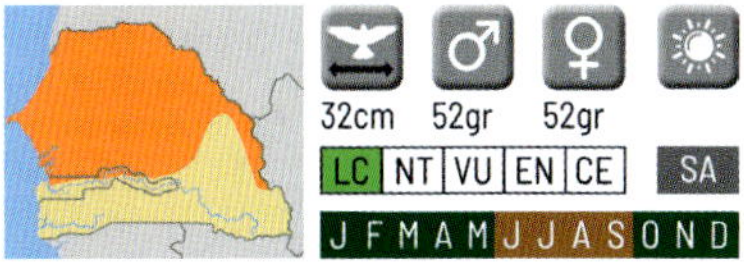

Rußschmätzer *(Myrmecocichla aethiops)*
Northern Anteater-Chat *(18 cm)*
Das Gefieder des Rußschmätzers *(M.a. aethiops)* variiert von Hell- bis Dunkelbraun. Die Hand- und Armschwingen sind fast schwarz. Ihre Nahrung, bestehend aus Motten, Termiten, Käfern, Heuschrecken und Spinnen, suchen sie vorzugsweise in Gebieten mit kurzem Gras, Sträuchern und Termitenhügeln.
Sie migrieren in südlichere Länder in Westafrika, nur die Population in Gambia, nördlich des Gambia-Flusses, lebt dort dauerhaft.

Weißstirnschmätzer *(Oenanthe albifrons)* **Western White-fronted Black-Chat** *(16 cm)*
Das Gefieder des Weißstirnschmätzers *(O.a. frontalis)* ist, mit Ausnahme der weißen Stirn, fast schwarz. Auf dem Kopf des Weibchens fehlt der weiße Fleck, und ihr Gefieder neigt eher zu Braun. Von einem Ast aus sucht er den Boden nach Insekten ab.
Ihr Lebensraum umfasst offene Waldsavannen und Hügellandschaften.

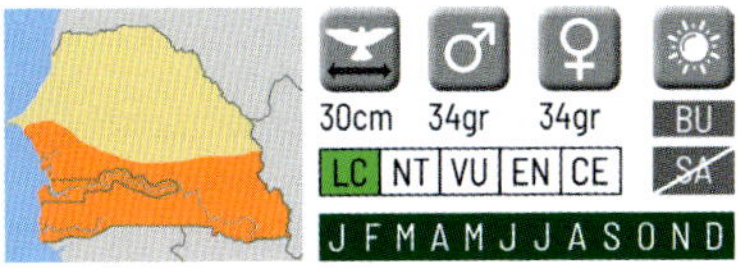

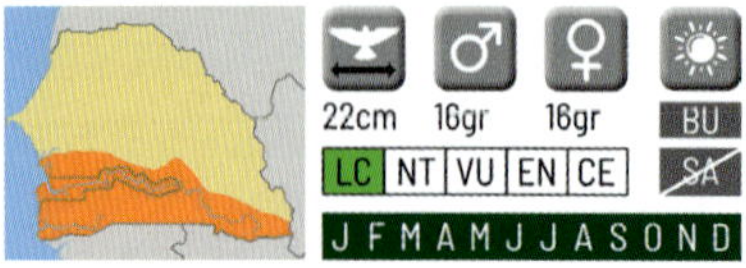

Lappenschnäpper *(Platysteira cyanea)*
Brown-throated Wattle-eye *(13 cm)*
Der Name dieses Fliegenschnäppers bezieht sich auf die braune Kehle des Weibchens. Die Kehle des Männchens ist weiß. Beide Geschlechter sind durch die roten Lappen über den Augen und das schwarz-weiße Gefieder (sie ist etwas grauer) auffällige Erscheinungen. Ihre Nahrung besteht aus Insekten. Diese fangen sie in dicht belaubten Bäumen, in denen sie von Ast zu Ast hüpfen. Ihr Lebensraum sind Wälder mit immergrünen Laubbäumen.

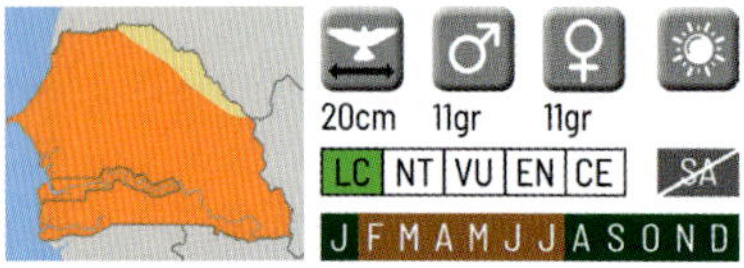

Senegalschnäpper *(Batis senegalensis)*
Senegal Batis *(10 cm)*
Scheitel und Vorderrücken dieses Vogels sind grau. Die Kehle, der langgestreckte Überaugenstreif, ein Teil von Brust und Bauch ist weiß. Einige der Handdecken und großen Flügeldecken leuchten ebenfalls weiß. Während über die Brust bei ihr ein braunes Band verläuft, ist dieses bei ihm schwarz. Auch ihre Überaugenstreifen und ein Teil ihres Vorderrückens sind braun. In Trockengebieten mit dornigen Büschen und bewaldete Savannen suchen sie nach Raupen, Käfern und Fliegen.

SPERLINGVÖGEL *Passeriformes - Stenostiridae*

Zur Gattung Elminia gehören fünf Arten, die in Afrika verbreitet sind. Eine davon findet sich in diesem Teil Afrikas. Die kleine Haube steht nicht so hoch wie die einiger Lerchen. Sie ähneln in Aussehen und Verhalten dem Fliegenschnäpper, sind jedoch nicht mit echten Fliegenschnäppern verwandt.

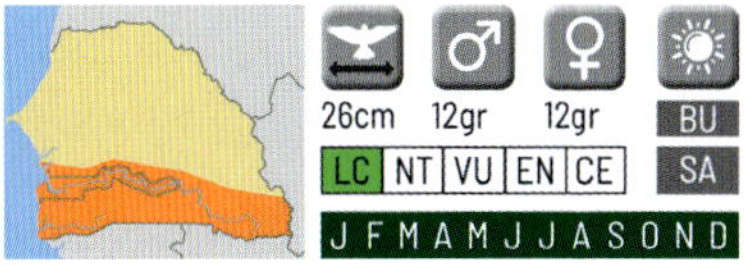

Blauhaubenschnäpper *(Elminia longicauda)* **African Blue-Flycatcher** *(17 cm)*
Dieser besonders schöne Blauhaubenschnäpper besticht durch eine hellblaue Rücken- und eine weitgehend weiße Bauchpartie. Wie die Iris sind Zügel und Schnabel schwarz. Das Gefieder des Weibchens ist etwas blasser. Dieser Schnäpper ist mit keinem anderen Vogel in Afrika vergleichbar. In verschiedensten Wäldern an der Küste, aber auch im Landesinneren, finden sie ihre Nahrung, hauptsächlich kleinere Insekten wie Bienen, Ameisen, Fliegen, Termiten und Käfer. Im dichten Laub, oft im Schatten, hüpfen sie von Ast zu Ast.

SPERLINGVÖGEL *Passeriformes - Monarchidae*

Monarchen gehören zur Überfamilie der Corvoidae, zu der auch die Würger, Pirole und Rabenvögel zählen. Monarchen sind insektenfressende Singvögel mit einem langen Schwanz, der während der Brutzeit beim Männchen deutlich länger wird. Die beiden Arten, die im Senegal und Gambia vorkommen, sind überwiegend rotbraun.

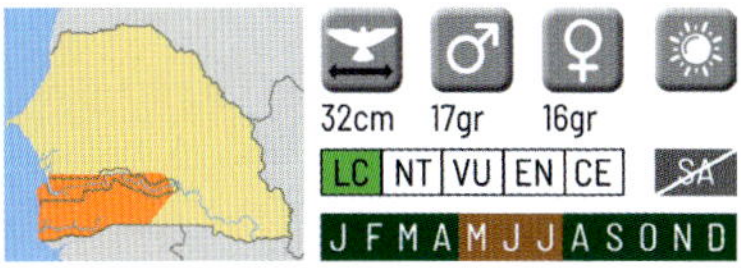

Senegalparadiesschnäpper *(Terpsiphone rufiventer)* **Black-headed Paradise-Flycatcher** *(19 cm)*
Es gibt insgesamt elf Unterarten, davon sind der *T. r. rufiventer* und *T. r. nigriceps* in diesem Teil Afrikas zu finden. Bei beiden Unterarten beeindrucken die Männchen während der Brutzeit mit besonders langen Schwanzfedern (ca. 12 cm). Beim *T. r. rufiventer* besteht der Unterschied zwischen den Geschlechtern darin, dass das Männchen weiße und schwarze Arm- und Handschwingen hat, während diese beim Weibchen schwarz sind. Beim *T.r. Nigriceps* sind diese bei beiden Geschlechtern schwarz. Beide Unterarten sind überwiegend orangebraun (das Weibchen ist etwas blasser). Vor allem in Gambia kommen Hybride dieser beiden Unterarten vor. Bei diesen Hybriden ist der Hinterkopf orangefarben, der Rest der Bauchpartie ist entweder orangefarben oder gebrochen weiß. Kopf und Haube (fehlt beim *T.r. nigriceps*) beider Unterarten sind blauschwarz. Um die schwarzen Perlenaugen herum liegt ein blauer Augenring. Ihre Ernährung umfasst Heuschrecken, Käfer und Gottesanbeterinnen.

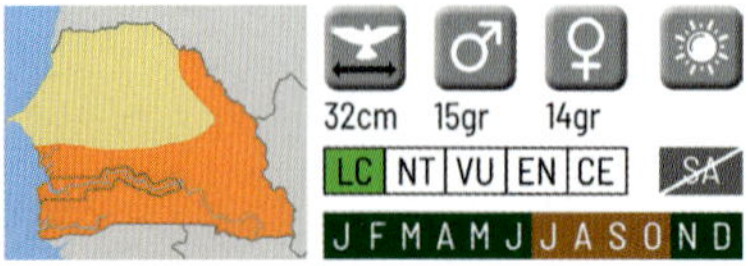

Graubrust-Paradiesschnäpper
(Terpsiphone viridis)
African Paradise Flycatcher *(18 cm)*
Paradiesschnäpper sind aufgrund ihrer auffälligen orangebraunen Farbe ein schönes Fotomotiv. Eine der zehn Unterarten *(T. v. viridis)* findet man in diesem Teil Afrikas. Beide Geschlechter haben einen blauschwarzen Kopf mit einer kleinen Haube (beim Weibchen kleiner) und eine graublaue Brust; Rückenpartie und Schwanz sind orangebraun. Dazu hat das Männchen teilweise weiße und schwarze Arm- und Handschwingen. Während der Brutzeit werden sein Schwanzfedern 12 bis 18 cm lang. Bewaldete Savannen, offene Waldgebiete und Plantagen sind bevorzugte Lebensräume. Sie fressen vor allem Insekten, deren Larven, am liebsten aber Motten und Schmetterlinge.

SPERLINGVÖGEL *Passeriformes - Leiothrichidae*

Vögel der Gattung Turdoides, gehören zur Familie der Häherlinge (Leiothrichidae). Im Jahr 2018 wurde eine umfangreiche Studie mit einem überarbeiteten Stammbaum dieser Familie veröffentlicht. Die Gattung Turdoides wurde aufgeteilt und mehr als die Hälfte der Arten der Gattung Argya zugeordnet. Sie haben einen langen Schwanz und ein eher langweiliges graues oder braunes Gefieder. Sie haben die Angewohnheit, in lauten Gruppen umherzufliegen und Nahrung zu suchen.

Weißaugendrossling *(Turdoides reinwardtii)* **Blackcap Babbler** *(25 cm)*
Der Weißaugendrossling ist einer der beiden lauten Plappermäuler - eigentlich eher Schreier -, die man in Gambia und dem Senegal findet. Er hat einen schwarzen Kopf mit heller Iris; Brust und Bauch sind beigefarben, die Rückenpartie leuchtet weiß. Sie sind nie allein und streunen durch dichte Büsche und Bäume in nicht allzu trockenen Gebieten auf der Suche nach Insekten und Beeren. Auch auf dem Boden suchen sie nach Nahrung.

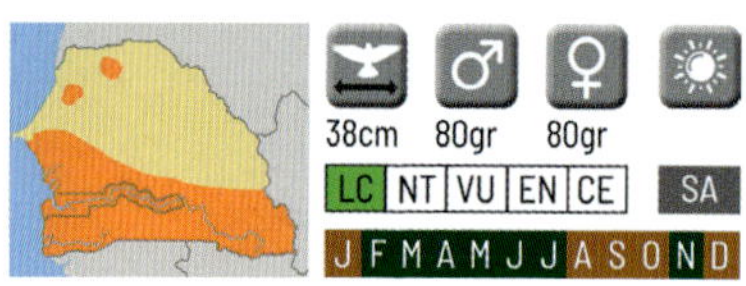

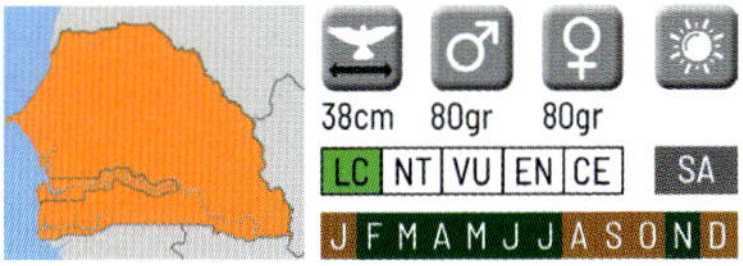

Sudandrossling *(Turdoides plebejus)*
Brown Babbler *(25 cm)*
Die dunklen Kopf- und Halsfedern scheinen aufgrund der weißen Ränder wie Schuppen über dem Gefieder zu liegen. Die Iris ist entweder gelb oder (häufiger) orangefarben. Die Rückenpartie ist beigefarben, die Beine sind rosa. In trockeneren Waldgebieten und offenen Savannen mit Sträuchern und Bäumen suchen sie vor allem nach Ameisen, Käfern, Termiten, Bienenwachs und Larven. Eine der drei Unterarten *(T. p. platycirca)* lebt in Gambia und Senegal.

SPERLINGVÖGEL *Passeriformes - Paridae*

Meisen sind kleine, gedrungene Vögel mit einem relativ kräftigen Schnabel. Sie sind lebhafte Vögel und geschickte Kletterer. Meisen sind sehr flexibel in der Nahrungswahl, sie fressen sowohl Insekten als auch Samen. Es sind meist einheimische Vögel. Die Art ist monogam.

Guineameise *(Melaniparus guineensis)*
White-shouldered Tit *(14 cm)*
Bei dieser überwiegend schwarzen Meise sind die Schulterfedern weiß und die Flügel mit schmalen weißen Streifen gezeichnet. Die Iris ist blassgelb. Meisen sind Savannenbewohner, besonders während der Regenzeit, wo sie in Akazien und Sträuchern nach Insekten, Larven, Samen und Beeren suchen. Diese Art ist im Englischen auch als „pale-eyed black tit" bekannt.

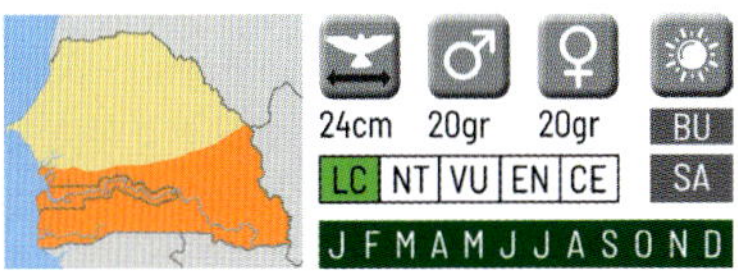

SPERLINGVÖGEL *Passeriformes - Zosteropidae*

Brillenvögel (Zosteropidae) gehören zu einer großen Familie. Die Familie hat 125 Arten, die in Südasien, Afrika und Australien vorkommen. Ihren Namen verdanken sie dem markanten Ring aus weißen Federn rund um das Auge. Sie fressen Früchte, trinken Nektar und suchen in Bäumen nach Insekten. Es sind kleine, sehr bewegliche Vögel, die ihr kompaktes Nest in Astgabeln bauen. Die Geschlechter unterscheiden sich äußerlich nicht

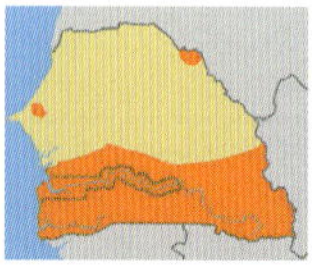

22cm 12gr 12gr

LC NT VU EN CE SA

J F M A M J J A S O N D

Senegalbrillenvogel
(Zosterops senegalensis)
African Yellow White-eye *(11 cm)*
Es gibt etwa zehn Unterarten der Senegalbrillenvögel. Die in Gambia und dem Senegal anzutreffende Unterart ist die *Z. s. senegalensis*. Die Bauchpartie ist gelb, die Farbe an Kopf und Vorderrücken tendiert zu Olivgrün. Die Flügel sind olivgrün mit dunklen Federkanten. Sie sind nicht an bestimmte Lebensräume gebunden, vermeiden aber übermäßig feuchte und sehr trockene Zonen. Zu ihrer Nahrung gehören Raupen, Motten, Fliegen und Termiten, aber auch Nektar und Fruchtsaft werden gerne aufgenommen.

SPERLINGVÖGEL *Passeriformes - Nectariniidae*

Die meisten Nektarvögel ernähren sich von Nektar, fangen aber auch Insekten, vor allem, um ihre Jungen zu füttern. Beeren sind bei einigen Arten ebenfalls ein fester Bestandteil der Nahrung. Ihr Flug ist schnell und direkt; schwebend saugen sie mit ihren Zungen den Nektar aus den Blütenkelchen. Der lange Schnabel ist abwärts gebogen. Eine auf den Federn liegende Schicht Keratin lässt zusammen mit der blauen Strukturfarbe und dem gelben Pigment die Farben vieler Arten smaragdgrün schimmern.
Die äußeren Unterschiede zwischen Männchen und Weibchen sind groß, den Weibchen fehlt meist das Farbmuster, welches das Männchen das ganze Jahr über ziert. Ihr Gefieder leuchtet in der Regel beige, gelb und braun.

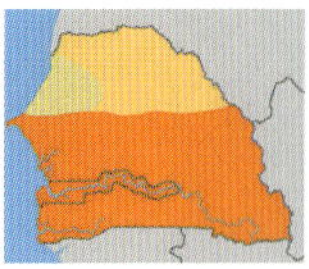

12cm 8gr 8gr

LC NT VU EN CE SA

J F M A M J J A S O N D

Grünbrust-Nektarvogel *(Hedydipna platura)*
Pygmy sunbird *(8 cm)*
Einer der kleinsten Nektarvögel mit einem Schwanz, der beim Männchen mindestens so lang ist wie der Körper. Das Smaragdgrün an Kopf und Kehle reicht bis zum Vorderrücken. Brust und Bauch leuchten gelb. Der Schwanz ist schwarz mit metallisch blauem Glanz. Das Weibchen ist vom Scheitel bis zu den Flügeln hellbraun, ihre Kehle schimmert bis zum Unterschwanz in zartem Gelb. Ihr kurzer Schwanz ist schwarz. Sie

ernähren sich von Nektar, Pollen, Blütenblättern und kleinen Insekten. Der Lebensraum umfasst Waldgebiete mit Akazien und Savannen mit Büschen und Sahelvegetation.

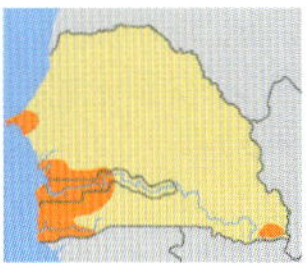

Waldnektarvogel *(Hedydipna collaris)*
Collared Sunbird *(10 cm)*
Der smaragdgrüne Kopf des Männchens ist durch ein blauviolettes Band auf der Brust mit der gelben Bauchpartie verbunden. Das Weibchen hat eine gelbe Kehle, ein Kragen fehlt. Die Flügel der *H. c. subcollaris*, die in diesem Teil Afrikas zu finden sind, schimmern braun. Ihr kurzer Schwanz leuchtet grün. Im Gegensatz zu den meisten Nektarvögeln frisst dieser Nektarvogel hauptsächlich Insekten, Schnecken, Samen und Kleinfrüchte. Wenn sie jedoch den Duft von Feigensaft aus den Löchern der Feigenwespe einfangen, sind sie nicht mehr zu halten. Der Vogel lebt vornehmlich an Waldrändern .

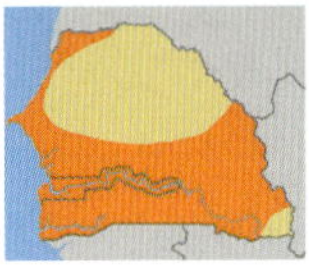

18cm | 17gr | 15gr

LC | NT | VU | EN | CE | SA

J F M A M J J A S O N D

Rotbrust-Glanzköpfchen *(Chalcomitra senegalensis)* **Scarlet-chested Sunbird** *(15 cm)*
Typisch für diesen Nektarvogel sind die feuerrote Brust und die grün schillernden Scheitel- und Kehlstreifen. Kopf, Vorderrücken und Unterbauch sind dunkelbraun bis schwarz, Flügel und Schwanz hellbraun. Das Weibchen ist überwiegend braun mit Flecken auf Brust und Bauch. Sie sind oft an orangefarbenen Lippenblütlern *(Leonotis)* zu finden, deren Nektar sie trinken. Zudem fressen sie Insekten und Spinnen. Trockenere Waldgebiete mit Akazien und Sträuchern werden bevorzugt, solange es dort Nektar gibt.

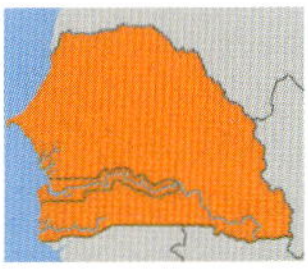

18cm | 10gr | 11gr

LC | NT | VU | EN | CE | SA

J F M A M J J A S O N D

Elfennektarvogel *(Cinnyris pulchellus)*
Beautiful Sunbird *(16 cm)*
Vom Kopf abwärts ist er smaragdgrün bis zu einem schmalen blauen Band, das die rote Brust begrenzt. Auf beiden Seiten der roten Brust befinden sich gelbe Flecken. Der Bauch leuchtet bis zum Unterschwanz smaragdgrün. Die Flügel sind teilweise dunkelbraun. Das Männchen hat zwei 6 cm lange äußere Schwanzfedern. Das Weibchen ist überwiegend cremefarben und braun mit einer zartgelben Bauchpartie. Sie fressen hauptsächlich Nektar und Blumen und dazu sämtliche Insekten und Spinnen. Flussvegetation und andere feuchte Gebiete mit blühenden Pflanzen oder Bäumen werden bevorzugt.

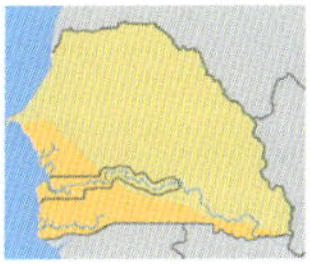

16cm 14gr 14gr

LC NT VU EN CE SA

J F M A M J J A S O N D

Violettmantel-Nektarvogel *(Anthreptes longuemarei)* **Western Violet-backed Sunbird** *(13 cm)*

Im Gegensatz zu den meisten Nektarvögeln hat dieser einen fast geraden Schnabel. Scheitel, Kehle, Mantel, Bürzel und einige der männlichen Schwanzfedern sind violett. Der Rest des Kopfes ist dunkelbraun und hat die gleiche Farbe wie die Flügel. Die Bauchpartie ist beigefarben bis weiß. Dieser Nektarvogel hat vier Unterarten. Der Violettmantel-Nektarvogel, den man in diesen Ländern antrifft, ist der *A.l. longuemarei*. Bei dieser Unterart ist ein Teil der kleinen Flügeldecken hellblau. Bis auf ihre hellgelben Überaugenstreifen hat das Weibchen keine auffälligen Farbeigenschaften. Die Rückenpartie ist hellbraun, der Mantel etwas heller und die Bauchpartie hellgelb. Sie ernähren sich von Insekten und Nektar, vorzugsweise in Savannen, Lagunen und Waldgebieten.

♂

♀

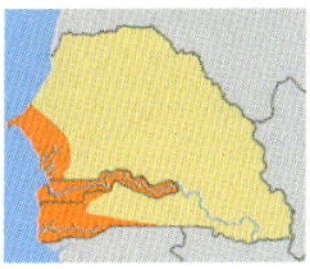

16cm 14gr 13gr

LC NT VU EN CE SA

J F M A M J J A S O N D

Rotbauch-Nektarvogel *(Cinnyris coccinigastrus)* **Splendid Sunbird** *(13 cm)*

Der Kopf ist blauviolett. Die Kehle leuchtet magentafarben und verläuft in V-Form, flankiert von tiefem Blau, bis zum breiten roten und schmalen blauen Band über die Brust. Der Bauch ist fast schwarz. Die kleinen Oberflügeldecken und der Vorderrücken sowie Bürzel und Schwanz sind teilweise blaugrün. Die Flügel haben die gleiche Farbe wie der Bauch. Das Weibchen ist überwiegend braun mit Flecken auf Brust und Bauch (beide beigefarben). Ihre Nahrung (Nektar, Samen, Spinnen und andere Insekten) suchen sie in Gebieten, in denen blühende Bäume und Pflanzen zu finden sind.

♂

♀

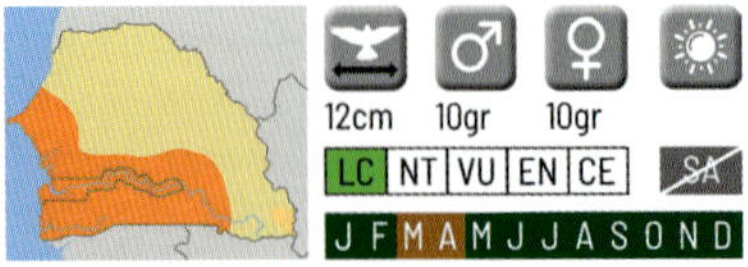

Ziernektarvogel *(Cinnyris venustus)*
Variable Sunbird *(10 cm)*
An Scheitel, Wangen, Nacken und Mantel schimmert er blau oder smaragdgrün. Die Kehle ist bis zu der zartgelben Bauchpartie violett. Die Flügel sind dunkelbraun. Der Bürzel ist himmelblau. Kopf und Flügel des Weibchens sind gelb und hellbraun. Solange das Nahrungsangebot ausreicht (Nektar, Insekten, Spinnen, Blumen), bevorzugen sie keine bestimmte Umgebung. Anbauflächen wie Parks oder Gärten sind in der Regel die besten Orte, um Nektarvögel wie beispielsweise den Ziernektarvogel anzutreffen.

Kupfernektarvogel *(Cinnyris cuprea)* **Copper Sunbird** *(12 cm)*
Von den beiden Unterarten kommt der *C. c. cupreus* in diesen beiden Ländern vor. Seinen Namen verdankt er dem Kupferglanz auf Kopf und Vorderrücken. Bürzel und Oberflügeldecken leuchten violett. Ein großer Teil der Flügel sowie Brust und Bauch sind fast schwarz. Das Weibchen hat das charakteristische Gefieder der Nektarvögel: hellbraune Rückenpartie und zartgelbe Bauchpartie. Ihre Nahrung (Nektar, Früchte und Insekten) suchen sie vorzugsweise in Savannen, an Sümpfen und Mangroven.

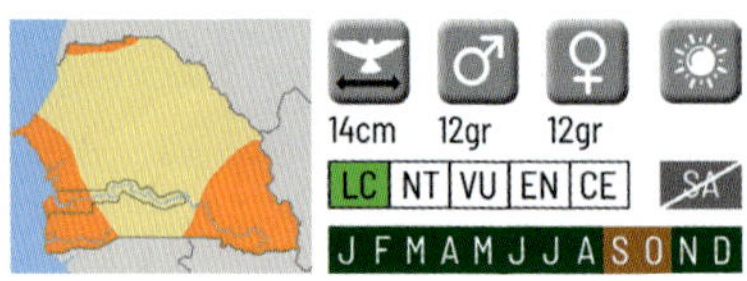

♂ (L. s. badius)

Der wissenschaftliche Name für den Echten Würger stammt vom lateinischen Wort Lanius ab, das so viel wie Metzger oder Fleischer bedeutet. Diese Vögel besitzen alle einen Hakenschnabel, kräftige Beine und scharfe Krallen. Obwohl die Echten Würger Singvögel sind, jagen sie genau wie Greifvögel Kleintiere. Die Beute sind Insekten, Eidechsen, Mäuse und kleine Vögel. Im Allgemeinen sitzen diese Echten Würger (Lanius) auf einem Ast, und sobald sie eine Beute sehen, folgen sie ihr. Würger spießen ihre Beute oft lebendig an einem Dorn oder Zweig als Nahrungsvorrat auf, eine einzigartige Methode im Tierreich.

♀ (L. s. senator)

Rotkopfwürger *(Lanius senator)*
Woodchat Shrike *(19 cm)*
Wintergast. Von den vier Unterarten verbringen drei *(L.s senator, rutilans und badius)* den Winter u. a. in Westafrika. Wie der Name schon sagt, hat dieser Würger einen rotbraunen Scheitel, Stirn und Augenstreif sind schwarz. Die Kehle strahlt weiß, ebenso wie Brust und Bauch. Die Flanken sind gelegentlich auch cremeweiß. Der Bürzel ist weiß, entlang des Mantels verlaufen weiße Streifen. Die weißen Flecken auf der Stirn des etwas blasser gefärbten Weibchens sind größer. Ihre Flanken und ihre Brust sind öfter von zartem Rotbraun. Ihre Nahrung besteht hauptsächlich aus Insekten, doch sie fangen auch Eidechsen und kleine Vögel. Sie jagen hauptsächlich in offenem Gelände in bewaldeter Umgebung.

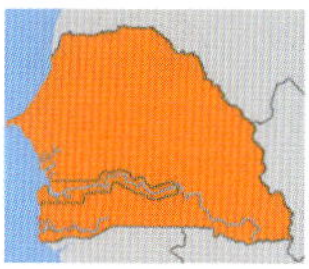

28cm 55gr 55gr
LC NT VU EN CE SA
J F M A M J J A S O N D

Gelbschnabelwürger *(Corvinella corvina)* **Yellow-billed Shrike** *(30 cm)*
Dieser Würger verdankt seine Größe nicht zuletzt seinem 8 cm langen Schwanz. Dank seines schweren gelben Schnabels ist er leicht zu erkennen und in diesem Teil Afrikas weit verbreitet. Eine Mischung aus zarten Brauntönen prägt sein Gefieder. Über die Augen liegt eine schwarze Maske. Die Kehle ist weiß wie auch die Bauchpartie und der Unterschwanz. Die Brust ist beigefarben. Sie ernähren sich von diversen Insektenarten, fangen aber auch Frösche, Eidechsen und in seltenen Fällen Finken. Ihre Nahrung suchen sie hauptsächlich in Akaziensavannen und in parkähnlichen Landschaften.

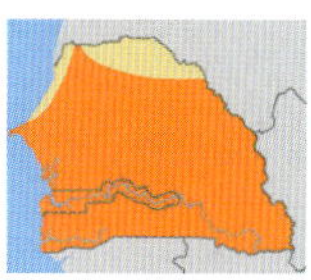

58cm 70gr 70gr
LC NT VU EN CE SA
J F M A M J J A S O N D

Die Buschwürger (Malaconotidae) bilden eine Familie aus der Ordnung der Singvögel. Diese exklusive Gruppe afrikanischer Vogelarten bevorzugt niedriges Unterholz und offene Wälder. Ihre Gewohnheiten ähneln denen der Echten Würger; sie jagen ihre Beute von einer festen Stelle in Büschen aus oder von halber Höhe aus Bäumen heraus.

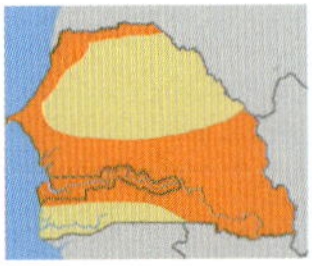

26cm 25gr 25gr

LC NT VU EN CE SA

J F M A M J J A S O N D

Brubruwürger *(Nilaus afer)* **Brubru** *(14 cm)*
Das Männchen hat einen schwarzen Scheitel, darunter weiße Überaugenstreifen und schwarze Augenstreifen, die einen Teil der Wangen bedecken. Die Kehle ist bis zum Unterschwanz weiß, die Flanken sind rotbraun. Über den Flügeln finden sich beigefarbene Flügelstreifen. Beide Geschlechter sind kaum voneinander zu unterscheiden, das Weibchen ist meist etwas blasser. Ihr Lebensraum variiert je nach Jahreszeit, sie bevorzugen jedoch dichte Laubwälder, in denen sie nach Motten, Raupen, Termiten und Käfern suchen. Während der Brutzeit ist das Paar sehr territorial.

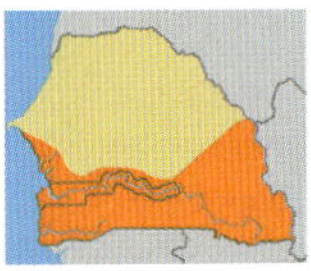

34cm 36gr 40gr

LC NT VU EN CE SA

J F M A M J J A S O N D

Gambia-Schneeballwürger *(Dryoscopus gambensis)* **Northern Puffback** *(18 cm)*
Aus dem schwarzen Kopf leuchtet die rote Iris hervor. Von der Kehle bis zum Unterschwanz ist dieser Vogel weiß. Die Rückenpartie ist schwarz mit weißen Flügelstreifen. Das Weibchen hat eine graue Rückenpartie, die Brust ist zartbraun und der Bauch weiß. Während der Brutzeit stellt das Männchen seine Brust- und Rückenfedern hoch und fliegt wie ein weißer Ball von Ast zu Ast, um dem Weibchen zu imponieren. Sie fressen Käfer, Raupen, Grillen und Heuschrecken. Diese suchen sie in Bäumen und Sträuchern bewaldeter Savannen und Mangrovenwälder.

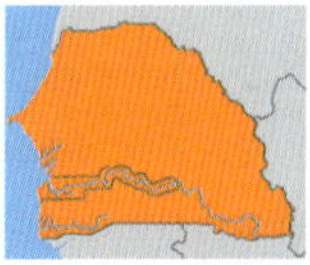

40cm 52gr 52gr

LC NT VU EN CE SA

J F M A M J J A S O N D

Senegaltschagra *(Tchagra senegalus)*
Black-crowned Tchagra *(22 cm)*

Zwischen dem schwarzen Scheitel und dem schwarzen Augenstreif liegt ein weißer Überaugenstreif. Kehle, Brust, Bauch und Unterschwanz sind weiß. Der Schwanz ist dunkelgrau. Der Vorderrücken ist beigefarben, die Flügel sind überwiegend rotbraun mit dunkelbraunen Akzenten. Bei der Suche nach Nahrung, bevorzugen sie Grasflächen in bewaldeten Gebieten mit dichten Sträuchern. Nicht nur Insekten, auch Schlangen, Skorpione und Würmer werden gerne gefressen. Tschagras bekämpfen ihre Rivalen, indem sie diese mit ihrem Gesang dominieren.

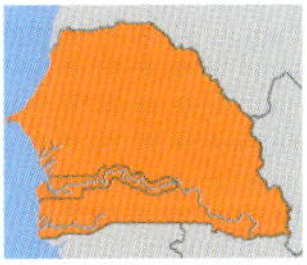

40cm 50gr 50gr

LC NT VU EN CE SA

J F M A M J J A S O N D

Goldscheitelwürger *(Laniarius barbarus)* **Common Gonolek** *(23 cm)*

Dieser Würger hat einen gelben Scheitel, Kehle, Brust und Bauch leuchten orangefarben bis rot, Bürzel und Kloake leuchten gelb. Rückenpartie, Schwanz und Wangen sind schwarz. Ihre Nahrung (Käfer, Raupen und Heuschrecken) suchen sie vor allem in dichtem Unterholz, Grasland und flussnahen Wäldern. Gelegentlich holen sie auch Küken aus Nestern. Sie leben monogam und sind sehr territorial.

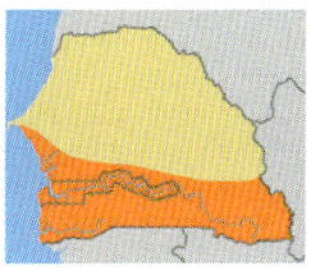

36cm 34gr 32gr BU

LC NT VU EN CE SA

J F M A M J J A S O N D

Orangebrustwürger
(Chlorophoneus sulfureopectus)
Sulphur-breasted Bushshrike *(18 cm)*

Unterhalb des grauen Scheitels verläuft ein breiter gelber Überaugenstreif, darunter liegt ein breiter gelber Augenstreif, der auch die Wangen bedeckt. Der Vorderrücken ist grau, Flügel und Schwanz sind olivgrün. Unter der gelben Kehle beginnt die orangefarbene Brust, die zum Bauch und Unterschwanz hin gelb wird. Die orangefarbene Brust des Weibchens ist etwas blasser. Ihre Nahrung besteht aus Insekten wie Heuschrecken, Käfern, Bienen, Wespen, Raupen und Schmetterlingen. Diese finden sie in dichtem Unterholz und Sträuchern, aber auch in Baumkronen in bewaldeten Savannenlandschaften. Sie bevorzugen die Vegetation an Flüssen.

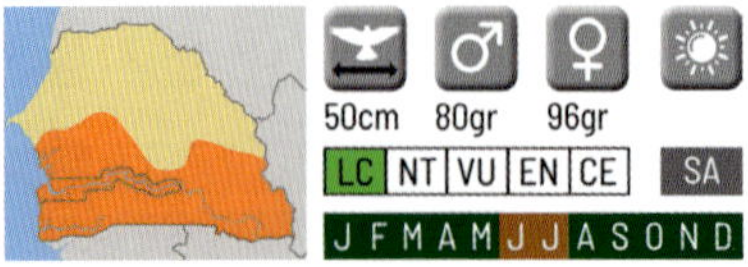

Graukopfwürger *(Malaconotus blanchoti)* **Grey-headed Bushshrike** *(26 cm)*
Der robuste Graukopfwürger hat einen schweren Schnabel. Der Kopf ist grau, die Iris gelb, Vorderrücken und Flügel sind olivgrün. Ab dem schwarzen Schnabel verläuft ein weißer Zügel. Die Bauchpartie ist gelb, manchmal mit einer zart orangefarben schimmernden Brust. Ihre Nahrung, die aus größeren Insekten wie Heuschrecken, Käfern, Bienen, Wespen, Raupen und Schmetterlingen besteht, finden sie in dichtem Unterholz und Gebüsch in offenen Savannenlandschaften.

SPERLINGVÖGEL *Passeriformes - Vangidae*

Brillenwürger (Prionops) waren lange Zeit den Echten Würgern zugeordnet. Spätere Studien zeigten jedoch, dass sie zur Familie der Vangawürger (Vangidae) gehören.
Die Gattung ist in acht Arten unterteilt, die alle in Afrika leben. Einer der Brillenwürger lebt unter anderem in Gambia und im Senegal. Brillenwürger sieht man immer in Gesellschaft ihrer Artgenossen.

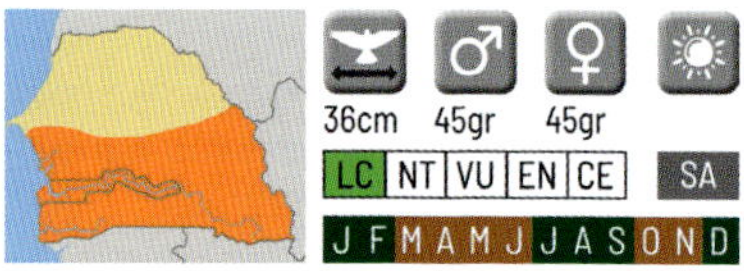

Brillenwürger *(Prionops plumatus)*
White Helmetshrike *(25 cm)*
Ein schön gezeichneter Brillenwürger. Der weiße Wuschelkopf, die aufgerichtete Haube und die gelben Augenringe fallen sofort auf. Über das ansonsten fast schwarze Gefieder laufen weiße Flügelstreifen, die Bauchpartie ist weiß. Hinter den Wangen befindet sich ein schwarzer Wangenstreif. Diese lauten Vögel fliegen mit ihren Artgenossen von Busch zu Busch, wo sie nach Raupen, Schmetterlingen, Motten, Früchten und kleinen Reptilien suchen. Trockenere Gebiete wie Savannen mit Akazien und Sträuchern werden bevorzugt.

SPERLINGVÖGEL *Passeriformes - Dicruridae*

Drongos fangen Insekten im Flug und am Boden. Sie leben in Wäldern und Gegenden mit spärlicher Vegetation. Auf ihren kurzen Beinen sitzen sie, wie viele Fliegenfänger, aufrecht. Auffällig ist ihre rote Iris. Sie sind gute Imitatoren, insbesondere von Alarmsignalen ihrer Nahrungskonkurrenten. Der obere Schnabel biegt sich über den unteren Schnabel. Die Geschlechter sind äußerlich gleich.

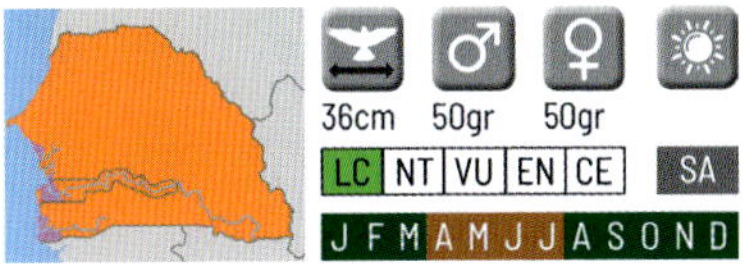

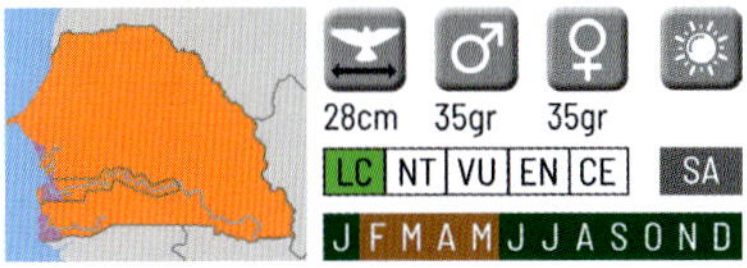

(Violett = Geradschwanzdrongo. Orange und Violett = Trauerdrongo)

Trauerdrongo *(Dicrurus adsimilis)* **Fork-tailed Drongo** *(26 cm)*
Der Trauerdrongo ist schwarz, nur Hand- und Armschwingen sind braun. Der Schwanz ist gegabelt, und die Iris leuchtet rot. Im Südwesten Gambias und des Senegals lebt auch der kleinere **Geradschwanzdrongo** *(Dicrurus ludwigii)* **Square-tailed Drongo** *(19 cm)*. Dieser hat, im Gegensatz zum Trauerdrongo, einen geraden Schwanz, ist aber ansonsten fast identisch. Meist sieht man Trauerdrongos. Drongos sitzen aufrecht auf einem niedrigen Ast und suchen in der Umgebung nach größeren Insekten wie Motten, Heuschrecken, Zikaden und Flugameisen. Solange es Nahrung gibt, ist der Trauerdrongo in puncto. Der Geradschwanzdrongo ist mehr auf dichte Wälder angewiesen. Der abgebildete Geradschwanzdrongo ist nur bei direktem Sonnenlicht so blau.

SPERLINGVÖGEL *Passeriformes - Corvidae*

Rabenvögel sind keine melodischen Sänger, gehören aber dennoch zu den Singvögeln. Es sind ausgesprochene Generalisten, wenn es um Nahrung und Lebensraum geht. Es sind Omnivoren, die sich an unterschiedliche Umstände anpassen können. Sie sind stattliche Vögel, die fast überall auf der Welt zu finden sind. Die Familie besteht aus 128 Arten. Es gibt keine äußerlich erkennbaren Unterschiede zwischen den Geschlechtern.

Spitzschwanzelster *(Ptilostomus afer)* **Piapiac** *(42 cm)*
Mit Ausnahme der dunkelbraunen Arm- und Handschwingen und der Schwanz ist dieser Elster schwarz mit einem violetten Glanz bei vollem Sonnenlicht. Sie sind Omnivoren und ernähren sich von Samen, Beeren, Früchten, Insekten und deren Larven sowie Termiten. Nahrung suchen sie vor allem in Savannen mit verstreuten Bäumen und Weideland auf dem Boden. Er ist häufig auf dem Rücken grasender Tiere zu finden, wo er als Madenhacker Zecken aus der Tierhaut pickt. Küken haben einen rosafarbenen Schnabel.

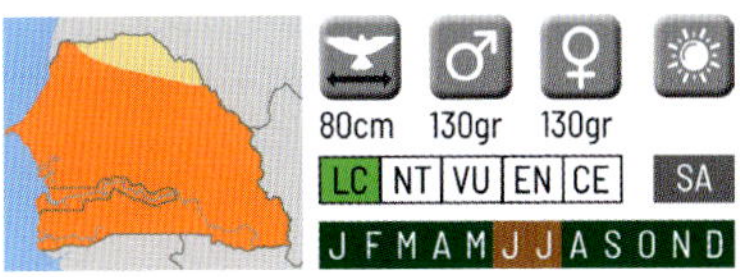

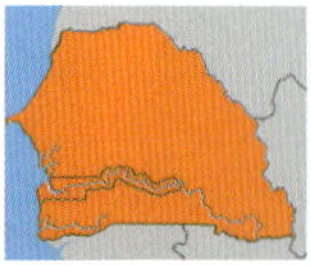

124cm 600gr 600gr

LC NT VU EN CE SA

J F M A M J J A S O N D

Schildrabe *(Corvus albus)*
Pied Crow *(45 cm)*
Der Schildrabe ist in Gambia und dem Senegal weit verbreitet. Er ist leicht an seiner Größe, seinem Umfang sowie seinem schwarz-weißen Gefieder zu erkennen. Dieser Omnivore frisst so ziemlich alles, was ihm vor den Schnabel kommt (Insekten, Frösche, Eidechsen, Vögel, Eier und Aas). Ferner frisst er Obst, Mais, Samen, Teile von Kokosnüssen und Erdnüssen. Schildraben bevorzugen keinen bestimmten Lebensraum, wo immer es Nahrung gibt, fühlen sie sich zu Hause.

SPERLINGVÖGEL *Passeriformes - Oriolidae*

Pirole leben monogam und sind häufig zu hörende Sänger. Sie halten sich vorzugsweise in Baumspitzen auf. Pirole sind überwiegend gelb, einige Arten haben einen dunklen Kopf. Doch alle (mit Ausnahme der Jungen) haben einen roten Schnabel.

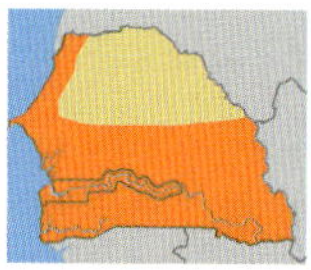

34cm 80gr 80gr

LC NT VU EN CE SA

J F M A M J J A S O N D

Schwarzohrpirol *(Oriolus auratus)*
African Golden-Oriole *(20 cm)*
Er sieht seinem europäischen Cousin sehr ähnlich. Die afrikanische Variante hat mehr Gelb an den Flügeln und einen längeren schwarzen Augenstreif über den Augen. Das Gelb des Weibchens schimmert etwas blasser. Ihr Mantel ist tendenziell olivgrün. Dieser Pirol migriert innerhalb Afrikas. Sein Lebensraum ist bewaldet und liegt vor allem an Flüssen. Er frisst hauptsächlich Insekten und Früchte wie Beeren und Feigen.

SPERLINGVÖGEL *Passeriformes - Buphagidae*

Madenhacker (Buphagus) leben in den Savannen südlich der Sahara. Gerne sitzen sie auf großen Säugetieren und picken Zecken, Mückenlarven und andere Parasiten aus deren Haut. Untersuchungen haben gezeigt, dass Madenhacker sich auch wie Parasiten verhalten und bewusst die Wunden der Säugetiere vergrößern, damit es für ihre Nahrung attraktiv ist, Blut daraus zu saugen. Madenhacker ernähren sich auch von Ohrenschmalz und Hautschuppen. Die Geschlechter unterscheiden sich im Aussehen nicht.

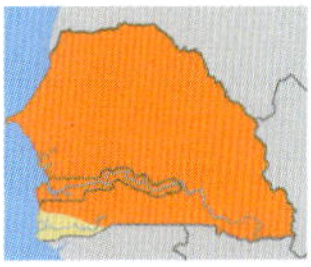

30cm 70gr 70gr

LC NT VU EN CE SA

J F M A M J J A S O N D

Gelbschnabel-Madenhacker
(Buphagus africanus)
Yellow-billed Oxpecker *(20 cm)*

Der Schnabel dieses Madenhackers ist teilweise gelb und am Ende orangefarben. Im braunen Kopfgefieder leuchtet die rote Iris. Die Brust ist bis zum Schwanz hellbraun, Flügel und Schwanz sind dunkler braun. Sein Lebensraum umfasst Busch- und Grassavannen.

SPERLINGVÖGEL *Passeriformes - Sturnidae*

Stare (Sturnidae) kommen in Afrika in allen möglichen Farben vor. Insbesondere die Eigentlichen Glanzstare der Gattung Lamprotornis sind in großer Zahl vertreten. Im Keratin (einem unlöslichen Protein), aus dem Federn aufgebaut sind, befinden sich Luftblasen. Je nachdem, wie sich das Licht in diesen Blasen bricht, entsteht in einem Zusammenspiel der Federstruktur und dem Licht, ein metallischer blauer oder grüner Glanz. Stare sind Omnivore und nisten in Hohlräumen von Bäumen. Das Aussehen der Geschlechter ist in der Regel gleich. Glanzstare leben territorial und monogam.

Grünschwanz-Glanzstar *(Lamprotornis chalybaeus)* **Greater Blue-eared Starling** *(24 cm)*
Der Grünschwanz-Glanzstar ist einer der vielen Glanzstare, die in diesem Teil Afrikas vorkommen. Man erkennt ihn vor allem an der etwas schmaleren schwarzen Maske sowie den blauen Bauch- und Beinfedern. Die Iris ist häufiger gelb als orangefarben. Die kurzen Schwanzfedern leuchten blau, während die Farbe der Rückenpartie von Smaragd bis Türkis variiert. Die Bauchpartie schimmert blauviolett. Der **Messingglanzstar** *(Lamprotornis chloropterus)* **Lesser Blue-eared Starling** *(18 cm)* ist kleiner als der Grünschwanz-Glanzstar, weist aber viele Ähnlichkeiten zu diesem auf. Sein Schwanz ist etwas kürzer, dabei oft teilweise violett, und der Augenstreif ist etwas breiter. Die Nahrung beider Arten besteht hauptsächlich aus Früchten und Insekten. Ihr Lebensraum liegt in trockeneren Waldgebieten.

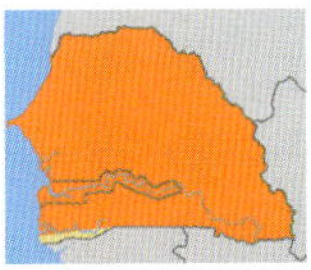

44cm 104gr 104gr

LC NT VU EN CE SA

J F M A M J J A S O N D

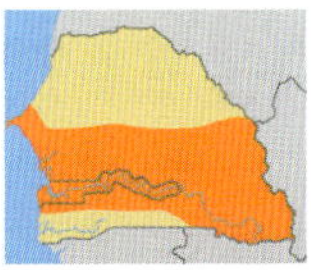

40cm 84gr 84gr BU

LC NT VU EN CE SA

J F M A M J J A S O N D

Lamprotornis chalybaeus

Lamprotornis chloropterus

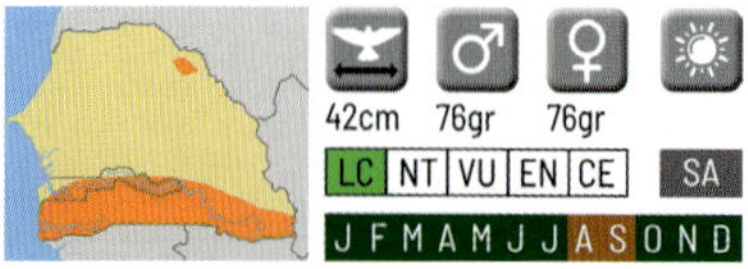

Erzglanzstar *(Lamprotornis chalcurus)*
Bronze-tailed Starling *(21 cm)*
Dieser Erzglanzstar ist leicht mit den beiden vorherigen Staren zu verwechseln. Der Unterschied besteht hauptsächlich in der Farbe und Länge des Schwanzes. Dieser ist sehr kurz und magentafarbener als der des Messingglanzstars. Das gleiche Magenta ist auch am Beinansatz und teilweise auch am Bauch zu sehen.
Die Iris ist in der Regel orangefarben. Sein Lebensraum ist bewaldet, er lässt sich jedoch auch oft in Dörfern und Städten sehen.

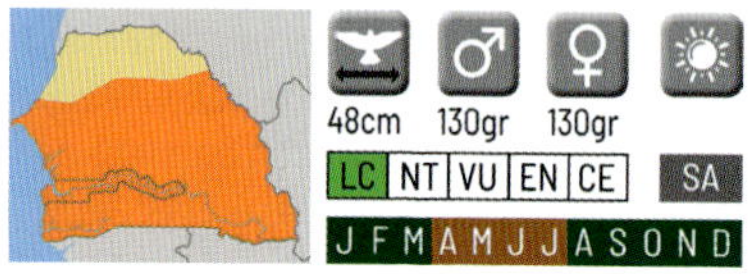

Purpurglanzstar *(Lamprotornis purpureus)* **Purple Starling** *(27 cm)*
Er hat eine stattliche Größe mit einem relativ kurzen Schwanz. Kopf, Hals und Wangen sind meist violett.
Die Flügel sind türkisfarben, und auch bei ihm sind die Kanten der Flügeldecken schwarz. Der Bauch ist ebenfalls leicht violett, ebenso wie Bürzel und Schwanzfedern. Die Iris ist weiß bis gelb, und er hat einen schweren Schnabel. Sein Lebensraum umfasst Savannen mit Baum- und Strauchbestand.

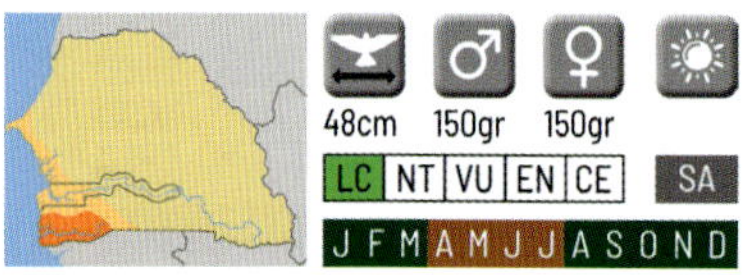

Prachtglanzstar *(Lamprotornis splendidus)*
Splendid Glossy-Starling *(28 cm)*
Dieser Prachtglanzstar *(L.s. chrysonotis)* gehört zu den größeren und buntesten Glanzstaren. Der schwarze Augenstreifen läuft am Schnabel entlang und markiert die Grenze zum smaragdgrünen Kopf und Hals. Die Kehle ist lila oder blau und reicht bis zum bronzenen Bauch. Der Vorderrücken ist lila und die smaragdgrünen Flügel haben schwarze Federränder. De Kloake ist smaragdgrün. Die Iris ist weiß. Seine Nahrung besteht hauptsächlich aus Obst *(Ficus)*, Nektar und Insekten.

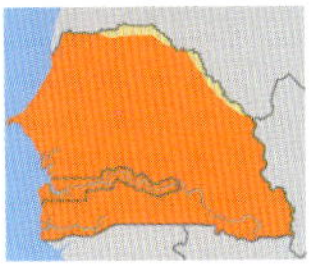

42cm 130gr 130gr

LC NT VU EN CE SA

J F M A M J J A S O N D

Langschwanz-Glanzstar
(Lamprotornis caudatus)
Long-tailed Glossy-Starling *(20 cm)*
Beide Bilder zeigen den gleichen Star. Sie verdeutlichen, wie groß die irisierenden Effekte des Sonnenlichts sind.
Der Schwanz ist länger als der Körper; mit Schwanz misst er stattliche 50 cm.
Während der Kopf fast schwarz ist, schimmern Bauch und Schwanz in einer Mischung aus Blau und Violett. Die Flügel leuchten türkisfarben bis blau. Die Iris ist weiß oder hellgelb. Sein Lebensraum umfasst Savannen mit Baumbeständen und Dornensträuchern. Seine Nahrung besteht vornehmlich aus Obst und Insekten, die er vor allem am Boden sucht.

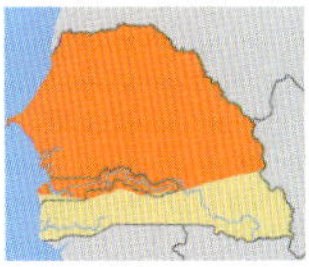

42cm 76gr 76gr

LC NT VU EN CE SA

J F M A M J J A S O N D

Rotbauch-Glanzstar *(Lamprotornis pulcher)* **Chestnut-bellied Starling** *(17 cm)*
Im grauen Kopf sieht man die weiße Iris. Zügel und Augenringe sind schwarz.
Das türkisfarbene Leuchten der Brust und Flügel ist bei ihm weniger ausgeprägt als bei anderen Glanzstaren. Von der Kehle bis zum Unterschwanz ist dieser Vogel rostbraun. Der Schwanz ist kurz. Inmitten von Trockensavannen, aber auch in Kulturgebieten und Dörfern, fühlt er sich zu Hause. Seine Nahrung besteht hauptsächlich aus Insekten.

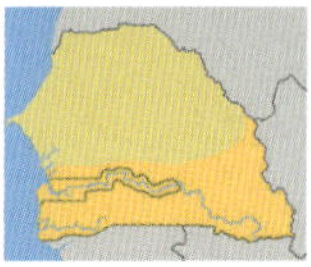

Amethystglanzstar *(Cinnyricinclus leucogaster)*
Violet-backed Starling *(17 cm)*
Einer der schönsten Stare ist der Amethystglanzstar. Besonders auffällig ist der violette Glanz des Gefieders in Kombination mit der schneeweißen Bauchpartie. Von März bis September folgen die Vögel aus dem südlichen Afrika dem Regen bis in südliche Teile Westafrikas. Das Weibchen hat eine weiße Brust und einen braun gepunkteten Bauch, vom Kopf bis zu den Flügeln ist auch die Rückenpartie mit weißen Streifen versehen. Diese Stare fressen hauptsächlich Früchte. Ihr Lebensraum besteht aus offenen Waldflächen und Flusswäldern.

SPERLINGVÖGEL *Passeriformes - Passeridae*

Die Familie der Sperlinge besteht aus 49 Arten. Sperlinge besitzen einen ziemlich dicken Schnabel, der ihnen das Schälen von Samenkörnern erleichtert. Normalerweise sind Sperlinge leicht voneinander zu unterscheiden, denn die verschiedenen Arten haben deutliche Merkmale.

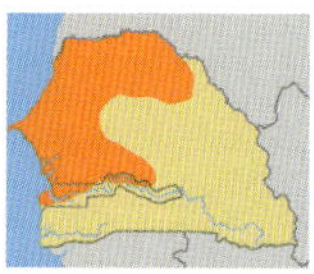

Haussperling *(Passer domesticus)*
House Sparrow *(16 cm)*
Seit seiner Einführung in den Senegal im Jahr 1920 ist der Haussperling auch dort eine heimische Art. Der Art hat zwölf Unterarten, die alle bewohnten Kontinente bevölkern. „Unser" Haussperling kommt auch in Westafrika vor. Sie fressen hauptsächlich Samen, aber wenn das Angebot groß ist auch Insekten. Ihre Nahrung finden sie in kultivierten wie nicht kultivierten Gebieten.

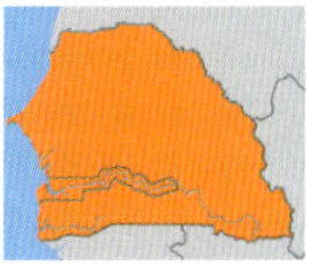

24cm 34gr 30gr

LC NT VU EN CE SA

J F M A M J J A S O N D

Graukopfsperling *(Passer griseus)*
Grey-headed Sparrow *(15 cm)*
Eine weit verbreitete Art. Er ist an seinem grauen Kopf, der grauen Rückenpartie und der weißen Bauchpartie zu erkennen. Die Flügel sind hell kastanienbraun, der Schwanz ist kurz. Diese Sperlinge finden ihre hauptsächlich aus Samen bestehende, Nahrung in vielen unterschiedlichen Lebensräumen. Wie viele andere Vögel füttern sie ihre Küken wegen der Mineralien, Vitamine und Proteine mit Insekten.

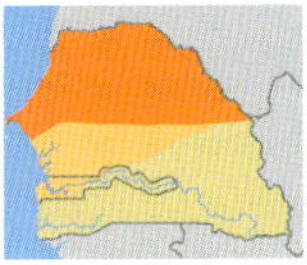

20cm 18gr 16gr

LC NT VU EN CE SA

J F M A M J J A S O N D

Braunrücken-Goldsperling
(Passer luteus)
Sudan Golden-Sparrow *(12 cm)*
In der Brutzeit leuchtet das Männchen heller gelb. Auch der Kopf wird vollständig gelb, der Rücken Kastanienbraun. Das Weibchen hat einen braunen Scheitel, und die Bauchpartie ist beigefarben bis zartgelb. Sie leben in sandigen, trockenen Savannen und fressen Gras- und Hirsesamen sowie gelegentlich kleine Insekten. Die kleinen Nomaden suchen ständig nach einer besseren Nahrungsversorgung. Sie brüten in großen Kolonien und ziehen oft zwei Gelege pro Jahr auf.

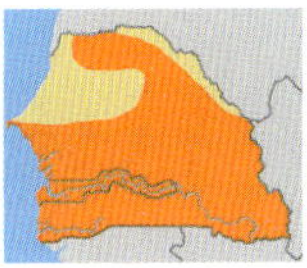

22cm 22gr 20gr

LC NT VU EN CE SA

J F M A M J J A S O N D

Buschsteinsperling *(Gymnoris dentata)*
Bush Petronia oder **Sahel Bush-sparrow** *(13 cm)*
Der Unterschied zwischen beiden Geschlechtern liegt im braunen Augenstreif des Männchens hinter dem Auge hin zum Nacken und dem weißen Augenstreif des Weibchens. Weniger sichtbar ist der gelbe Fleck am Hals beim Männchen, der beim Weibchen nicht oder nur kaum sichtbar ist. Bei beiden ist die Bauchpartie weiß, ebenso wie der Bürzel. Die Rückenpartie zeigt die typischen Sperlingfarbtöne. Seine Nahrung besteht vor allem aus Früchten und Insekten. Diese suchen sie in bewaldeten Trockensavannen.

Die Farben des männlichen Gefieders der meisten Weberarten sind während der Brutzeit leuchtender. Die meist blasser gefärbten Weibchen tragen das ganze Jahr über fast das gleiche Gefieder. Sie sind Samen- und Insektenfresser. Charakteristisch für Weber sind die markanten Nester. Es gibt Weber, die in Kolonien brüten. Sie bauen in Baumkronen oder auf Telegrafenmasten gemeinsame Behausungen mit vielen hundert einzelnen Nestern. Die meisten Arten bauen jedoch die typischen kugelförmigen Hängenester, um es Schlangen besonders schwer zu machen, die Küken zu stehlen.

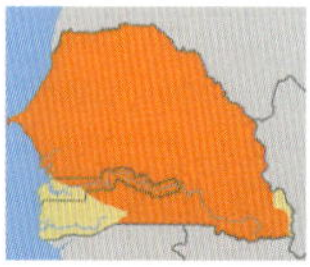

40cm 80gr 80gr

LC NT VU EN CE SA

J F M A M J J A S O N D

Alektoweber *(Bubalornis albirostris)*
White-billed Buffalo-Weaver *(24 cm)*
Alektoweber sind die größten Weber. Sie nisten in einer gemeinschaftlichen Behausung. Der englische Name Buffalo Weaver (Büffelweber) bezieht sich auf den schweren Schnabel und vermutlich auch auf die Größe. Der Alektoweber ist überwiegend schwarz mit einigen weißen Akzenten und braunen kleinen Flügeldecken. Er hat einen bemerkenswert schweren Schnabel. Während der Brutzeit wird er silbrig, ansonsten ist er gelblich mit einem schwarzen Punkt. Das Weibchen ist etwas brauner. Ihr Schnabel ist immer schwarz. In trockeneren Savannen und Ackerland sucht er auf dem Boden nach Samen, Früchten, Heuschrecken, Käfern und Maden.

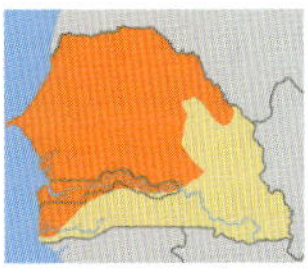

22cm 20gr 20gr

LC NT VU EN CE SA

J F M A M J J A S O N D

Schuppenkopfweber *(Sporopipes frontalis)* **Weaver, Speckle-fronted** *(12 cm)*
Ein kleiner hübscher Weber mit gesprenkeltem Scheitel und rotbraunem Nacken. Die Wangen sind weiß, ebenso wie die Brust bis zum Unterschwanz. Dieser Vogel wird gerne mit dem Sperling verwechselt. Er lebt in kleinen Gruppen und sucht auf dem Boden nach Samen und kleinen Insekten in trockenen Buschgebieten. Sein Nest ist ein unordentlich geflochtener Grasball in zwei bis sechs Metern Höhe mit seitlichem Eingang.

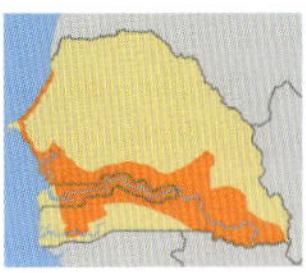

30cm 40gr 40gr

LC NT VU EN CE SA

J F M A M J J A S O N D

Kastanienscheitelweber
(Plocepasser superciliosus)
Chestnut-crowned Sparrow-Weaver *(18 cm)*
Der Kastanienscheitelweber baut sein Nest um Äste herum, oft zusammen mit Artgenossen.

Abgesehen von einem beigen Überaugenstreif sind Scheitel und Wangen rostbraun. Der schwarze Bartstreif begrenzt die beigefarbene Kehle. Brust und Bauch sind cremefarben. Der Vorderrücken weist eine einheitlich braune Färbung auf. Die Enden der Flügeldecken sind weiß. Kastanienscheitelweber scharren im Boden waldreicher Umgebungen.

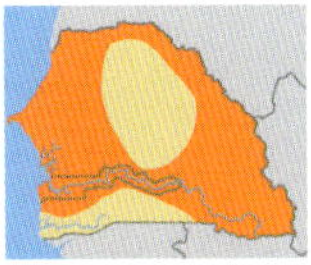

20cm 15gr 15gr

LC NT VU EN CE SA

J F M A M J J A S O N D

Zwergweber *(Ploceus luteolus)*
Little Weaver *(12 cm)*
Ein kleiner Weber. Während der Brutzeit ist das Gesicht des Männchens schwarz. Hinterkopf und Kehle sind gelb, ebenso wie die Brust bis zum Unterschwanz. Außerhalb dieser Zeit hat er eine weiße Kehle und der Kopf ist olivgrün, Brust und Bauch sind zartgelb bis weißlich. Die Flügel schimmern ganzjährig in diversen Brauntönen. Außerhalb der Brutzeit ähnelt er dem helleren Weibchen. Sie essen Samen und Insekten und finden diese in Savannen mit Akazienbeständen. Das hängende Nest ist rund.

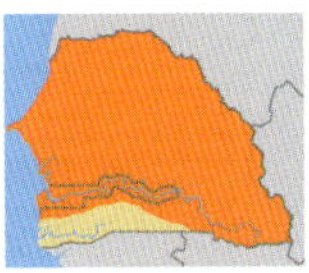

22cm 22gr 22gr

LC NT VU EN CE SA

J F M A M J J A S O N D

Dotterweber *(Ploceus vitellinus)*
Vitelline Masked-Weaver *(14 cm)*
Außerhalb der Brutzeit ähnelt das Männchen dem Weibchen; Brust und Bauch schimmern gelb, und eine Mischung aus Olivgrün und Gelb ziert die Flügel. In der Brutzeit entwickelt das Männchen eine leuchtend rote Iris, ein schwarzes Gesicht und rotbraune Federn an Stirn und Kehle. Der Eingang des kugelförmigen Nests befindet sich auf der Unterseite. Diese Art ist vor allem in trockenen Buschsavannen und Buschgebieten sehr verbreitet. Ihre Nahrung besteht aus Samen und Insekten und gelegentlich dem Nektar des Löwenohrs.

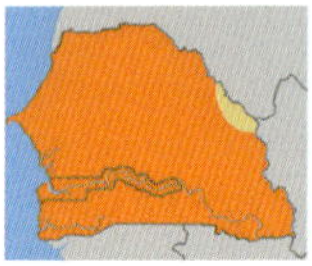

32cm 40gr 32gr

LC NT VU EN CE SA

J F M A M J J A S O N D

Textor *(Ploceus cucullatus)*
Village Weaver *(17 cm)*
Es gibt mehrere Unterarten: Die Unterart *P.c. cucullatus* ist in diesem Teil Afrikas häufig zu finden. Er unterscheidet sich von anderen Artgenossen dadurch, dass er während der Brutzeit einen schwarzen Kopf mit roter Iris bekommt und der Hinterkopf sich kastanienbraun färbt. Auch das Weibchen leuchtet in der Brutzeit intensiver gelb. Das Nest ist kugelförmig und hat auf der Unterseite einen Tunnel als Verlängerung des Eingangs.

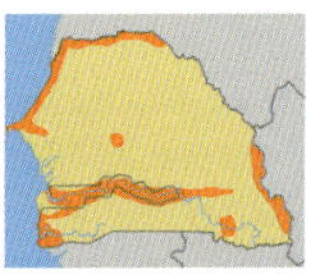

26cm 35gr 28gr

LC NT VU EN CE SA

J F M A M J J A S O N D

Schwarzkopfweber *(Ploceus melanocephalus)* **Black-headed Weaver** *(14 cm)*
Außerhalb der Brutzeit sieht das Männchen dem kleineren Weibchen sehr ähnlich. In der Brutzeit wird sein Kopf jedoch weitgehend schwarz, die Kehle färbt sich kastanienfarben. Manchmal färbt sich auch die Brust zart kastanienbraun. Seine Iris sind dunkelbraun, die des Weibchens gelb. In feuchten Regionen mit hohen Gras-, Papyrus- und Schilfbeständen suchen sie nach Samen und Insekten. Die aus Gras geflochtenen Nester sind häufig zwiebelförmig, mit dem Eingang an der Unterseite und an Schilfhalmen angebracht. Brutzeit in Gambia: Jun -Sep.

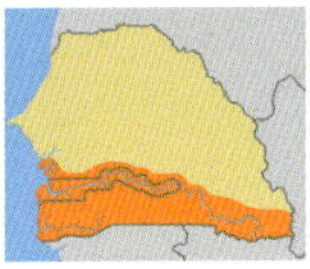

28cm 30gr 30gr BU
LC NT VU EN CE SA
J F M A M J J A S O N D

Kurzflügelweber *(Ploceus nigricollis)*
Black-necked Weaver *(16 cm)*

Die meisten Unterarten haben einen schwarzen Nacken, nicht jedoch der *P. n. nigricollis*. Hier sind bei ihm nur die Kehle und der Augenstreif schwarz. Sein Scheitel ist olivgrün, diese Farbe verläuft bis zu den Schwanzfedern, gleich wie beim Weibchen. Allerdings zeigt der männliche Kopf mehr Orange. Beide Geschlechter dieser Unterart haben eine fast weiße Iris. Sie fressen Insekten wie Heuschrecken, Schmetterlinge und Käfer, die sie in bewaldeten Gebieten an Flussufern und in Savannen finden.
Ihr kugelförmiges Nest hat einen langen Tunneleingang.

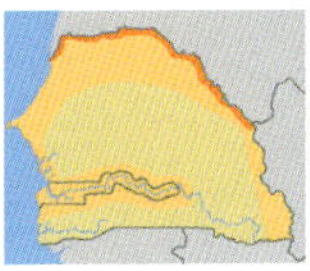

22cm 25gr 25gr
LC NT VU EN CE SA
J F M A M J J A S O N D

Blutschnabelweber *(Quelea quelea)*
Red-billed Quelea *(12 cm)*

Diese Weber leben mit vielen tausend Artgenossen zusammen. In großen Vogelwolken bewegen sie sich auf der Suche nach keimendem Saatgut. Besonders in der Zeit kurz nach einer Regenzeit sind sie zahlreich anzutreffen. In der Saatzeit sind sie für Bauern eine Plage. Während der Brutzeit wechselt das Gefieder des Männchens an Kopf und Kehle von Blassbraun zu Orange. Dieser Weber ist in seinem Gefieder nicht einheitlich, einige Männchen haben während der Brutzeit statt eines orangefarbenen einen rötlichen oder weißen Scheitel oder weiße Wangen statt schwarzer. Außerhalb der Brutzeit leuchtet nur noch der rote Schnabel. Häufig sind diese Weber entlang des Senegalflusses anzutreffen; in sonstigen halbtrockenen Zonen im Senegal und in Gambia ziehen sie dem Regen hinterher. Sie brüten zu Hunderten oder Tausenden dicht beieinander und bauen schmutzige Kugelnester aus Gras.

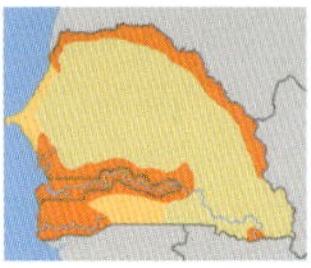

Tahaweber *(Euplectes afer)*

Yellow-crowned Bishop *(11 cm)*

Eine der drei Unterarten *(E.a. afer)* lebt in diesen Ländern. Ein kleiner Weber, doch wegen seines leuchtend gelben und tiefschwarzen Gefieders in der Brutzeit eine auffällige Erscheinung. Außerhalb der Brutzeit ist sein Gefieder gewöhnlich gefärbt, beide Geschlechter ähneln sich. Ihre Nahrung besteht vornehmlich aus Grassamen, manchmal Würmern und kleinen Insekten, die sie am liebsten in feuchten Gebieten suchen. Die kugelförmigen Nester sind zwischen Schilfhalmen versteckt. Sie sind sehr territorial.

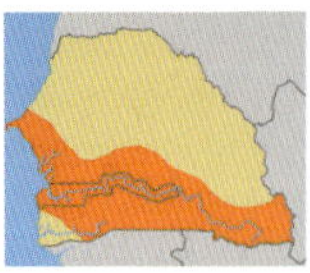

Flammenweber *(Euplectes hordeaceus)*

Black-winged Bishop *(12 cm)*

Dieser Weber ist vom Scheitel bis zum Schnabel komplett orangefarben. Der Vorderrücken ist blasser und eher rostbraun. Außerhalb der Brutzeit sehen beide Geschlechter gleich aus, das Männchen behält jedoch die dunklen Arm- und Handschwingen (siehe zweite Abb.). Ihre Nahrung besteht hauptsächlich aus Grassamen, manchmal auch Reis, jungem Mais und Termiten. Sie bevorzugen feuchtes Grasland und kultiviertes Ackerland

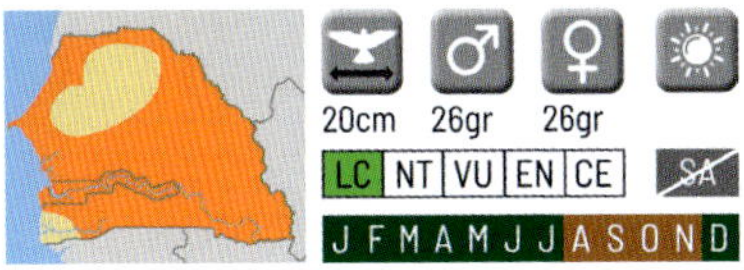

Feuerweber *(Euplectes franciscanus)*
Northern Red Bishop *(11 cm)*
Farblich ist er leicht mit dem Flammenweber zu verwechseln, doch wo dieser eine rote Stirn hat, ist die Stirn des Feuerwebers schwarz. Auch ein Teil seines Scheitels ist schwarz. Ebenfalls unterschiedlich sind die brauneren Flügel des Feuerwebers. Außerhalb der Brutzeit sind die beiden Geschlechter kaum voneinander zu unterscheiden. Ihre Nahrung besteht hauptsächlich aus Gras und Hirsesamen, manchmal auch Insekten. Sie bevorzugen feuchtes Grasland und kultiviertes Ackerland.

SPERLINGVÖGEL *Passeriformes - Estrildidae*

Diese Prachtfinken, nicht zu verwechseln mit den Finken (Fringillidae), sind bunte Vögel. Sie fressen vornehmlich Grassamen und einige Insekten und sind monogam. Meist bauen sie ein kuppelförmiges Nest, das ab und an einen „falschen" Nesteingang hat. Prachtfinken sind in der Regel Standvögel (Überwinterung in ihren Brutgebieten). Die Männchen haben ein leuchtendes Gefieder. Die Weibchen haben nur einige sehr blasse Akzente, die beim Männchen bunter ausfallen.

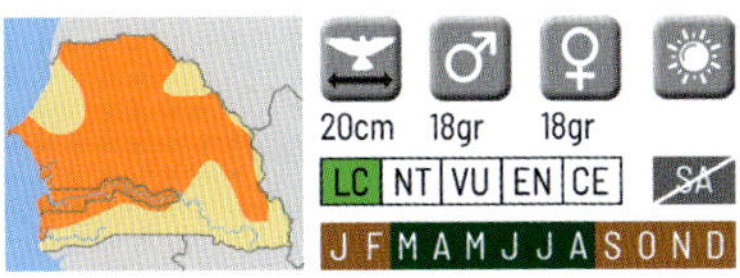

Buntastrild *(Pytilia melba)*
Green-winged Pytilia *(14 cm)*
Ein besonders hübscher Prachtfink. Der Kopf des Männchens ist rot und grau. Unter der Kehle ist es gelb, Brust und Bauch sind schwarz-weiß gestreift. Die Flügel sind olivgrün, der Schwanz leuchtend rot. Dem Weibchen fehlt das Rot auf dem Kopf. In Trocken- und Dornstrauchsavannen sowie an Waldrändern und an Flüssen finden sie ihre Nahrung, vor allem Grassamen und Termiten.

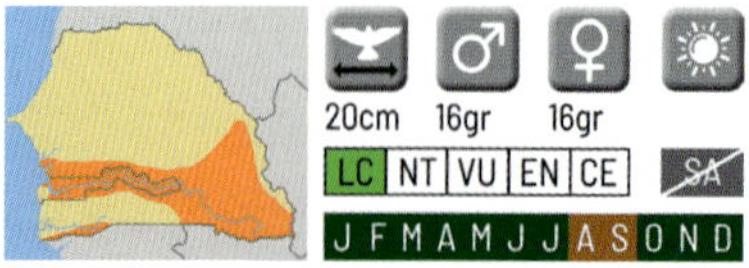

Auroraastrild *(Pytilia phoenicoptera)*
Red-winged Pytilia *(13 cm)*
Ein Teil der Flügel und des Schwanzes leuchten orangefarben bis rot. Der Rest des Gefieders ist grau, Brust und Bauch zeigen sich in grau-weißem Zebramuster. Das Männchen ist etwas dunkler grau, und es fehlen ihm die schwachen Streifen auf Kehle. Beide Geschlechter sind auf dem Bauch gestreift. Ihr Lebensraum sind trockenere Waldgebiete mit hohen Bäumen und Gebüschen. Dort suchen sie hauptsächlich nach Grassamen und Termiten.

♂

♀

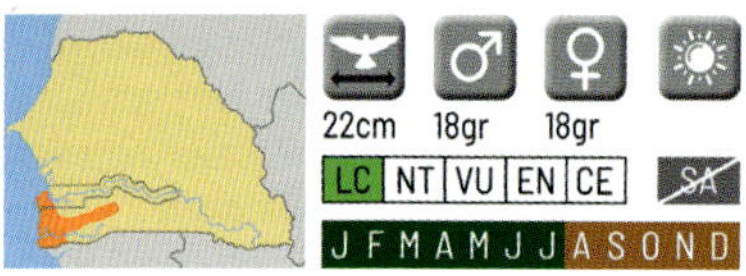

Rotbrust-Samenknacker *(Spermophaga haematina)* **Western Bluebill** *(15 cm)*
Ein auffallend schöner Prachtfink, mit einer orangefarbenen bis roten Unterpartie und schwarzem Rücken und Schwanz. Die Unterpartie des Weibchens ist weiß-schwarz gesprenkelt, ihre roten Wangen sind dunkler als die Brust. Ihre abwechslungsreiche Nahrung besteht aus Beeren, Samen, Insekten und Spathen von Palmen. Diese finden sie im Unterholz von Waldgebieten, vorzugsweise in Wassernähe.

Bandamadine *(Amadina fasciata)* **Cut-throat Finch** *(12 cm)*
Das Männchen unterscheidet sich vom Weibchen durch das rote Band über der Kehle. Bei beiden Geschlechtern ist der Bauch rotbraun und gefleckt. Die Bandamadine ist beigefarben, Kopf und Vorderrücken zeigen dunkelbraune Flecken. In halbtrockenen Zonen, Grasland und trockenen bewaldeten Savannen suchen sie nach Grassamen, Termiten und anderen kleinen Insekten.

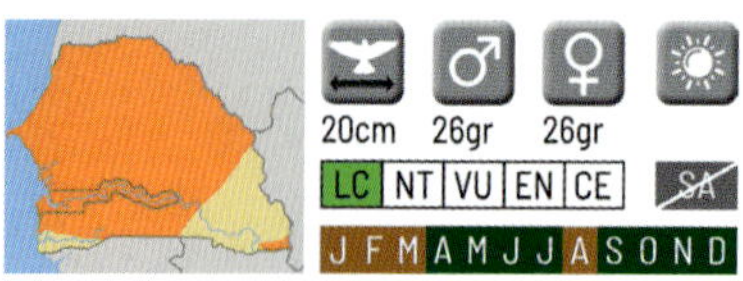

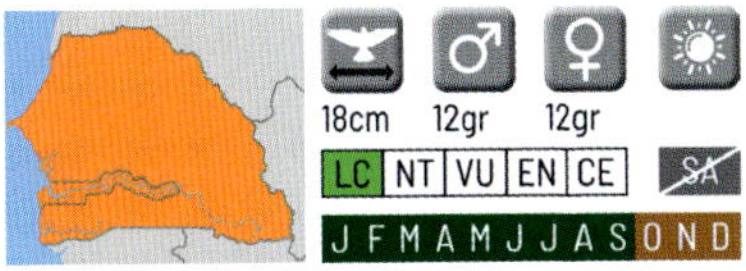

Senegalamarant
(Lagonosticta senegala)
Red-billed Firefinch *(10 cm)*
Dieser Senegalamarant hat einen roten Schnabel, gelbe Augenringe und einen roten Bürzel. Diese Art kommt häufig vor. Senegalamarante sind häufig in der Nähe von flachen Tümpeln zu finden, aus denen sie oft trinken. Die Weibchen sind hellbraun mit rotem Bürzel und schwachem Augenstreif. Nur ihr Unterschnabel ist rot.

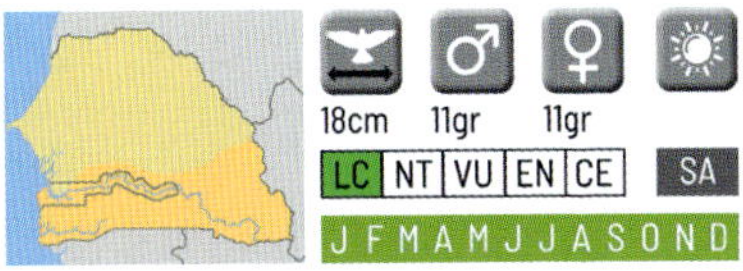

Pünktchenamarant *(Lagonosticta rufopicta)* **Bar-breasted Firefinch** *(10 cm)*
Der Pünktchenamarant ist deutlich weniger rot als der Senegalamarant, Kopf und Brust sind bei ihm eher rosafarben. Auf der Brust hat er weiße Sprenkel, und vom Scheitel bis zu den Flügeln ist er graubraun, sein Bauch ist grau. Der Bürzel ist rosafarben bis rot. Zwischen den Geschlechtern erkennt man keine Unterschiede. Ihre Nahrung besteht aus kleinen Insekten, die sie sich auf sumpfigem Boden in Akaziensavannen suchen.

Schmetterlingsastrild *(Uraeginthus bengalus)* **Red-cheeked Cordonbleu** *(13 cm)*
Schöne hellblaue Prachtfinken mit hellbraunem Scheitel, Nacken und Flügeln sowie roten Wangen beim Männchen. Bauch und Unterschwanz schimmern zartbraun. Sie ernähren sich hauptsächlich von kleineren Grassamen, manchmal auch Termiten und Mottenlarven, die sie auf dem Boden finden. Sie leben oft zusammen mit anderen Prachtfinken.

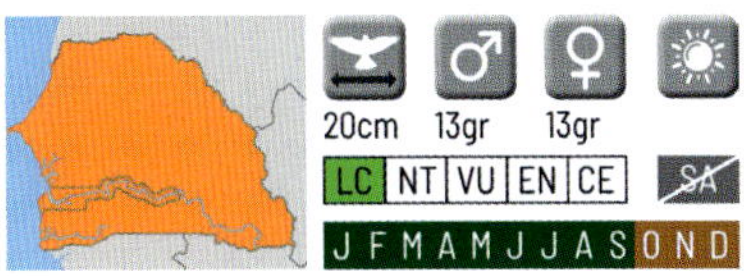

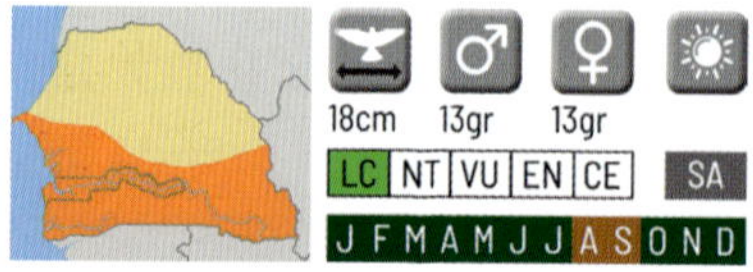

Lavendel-Schönbürzelastrild
(Estrilda caerulescens)
Lavender Waxbill *(10 cm)*
Ein zartgrauer kleiner Prachtfink mit schwarzem Zügel sowie orangefarbenem bis rotem Bürzel und Schwanz. Das Weibchen kann am Unterbauch etwas dunkler grau sein. Sie ernähren sich von Grassamen, kleinen Früchten und Blumen, deren Nektar sie trinken. Sie leben in Gebieten mit dichtem Gebüsch in der Nähe von Wäldern und felsigen Hügeln.

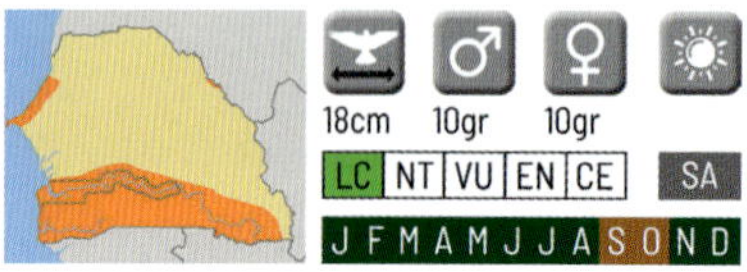

Orangebäckchenastrild *(Estrilda melpoda)* **Orange-cheeked Waxbill** *(10 cm)*
Ein hübscher Prachtfink mit orangerotem Schnabel, orangefarbenen Wangen und rotem Bürzel. Brust und Flanken des Bauchs sind hellgrau. Der Bauch selbst schimmert bis zur Kloake hellorangefarben. Der Schwanz ist kurz. Sie ernähren sich von Grassamen und Insekten und finden ihre Nahrung in grasbewachsenen Landschaften und an Waldrändern.

Grauastrild *(Estrilda troglodytes)* **Black-rumped Waxbill** *(10 cm)*
Im Kontrast zu seinem roten Schnabel und Augenstreif ist die Rückenpartie dieses Grauastrilds zartgrau, die Unterpartie gebrochen weiß bis rosafarben. Die Brust des Weibchens schimmert in etwas zarterem Rosa. Der Schwanz ist braun oder dunkelgrau. Sie ernähren sich von Grassamen und Kräutern, gelegentlich auch von kleinen Insekten wie Termiten. Oft sitzen die Paare zusammen, zum Teil auch in Gesellschaft mehrerer Artgenossen.

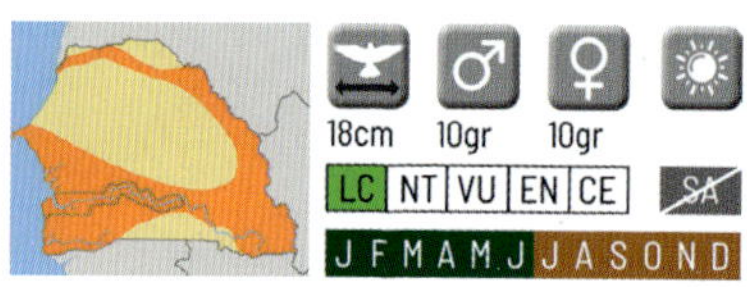

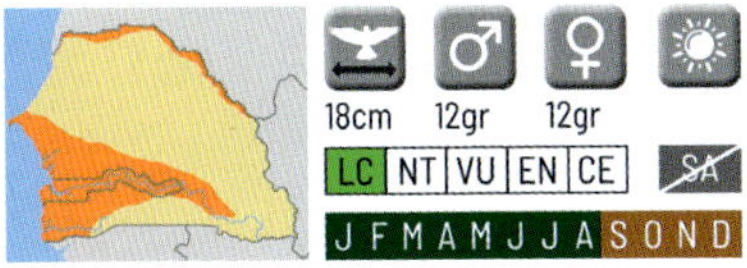

Wachtelastrild *(Ortygospiza atricollis)*
Black-faced Quailfinch *(10 cm)*
Dieser überwiegend graue Astrild hat einen roten Schnabel und ein schwarzes Gesicht. Die Farbe des Rückens ist schiefergrau und setzt sich über die Flügel fort. Unter der Kehle und über den Flanken haben sie Zebrastreifen. Ein Teil der Brust und des Bauches ist rotbraun. Im Norden des Senegals lebt eine der elf Unterarten, der *O. a. atricollis*, im südlichen Teil und Gambia lebt der *O. a. ansorgei*. Wangen und Kehle sind bei letzteren teilweise schwarz. Das Schwarz auf dem Kopf fehlt bei den Weibchen, und nur ihr Unterschnabel ist rot. Man findet sie in Grasland, wo sie hauptsächlich Grassamen fressen.

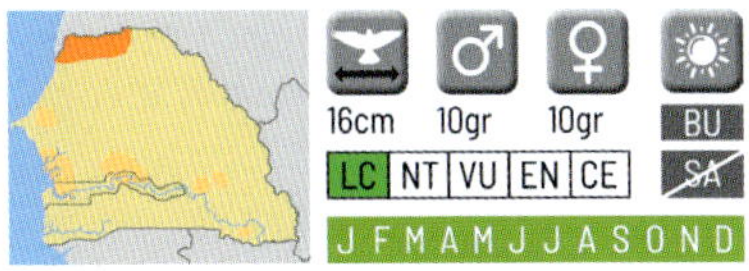

Goldbrustastrild *(Amandava subflava)*
Zebra oder **Orange-breasted Waxbill** *(9 cm)*
Die Rückenpartie ist hauptsächlich olivgrün, Kehle und Bauch sind gelb oder orangefarben, auch der Unterschwanz ist orangefarben. Der Bürzel leuchtet intensiver orange. Der Schnabel ist rot. Über dem Auge liegt ein orangeroter Überaugenstreif. Beide Geschlechter sind an den Flanken grün und gelb gestreift. Die Farben des Weibchens sind deutlich blasser, und es fehlt der orangefarbene Überaugenstreif. Ihr Schnabel ist schwarz und rot. Sie fressen vornehmlich Grassamen. Mit Ausnahme des nordwestlichen Senegals ist er in diesen beiden Ländern eine seltene Erscheinung.

Afrikasilberschnabel *(Euodice cantans)* **African Silverbill** *(11 cm)*
Der Kopf ist hellbraun, der Schnabel blaugrau. Ein hellblauer Augenring umrandet die dunkelbraune Iris des Afrikanischen Silberschnabels. Brust und Rücken sind hellbraun, der Bauch schimmert weiß. Der Schwanz ist braun bis dunkelgrau, Arm- und Handschwingen sind dunkelbraun. Sie suchen in Trockensavannen und trockenem, mit Akazien bewachsenem Grasland hauptsächlich nach Grassamen und gelegentlich kleinen Insekten.

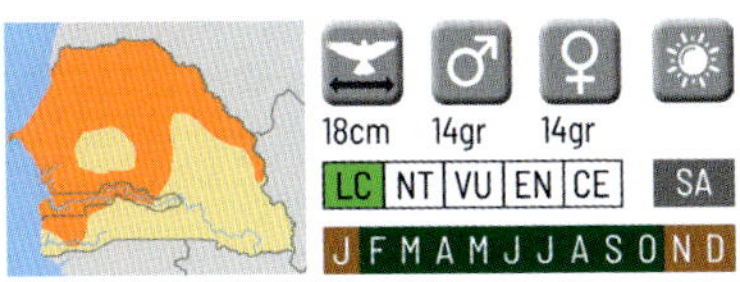

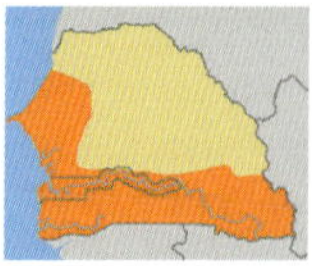

18cm 11gr 11gr

LC NT VU EN CE SA

J F M A M J J A S O N D

Kleinelsterchen *(Spermestes cucullatus)*
Bronze Munia *(9 cm)*
Für dieses Bronzemännchen aus der Familie der Prachtfinken werden auch die englischen Namen Munia oder Mannikin verwendet. Sein Kopf ist dunkelbraun, der Vorderrücken fast grau, und die Flügel sind in Brauntönen gefärbt. Sein Kopf leuchtet im Sonnenlicht leicht bronzegrün, ebenso wie ein Teil der kleinen Flügeldecken. Auf den Flanken zeigt sich ein Zebramuster. Das Weibchen ist überwiegend hell- und dunkelbraun gezeichnet. Bronzemännchen treten fast immer paarweise auf. Sie ernähren sich von Grassamen und kommen vor allem in offenen Waldgebieten und grasbewachsenen Halbwüsten vor.

SPERLINGVÖGEL *Passeriformes - Viduidae*

Witwenvögel sind Insekten- und Samenfresser. Mit dem kleinen festen Schnabel schälen sie die Samen. Bei den Vögeln der Gattung Vidua hat das Männchen in der Brutzeit einen langen Schwanz. Jungvögel und Weibchen dieser Arten sind schwer voneinander zu unterscheiden. Sie sind alle braun, schwarz und beigefarben. Auch die Männchen sind außerhalb der Brutzeit weniger auffällig. Alle Witwenvogelarten sind Brutparasiten und nutzen als Brutwirte ausschließlich Prachtfinkenarten. Jede Art hat ihren jeweiligen Favoriten, den sie parasitiert. Anders als beim Kuckuck entfernt ein schlüpfender Witwenvogel nicht die Eier und Jungvögel seiner Wirtsfamilie.

♂

♀

Rotfußwitwe *(Vidua chalybeata)*
Village Indigobird *(11 cm)*
In diesem Teil Afrikas leben drei verschiedene Unterarten dieser Witwe. Die häufigste ist die *V. c. chalybeate*. Das Männchen hat in der Brutzeit ein blauschwarzes Gefieder. Das Weibchen hat, wie die andere Witwe, eine braungraue Rückenpartie und eine gebrochen weiße Unterpartie. Ein breiter weißer Überaugenstreif verläuft über ihren Augen. Beide Geschlechter haben einen blassen Schnabel und rote Beine. Das gleiche Gefieder schmückt auch die **Wilsonwitwe** *(Vidua wilsoni)* **Pale-winged Indigobird** *(11 cm)*, ihre Hand- und Armschwingen sind jedoch brauner und die Beine eher rosafarben als rot. Dann sieht man noch die **Grünschwanzwitwe** *(Vidua nigeriae)*

Vidua wilsoni

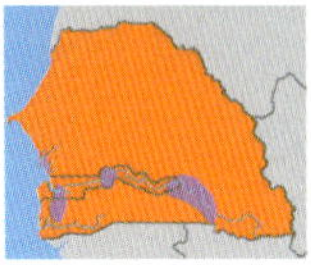

18cm 15gr 15gr

LC NT VU EN CE SA

J F M A M J J A S O N D

Violett = wilsoni & chalybeata

Quailfinch Indigobird *(11 cm)*, die von der Wilsonwitwe kaum zu unterscheiden ist. Die Grünschwanzwitwe kommt in Zentralgambia in Flussnähe und im Saloum-Delta im Senegal vor. Die fünf Witwen in der Abbildung zeigen das Gefieder außerhalb der Brutzeit. Diese Vögel leben in Savannen mit Dornbäumen und -büschen, an Flüssen und auf Grasflächen von Plantagen. Sie fressen vornehmlich Grassamen und Termiten.

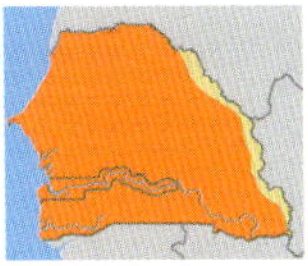

20cm 12gr 12gr

LC NT VU EN CE SA

J F M A M J J A S O N D

Dominikanerwitwe *(Vidua macroura)*
Pin-tailed Whydah *(12 cm)*
Außerhalb der Brutzeit sind die beiden Geschlechter kaum voneinander zu unterscheiden. Doch zu Beginn der Brutzeit macht das Männchen optisch eine unglaubliche Verwandlung durch: Nicht nur der lange Schwanz (20 cm), auch das gesamte Gefieder wechselt von Brauntönen zu Schwarzweiß. Nur der rote Schnabel bleibt unverändert. Auch sie hat während der Brutzeit einen roten Schnabel (außerhalb dieser Zeit grau bis rosafarben). Ihre Gefiederfärbung besteht ebenfalls aus Brauntönen, dunkel und hell meliert auf dem Rücken. Sie sind zwar Samenfresser, jagen aber auch fliegende Termiten und kommen häufig in verschiedenen Lebensräumen vor. Ihre Eier legen sie in die Nester von Astrilden.

♀

♂

Senegalwitwe *(Vidua orientalis)* **Northern Paradise-Whydah** *(13 cm)*
In diesem Teil Afrikas leben zwei Arten: die Senegalwitwe und die abgebildete **Langschwanzwitwe** *(Vidua Interjecta)* **Long-tailed Paradise-Whydah** *(13 cm)*. Sie unterscheiden sich lediglich durch die in der Brutzeit etwas kürzeren Schwanzfedern des Senegalwitwenmännchens (13 cm bei 16 cm). Auch die Weibchen sind, wenn sie nicht singen, nicht zu unterscheiden. Vor allem die Männchen sind in der Brutzeit sehr auffällig gefärbt. Außerhalb der Brutzeit haben sie fast das gleiche Gefieder wie die Weibchen. Sie halten sich in Akaziensavannen auf und fressen Grassamen und Termiten. Sie parasitieren die Nester der Bunt- und Auroraastrilde.

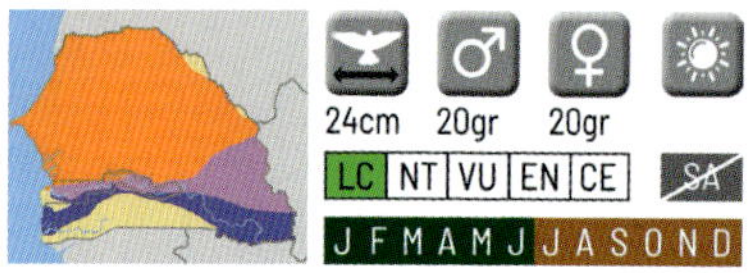

Orange = Senegalwitwe
Purpur = Langschwanzwitwe
Violett = Uberlappungsgebiet

SPERLINGVÖGEL *Passeriformes - Emberizidae*

Ammern sind an ihrer auffälligen Kopfzeichnung zu erkennen. Ihr Gefieder ist sehr unterschiedlich, jedoch bei den meisten Arten eher unscheinbar. Der Schwanz ist eher lang und gelegentlich gegabelt. Die Flügel sind lang und meist spitz. Ammern haben kurze kugelförmige Schnäbel, die sich ideal zum Schälen von Samen eignen.

Graukehlammer *(Fringillaria goslingi)* **Gosling's Bunting** *(15 cm)*
Die Graukehlammer ist nach Ansicht einiger Wissenschaftler eine Unterart der *F. tahapisi*, der Bergammer. Das Aussehen dieser Grauammer zeigt in der Tat viele Ähnlichkeiten, u. a. auch die Streifen auf dem Kopf. Die Graukehlammer ist im Allgemeinen heller braun. Die weißen Streifen des Männchens sind beim Weibchen zartbraun. Die Kehle ist bei beiden Geschlechtern grau. Ihre Nahrung besteht vornehmlich aus Grassamen. Ihr Lebensraum ist trockener, karger Wald.

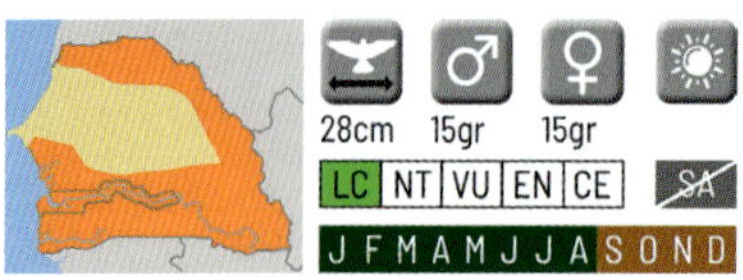

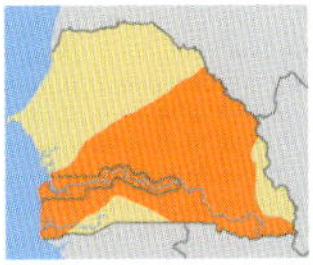

28cm 15gr 15gr
LC NT VU EN CE SA
J F M A M J J A S O N D

Braunbürzelammer *(Fringillaria affinis)*
Brown-rumped Bunting *(15 cm)*
Die Unterpartie der Braunbürzelammer ist komplett gelb, der Kragen grau, Vorderrücken und Flügel braun. Über den Scheitel sowie unter den weißen Wangen und vom Auge nach hinten verlaufen schwarze Streifen. Weibchen haben gelb-hellbraune Wangen (s. Bild). Sie halten sich häufig auf Termitenhügeln auf; neben Termiten fressen sie auch Grassamen.

SPERLINGVÖGEL *Passeriformes - Fringillidae*

Diese Finken gehören zu einer Singvogelfamilie, zu der auch die Finken, Erlenzeisige, Haken- und Kreuzschnäbel und Kanarienvögel gehören. Häufig sind es samenfressende Vögel mit kurzem, kräftigem Schnabel. Mit ihren starken Kiefermuskeln knacken sie härtere Samen. Die Männchen unterscheiden sich in der Regel von den Weibchen durch ihr Aussehen. Die meisten Finken sind territorial, einige brüten in Gemeinschaften.

Mosambikgirlitz *(Crithagra mozambica)* **Yellow-fronted Canary** *(13 cm)*
Mosambikgirlitze kommen in zehn Unterarten in Afrika vor. *C. m. caniceps* leben in diesem Teil Westafrikas. Brust und Bauch sind gelb, Kopf, Wangen, Scheitel und Wangenlinie sind olivgrün. Das Weibchen hat zum Teil dezente Punkte unter der Kehle, ansonsten gleicht ihr Gefieder dem des Männchens. In Deutschland ist er beliebt als singender „Kanarienvogel" und auch im Busch Afrikas als lauter Sänger anzutreffen. Sie leben in bewaldeten, zum Teil auch spärlich bewachsenen Savannen, sofern es dort Samen, Blumen, Blätter und Insekten gibt.

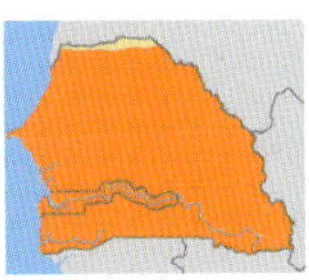

24cm 16gr 16gr
LC NT VU EN CE SA
J F M A M J J A S O N D

Index Deutsch - Latein

Adler, Afrikanischer Habichts- *Aquila spilogaster* 136
Adler, Fisch- *Pandion haliaetus* 125
Adler, Geiersee- *Gypohierax angolensis* 127
Adler, Kampf- *Polemaetus bellicosus* 136
Adler, Kronen- *Stephanoaetus coronatus* 137
Adler, Raub- *Aquila rapax* 136
Adler, Schopf- *Lophaetus occipitalis* 137
Adler, Schreisee- *Haliaeetus vocifer* 135
Affe, Husaren- *Erythrocebus patas* 30
Agame, Siedler *Agama agama* 100
Amadine, Band- *Amadina fasciata* 248
Amarant, Pünktchen- *Lagonosticta rufopicta* 249
Amarant, Senegal- *Lagonosticta senegala* 248
Ammer, Braunbürzel- *Fringillaria affinis* 255
Ammer, Graukehl- *Fringillaria goslingi* 254
Astrild, Aurora- *Pytilia phoenicoptera* 248
Astrild, Bunt- *Pytilia melba* 247
Astrild, Goldbrust- *Amandava subflava* 251
Astrild, Grau- *Estrilda troglodytes* 250
Astrild, Lavendel-Schönbürzel- *Estrilda caerulescens* 250
Astrild, Orangebäckchen- *Estrilda melpoda* 250
Astrild, Schmetterlings- *Uraeginthus bengalus* 249
Astrild, Wachtel- *Ortygospiza atricollis* 251
Bartvogel, Blutbrust- *Lybius vieilloti* 195
Bartvogel, Furchenschnabel- *Pogonornis dubius* 195
Bartvogel, Gelbstirn- *Pogoniulus chrysoconus* 194
Bartvogel, Goldbürzel- *Pogoniulus bilineatus* 194
Bekassine *Gallinago gallinago* 154
Bienenfresser *Merops apiaster* 187
Blatthühnchen, Blaustirn- *Actophilornis africana* 148
Bleda, Graukopf- *Bleda canicapillus* 209
Bogenflügel, Mecker- *Camaroptera brachyura* 213
Boomslang *Dispholidus typus* 91
Borstenhörnchen, Gambische *Heliosciurus gambianus* 41
Borstenhörnchen, Gestreiftes *Xerus erythropus* 40
Borstenhörnchen, Rotfüßige *Heliosciurus rufobrachium* 41
Brachschwalbe, Rotflügel- *Glareola pratincola* 151
Brachvogel, Großer *Numenius arquata* 155
Brachvogel, Regen- *Numenius phaeopus* 155
Braunkehlchen *Saxicola rubetra* 221
Braunsichler *Plegadis falcinellus* 116
Brillenvogel, Senegal- *Zosterops senegalensis* 226
Büffel, Rot- *Syncerus caffer nanus* 72
Bülbül, Gelbkehl- *Atimastillas flavicollis* 209
Bülbül, Grau- *Pycnonotus barbatus* 208
Bülbül, Grün- *Eurillas virens* 209
Buschbock *Tragelaphus scriptus* 74
Bussard, Sperber *Kaupifalco monogrammicus* 134
Chamäleon, Fersensporn- *Chamaeleo gracilis* 101
Chamäleon, Senegal *Chamaeleo senegalensis* 101
Dommel, Graurücken- *Ixobrychus sturmii* 114
Dommel, Zwerg- *Ixobrychus minutus* 114
Drongo, Geradschwanz- *Dicrurus ludwigii* 235
Drongo, Trauer- *Dicrurus adsimilis* 235
Drossel, Afrika- *Turdus pelios* 210
Drossling, Sudan- *Turdoides plebejus* 225
Drossling, Weißaugen- *Turdoides reinwardtii* 224
Ducker, Gelbrücken- *Cephalophus silvicultor* 77
Ducker, Kronen- *Sylvicapra grimmia* 77
Ducker, Maxwell- *Philantomba maxwellii* 76
Ducker, Rotflanken- *Cephalophus rufilatus* 76
Elefant, Afrikanischer *Loxodonta africana* 28
Elenantilope, Riesen- *Taurotragus derbianus* 73
Ente, Afrikazwerg- *Nettapus auritus* 123
Ente, Glanz- *Sarkidiornis melanotos* 122
Ente, Knäk- *Spatula querquedula* 124
Ente, Krick- *Anas crecca* 124
Ente, Löffel- *Spatula clypeata* 124
Ente, Spieß- *Anas acuta* 123
Erdferkel *Orycteropus afer* 26
Eremomela, Gelbbauch- *Eremomela icteropygialis* 213
Eremomela, Graukappen- *Eremomela pusilla* 213
Eule, Afrika-Zwergohr- *Otus senegalensis* 176
Eule, Bindenfisch- *Scotopelia peli* 177
Eule, Kapohr- *Asio capensis* 178
Eule, Nordbüschel- *Ptilopsis leucotis* 176
Eule, Schleier- *Tyto alba* 175
Falke, Afrikanischer Baum- *Falco cuvierii* 139
Falke, Baum- *Falco subbuteo* 139
Falke, Grau- *Falco ardosiaceus* 139
Falke, Lanner- *Falco biarmicus* 140
Falke, Rötel- *Falco naumanni* 138
Falke, Rotkopf- *Falco chicquera* 139
Falke, Turm- *Falco tinnunculus* 138
Falke, Wander- *Falco Peregrinus* 140
Falke, Wüsten- *Falco pelegrinoides* 140
Fischer, Grau- *Ceryle rudis* 185
Fischer, Haubenzwerg- *Corythornis cristatus* 182

Fischer, Natalzwerg- *Ispidina picta* 182
Fischer, Riesen- *Megaceryle maxima* 184
Fitis *Phylloscopus trochilus* 216
Flamingo, Rosa- *Phoenicopterus roseus* 120
Flamingo, Zwerg- *Phoeniconaias minor* 120
Flughuhn, Braunbauch- *Pterocles exustus* 164
Flughuhn, Busch- *Pterocles quadricinctus* 164
Flusspferd *Hippopotamus amphibius* 68
Frankolin, Doppelsporn- *Pternistis bicalcaratus* 141
Frankolin, Weißkehl- *Peliperdix albogularis* 141
Fuchs, Blass- *Vulpes pallida* 60
Galago, Senegal- *Galago senegalensis* 38
Gans, Gelbbrust-Pfeif- *Dendrocygna bicolor* 121
Gans, Nil- *Alopochen aegyptiaca* 122
Gans, Sporn- *Plectropterus gambensis* 122
Gans, Weißrücken-Pfeif- *Thalassornis leuconotus* 123
Gans, Witwenpfeif- *Dendrocygna viduata* 121
Gaukler *Terathopius ecaudatus* 135
Gazelle, Dama- *Nanger dama* 70
Gazelle, Rotstirn- *Eudorcas rufifrons* 70
Gecko, Afrikanischer Halbfinger- *Hemidactylus mabouia* 100
Gecko, Mauer *Tarentola annularis* 99
Geier, Kappen- *Necrosyrtes monachus* 127
Geier, Ohren- *Torgos tracheliotos* 129
Geier, Schmutz- *Neophron percnopterus* 128
Geier, Sperber- *Gyps rueppelli* 128
Geier, Weißrücken- *Gyps africanus* 128
Geier, Wollkopf- *Trigonoceps occipitalis* 129
Gelbbrust-Feinsänger *Apalis flavida* 212
Gelbschnabel-Madenhacker *Buphagus africanus* 237
Ginsterkatze, Haussa- *Genetta thierryi* 54
Ginsterkatze, Kleinfleck- *Genetta genetta* 54
Girlitz, Mosambik- *Crithagra mozambica* 255
Glanzköpfchen, Rotbrust- *Chalcomitra senegalensis* 228
Glanzstar, Amethyst- *Cinnyricinclus leucogaster* 240
Glanzstar, Erz- *Lamprotornis chalcurus* 238
Glanzstar, Grünschwanz- *Lamprotornis chalybaeus* 237
Glanzstar, Langschwanz- *Lamprotornis caudatus* 239
Glanzstar, Messing- *Lamprotornis chloropterus* 237
Glanzstar, Pracht- *Lamprotornis splendidus* 238
Glanzstar, Purpur- *Lamprotornis purpureus* 238
Glanzstar, Rotbauch- *Lamprotornis pulcher* 239
Gleitaar *Elanus caeruleus* 125
Goldschnepfe *Rostratula benghalensis* 148
Grasmücke, Garten- *Sylvia borin* 217
Grasmücke, Weißbart- *Curruca cantillans* 217
Habicht, Gabar- *Micronisus gabar* 133
Habicht, Graubürzel-Sing- *Melierax metabates* 133
Habicht, Rotbrust- *Accipiter toussenelii* 133
Hagedasch *Bostrychia hagedash* 115
Hammerkopf *Scopus umbretta* 115
Hase, Kap- *Lepus capensis* 42
Hase, Savannen- *Lepus microtis* 43
Hausschlange, Afrikanische *Boaedon fuliginosus* 94
Helmperlhuhn, Guinea *Numida meleagris galeatus* 141
Honiganzeiger, Bart- *Indicator exilis* 196
Honiganzeiger, Nasenstreif- *Indicator minor* 196
Honiganzeiger, Schwarzkehl- *Indicator indicator* 196
Honiganzeiger, Tropfenbrust- *Indicator maculatus* 196
Honigdachs *Mellivora capensis* 63
Hopf, Afrikanischer Wiede- *Upupa africana* 190
Hopf, Baum- *Phoeniculus purpureus* 190
Hopf, Mohrensichel- *Rhinopomastus aterrimus* 191
Hopf, Wiede- *Upupa epops* 190
Hornrabe, Sudan- *Bucorvus abyssinicus* 193
Hornvogel, West-Schrei- *Bycanistes fistulator* 193
Huhn, Smaragd- *Porphyrio madagascariensis* 143
Huhn, Teich- *Gallinula chloropus* 144
Huhn, Zwergteich- *Gallinula angulata* 144
Hutschlange, Schwarzweiße *Naja melanoleuca* 86
Hyäne, Tüpfel- *Crocuta crocuta* 51
Ibis, Heiliger *Threskiornis aethiopicus* 116
Ichneumon *Herpestes ichneumon* 57
Karakal *Caracal caracal* 45
Kauz, Afrikanischer Wald- *Strix woodfordii* 177
Kauz, Perlzwerg- *Glaucidium perlatum* 178
Kiebitz, Schwarzschopf- *Vanellus tectus* 152
Kiebitz, Senegal- *Vanellus senegallus* 152
Kiebitz, Sporn- *Vanellus spinosus* 151
Kiebitz, Weißscheitel- *Vanellus albiceps* 152
Kleinelsterchen *Spermestes cucullatus* 252
Knutt *Calidris canutus* 158
Kob *Kobus kob* 81
Kobra, Afrikanische Spei- *Naja nigricollis* 87
Kobra, Malische *Naja katiensis* 88
Kobra, Senegalesische *Naja senegalensis* 88
Kormoran *Phalacrocorax carbo* 107
Krokodil, Westafrikanisches *Crocodylus suchus* 96
Krokodilwächter *Pluvianus aegyptius* 149

Deutsch - Latein

Kronenkranich *Balearica pavonina* 144
Kuckuck *Cuculus canorus* 172
Kuckuck, Afrikaner- *Cuculus gularis* 172
Kuckuck, Gold- *Chrysococcyx caprius* 174
Kuckuck, Grill- *Centropus grillii* 175
Kuckuck, Häher- *Clamator glandarius* 173
Kuckuck, Kap- *Clamator levaillantii* 172
Kuckuck, Klaas- *Chrysococcyx klaas* 173
Kuckuck, Smaragd- *Chrysococcyx cupreus* 174
Kuckuck, Sporn- *Centropus senegalensis* 174
Kuhantilope, Nordafrikanische *Alcelaphus buselaphus major* 69
Lärmvogel, Schwarzschwanz- *Crinifer piscator* 171
Läufer, Bruchwasser- *Tringa glareola* 157
Läufer, Flußufer- *Actitis hypoleucos* 157
Läufer, Kampf- *Calidris pugnax* 159
Läufer, Sichelstrand- *Calidris ferruginea* 159
Läufer, Teichwasser- *Tringa stagnatilis* 156
Läufer, Waldwasser- *Tringa ochropus* 157
Läufer, Zwergstrand- *Calidris minuta* 159
Leopard *Panthera pardus* 50
Lerche, Busch- Mirafra cantillans 200
Lerche, Hauben- *Galerida cristata* 200
Lerche, Weißstirn- *Eremopterix nigriceps* 201
Lerche, Weißwangen- *Eremopterix leucotis* 201
Liest, Senegal- *Halcyon senegalensis* 183
Liest, Streifen- *Halcyon chelicuti* 184
Liest, Zügel- *Halcyon malimbica* 183
Liest,Graukopf- *Halcyon leucocephala* 183
Löffler *Platalea Leucorodia* 116
Löffler, Afrikanischer *Platalea alba* 116
Löwe *Panthera leo* 48
Mamba, Grüne *Dendroaspis viridis* 89
Mamba, Schwarze *Dendroaspis polylepis* 90
Manguste, Gambia- *Mungos gambianus* 57
Manguste, Schlank- *Galerella sanguinea* 56
Manguste, Sumpf- *Atilax paludinosus* 55
Manguste, Weißschwanz- *Ichneumia albicauda* 58
Manguste, Zebra- *Mungos mungo* 59
Marabu *Leptoptilos crumenifer* 117
Mausvogel, Blaunacken- *Urocolius macrourus* 181
Meerkatze, Campbell- *Cercopithecus campbelli* 32
Meerkatze, Westliche Grün- *Chlorocebus sabaeus* 31
Meise, Guinea- *Melaniparus guineensis* 225
Milan, Schmarotzer- *Milvus aegyptius parasitus* 126
Milan, Schwarz- *Milvus migrans* 126
Mohrenkopf *Poicephalus senegalus* 170
Möwe, Dünnschnabel- *Chroicocephalus genei* 160
Möwe, Graukopf- *Chroicocephalus cirrocephalus* 160
Möwe, Herings- *Larus fuscus* 160
Nachtigall *Luscinia megarhynchos* 219
Nachtschwalbe, Fahnen- *Caprimulgus longipennis* 179
Nachtschwalbe, Marmor- *Caprimulgus inornatus* 179
Nachtschwalbe, Schleppen- *Caprimulgus climacurus* 179
Nektarvogel, Elfen- *Cinnyris pulchellus* 228
Nektarvogel, Grünbrust- *Hedydipna platura* 226
Nektarvogel, Kupfer- *Cinnyris cuprea* 230
Nektarvogel, Rotbauch- *Cinnyris coccinigastrus* 229
Nektarvogel, Violettmantel- *Anthreptes longuemarei* 229
Nektarvogel, Wald- *Hedydipna collaris* 227
Nektarvogel, Zier- *Cinnyris venustus* 230
Nimmersatt *Mycteria ibis* 118
Oribi *Ourebia ourebi* 71
Otter, Kap- *Aonyx capensis* 64
Papagei, Kap- *Poicephalus fuscicollis* 170
Pardelroller *Nandinia binotata* 53
Pavian, Guinea- *Papio papio* 33
Pelikan, Rosa- *Pelecanus onocrotalus* 109
Pelikan, Rötel- *Pelecanus rufescens* 108
Pfeifer, Flußregen- *Charadrius dubius* 153
Pfeifer, Hirtenregen- *Charadrius pecuarius* 153
Pfeifer, Sandregen- *Charadrius hiaticula* 153
Pfeifer, Seeregen- *Charadrius alexandrinus* 154
Pferdeantilope *Hippotragus equinus* 79
Piapiac *Ptilostomus afer* 235
Pieper, Baum- *Anthus trivialis* 207
Pieper, Brach- *Anthus campestris* 207
Pieper, Braunrücken- *Anthus leucophrys* 206
Pieper, Gelbkehl- *Macronyx croceus* 207
Pirol, Schwarzohr- *Oriolus auratus* 236
Pirolsänger *Hypergerus atriceps* 212
Prinie, Rahmbrust- *Prinia subflava* 211
Prinie, Schuppenkopf- *Spiloptila clamans* 212
Puffotter *Bitis arietans* 93
Python, Königs- *Python regius* 84
Python, Nördlicher Felsen- *Python sebae* 85
Rabe, Schild- *Corvus albus* 236

Racke, Opal- *Coracias cyanogaster* 189
Racke, Senegal- *Coracias abyssinicus* 188
Racke, Strichel- *Coracias naevius* 189
Racke, Zimt- *Eurystomus glaucurus* 189
Ralle, Binsen- *Podica senegalensis* 143
Ralle, Savannen- *Crex egregia* 143
Ralle, Schwarzkiel *Zapornia flavirostra* 143
Raupenfresser, Rotschulter- *Campephaga phoenicea* 208
Reiher, Asienmittel- *Ardea intermedia* 111
Reiher, Glocken- *Egretta ardesiaca* 111
Reiher, Goliath- *Ardea goliath* 110
Reiher, Grau- *Ardea cinerea* 109
Reiher, Kuh- *Bubulcus ibis* 113
Reiher, Küsten- *Egretta gularis* 112
Reiher, Mangrove- *Butorides striata* 113
Reiher, Nacht- *Nycticorax nycticorax* 113
Reiher, Purpur- *Ardea purpurea* 110
Reiher, Rallen- *Ardeola ralloides* 112
Reiher, Schwarzhals- *Ardea melanocephala* 110
Reiher, Seiden- *Egretta garzetta* 112
Reiher, Silber- *Ardea alba* 111
Rennvogel, Amethyst- *Rhinoptilus chalcopterus* 150
Rennvogel, Temminck *Cursorius temminckii* 150
Riedbock, Senegal- *Redunca redunca* 82
Rötel, Schneescheitel- *Cossypha niveicapilla* 219
Rötel, Weißscheitel- *Cossypha albicapillus* 219
Rotschwanz, Garten- *Phoenicurus phoenicurus* 220
Säbelantilope *Oryx dammah* 78
Säbelschnäbler *Recurvirostra avosetta* 147
Samenknacker, Rotbrust- *Spermophaga haematina* 248
Sanderling *Calidris alba* 158
Sandrennatter, Phillips *Psammophis phillipsi* 94
Sänger, Afrikanische Hecken- *Cercotrichas galactotes minor* 220
Sänger, Hecken- *Cercotrichas galactotes* 220
Sänger, Rußhecken- *Cercotrichas podobe* 220
Sänger, Teichrohr- *Acrocephalus scirpaceus* 215
Sänger,Berglaub- *Rhadina bonelli* 217
Sänger,Schilfrohr- *Acrocephalus schoenobaenus* 215
Schakal, Streifen- *Canis adustus* 61
Scharbe, Ried- *Microcarbo africanus* 107
Schenkel, Grün- *Tringa nebularia* 156
Schenkel, Rot- *Tringa totanus* 156
Scherenschnabel, Afrikanischer *Rynchops flavirostris* 163
Schimpanse *Pan troglodytes* 36
Schlange, Gefleckte Busch- *Philothamnus semivariegatus* 92
Schlange, Weißlippen- *Crotaphopeltis hotamboeia* 92
Schlangenadler, Band- *Circaetus cinerascens* 130
Schlangenadler, Beaudouin- *Circaetus beaudouini* 130
Schlangenadler, Einfarb- *Circaetus cinereus* 130
Schlangenhalsvogel, Afrika- *Anhinga rufa* 108
Schliefer, Klipp- *Procavia capensis* 27
Schmätzer, Ruß- *Myrmecocichla aethiops* 221
Schmätzer, Weißstirn- *Oenanthe albifrons* 221
Schnäpper, Blauhauben- *Elminia longicauda* 223
Schnäpper, Graubrust-Paradies- *Terpsiphone viridis* 224
Schnäpper, Lappen- *Platysteira cyanea* 222
Schnäpper, Senegal- *Batis senegalensis* 222
Schnäpper, Senegaldrongo- *Melaenornis edolioides* 218
Schnäpper, Senegalparadies- *Terpsiphone rufiventer* 223
Schnäpper, Sumpf- *Muscicapa aquatica* 218
Schnepfe, Pfuhl- *Limosa lapponica* 155
Schnepfe, Ufer- *Limosa limosa* 154
Schuppentier, Riesen- *Smutsia gigantea* 44
Schwalbe, Africanischer *Cecropis domicella* 204
Schwalbe, Mehl- *Delichon urbicum* 204
Schwalbe, Rauch- *Hirundo rustica* 202
Schwalbe, Rotbrust- *Cecropis semirufa* 203
Schwalbe, Rötelschwalbe rufula *Cecropis daurica rufula* 204
Schwalbe, Scherenschwanz- *Psalidoprocne obscura* 205
Schwalbe, Senegal- *Cecropis senegalensis* 203
Schwalbe, Sing- *Hirundo lucida* 203
Schwalbe, Ufer- *Riparia riparia* 202
Schwanzaar, Schwalben- *Chelictinia riocourii* 126
Schwein, Pinselohr- *Potamochoerus porcus* 66
Schwein, Warzen- *Phacochoerus africanus* 65
Seeschwalbe, Fluß- *Sterna hirundo* 162
Seeschwalbe, Königs- *Thalasseus maximus* 161
Seeschwalbe, Raub- *Hydroprogne caspia* 161
Seeschwalbe, Weißbart- *Chlidonias hybrida* 163
Seeschwalbe, Weißflügel- *Chlidonias leucopterus* 162

Deutsch - Latein

Seeschwalbe, Zwerg- *Sternula albifrons* 162
Segler, Baobab- *Telacanthura ussheri* 180
Segler, Haus- *Apus affinis* 181
Segler, Kaffern- *Apus caffer* 180
Segler, Palmen- *Cypsiurus parvus* 181
Serval *Leptailurus serval* 47
Silberschnabel, Afrika *Euodice cantans* 251
Sitatunga *Tragelaphus spekii* 75
Sittich, Halsband- *Psittacula krameri* 169
Specht, Braunrücken- *Ipophilus obsoletus* 200
Specht, Graubrust- *Mesopicos goertae* 199
Specht, Kardinal- *Dendropicos fuscescens* 198
Specht, Pünktchen- *Campethera punctuligera* 197
Specht, Termiten- *Campethera nivosa* 198
Sperber, Schikra- *Accipiter badius* 134
Sperling, Braunrücken-Gold- *Passer luteus* 241
Sperling, Buschstein- *Gymnoris dentata* 241
Sperling, Graukopf- *Passer griseus* 241
Sperling, Haus- *Passer domesticus* 240
Spint, Blauwangen- *Merops persicus* 187
Spint, Karmin- *Merops nubicus* 188
Spint, Rotkehl- *Merops bulocki* 185
Spint, Schwalbenschwanz- *Merops hirundineus* 186
Spint, Smaragd- *Merops orientalis* 187
Spint, Weißkehl- *Merops albicollis* 186
Spint, Zwerg- *Merops pusillus* 186
Spötter, Isabell- *Iduna opaca* 215
Spötter, Orpheus- *Hippolais polyglotta* 216
Stachelschwein, Gewöhnliches *Hystrix cristata* 37
Steinwälzer *Arenaria interpres* 158
Stelze, Bach- *Motacilla alba* 205
Stelze, Wiesenschaf- *Motacilla flava* 206
Stelzenläufer *Himantopus himantopus* 147
Storch, Abdim- *Ciconia abdimii* 118
Storch, Afrika-Wollhals- *Ciconia episcopus microscelis* 117
Storch, Sattel- *Ephippiorhynchus senegalensis* 119
Storch, Schwarz- *Ciconia nigra* 118
Storch, Weiß- *Ciconia ciconia* 119
Strauß *Struthio camelus* 105
Stummelaffe, Temminck- *Piliocolobus badius temminckii* 35
Stummelaffe, Weißbart- *Colobus polykomos* 34
Sylvietta, Braunbauch- *Sylvietta brachyura* 214
Sylvietta, Grünmantel- *Sylvietta virens* 214
Täubchen, Kap- *Oena Capensis* 168
Taube, Brillen- *Streptopelia decipiens* 166
Taube, Erzfleck- *Turtur abyssinicus* 167
Taube, Guinea- *Colomba guinea* 165
Taube, Halbmond- *Streptopelia semitorquata* 166
Taube, Lach- *Streptopelia roseogrisea* 166
Taube, Palm- *Streptopelia senegalensis* 167
Taube, Rötel- *Streptopelia vinacea* 167
Taube, Rotnasen-Grün- *Treron calvus* 169
Taube, Stahlfleck- *Turtur afer* 168
Taube, Turtel- *Streptopelia turtur* 165
Taube, Waalia- *Treron waalia* 168
Taucher, Zwerg- *Tachybaptus ruficollis* 106
Teesa, Heuschrecken- *Butastur rufipennis* 134
Toko, Elster- *Lophoceros fasciatus* 192
Toko, Grau- *Lophoceros nasutus* 192
Toko, Rotschnabel- *Tockus erythrorhynchus* 191
Trappe, Kaffern- *Ardeotis denhami* 145
Trappe, Savile- *Lophotis savilei* 146
Trappe, Schwarzbauch- *Lissotis melanogaster* 146
Trappe, Senegal- *Eupodotis senegalensis* 145
Triel, Kap- *Burhinus capensis* 149
Triel, Senegal- *Burhinus senegalensis* 149
Tschagra, Senegal- *Tchagra senegalus* 233
Turako, Guinea- *Tauraco persa* 171
Turako, Schild- *Musophaga violacea* 171
Uhu, Blaß- *Bubo lacteus* 177
Uhu, Grau- *Bubo cinerascens* 176
Wachtel, Felsen- *Ptilopachus petrosus* 142
Waran, Steppen- *Varanus exanthematicus* 97
Waran, Westafrikanischer Nil- *Varanus stellatus* 98
Wasserbock *Kobus ellipsiprymnus* 80
Weber, Alekto- *Bubalornis albirostris* 242
Weber, Blutschnabel- *Quelea quelea* 245
Weber, Dotter- *Ploceus vitellinus* 243
Weber, Feuer- *Euplectes franciscanus* 247
Weber, Flammen- *Euplectes hordeaceus* 246
Weber, Kastanienscheitel- *Plocepasser superciliosus* 242
Weber, Kurzflügel- *Ploceus nigricollis* 245
Weber, Schuppenkopf- *Sporopipes frontalis* 242
Weber, Schwarzkopf- *Ploceus melanocephalus* 244
Weber, Taha- *Euplectes afer* 246
Weber, Textor *Ploceus cucullatus* 244
Weber, Zwerg- *Ploceus luteolus* 243

Weihe, Höhlen- *Polyboroides typus* 132
Weihe, Rohr- *Circus aeruginosus* 131
Weihe, Steppen- *Circus macrourus* 131
Weihe, Wiesen- *Circus pygargus* 132
Wildhund, Afrikanischer *Lycaon pictus* 62
Wildkatze, Afrikanische *Felis sylvestris lybica* 46
Witwe, Dominikaner- *Vidua macroura* 253
Witwe, Grünschwanz- *Vidua nigeriae* 252
Witwe, Langschwanz- *Vidua interjecta* 254
Witwe, Rotfuß- *Vidua chalybeata* 252
Witwe, Senegal- *Vidua orientalis* 254
Witwe, Wilson- *Vidua wilsoni* 252
Wolf, Afrikanischer Gold- *Canis anthus* 81
Würger, Brillen- *Prionops plumatus* 234
Würger, Brubru- *Nilaus afer* 232
Würger, Gambia-Schneeball- *Dryoscopus gambensis* 232
Würger, Gelbschnabel- *Corvinella corvina* 231
Würger, Goldscheitel- *Laniarius barbarus* 233
Würger, Graukopf- *Malaconotus blanchoti* 234
Würger, Orangebrust- *Chlorophoneus sulfureopectus* 232
Würger, Rotkopf- *Lanius senator* 231
Zibetkatze, Afrikanische *Civettictis civetta* 52
Zilpzalp *Phylloscopus collybita* 216
Zistensänger *Cisticola juncidis* 211
Zistensänger, Rotgesicht- *Cisticola erythrops* 210
Zistensänger, Weißbrauen- *Cisticola cantans* 211

Index Englisch - Deutsch

Aardvark *Erdferkel* 26
Adder, Puff *Puffotter* 93
Alseonax, Swamp *Sumpfschnäpper* 218
Anteater-Chat, Northern *Rußschmätzer* 221
Antelope, Roan *Pferdeantilope* 79
Apalis, Yellow-breasted *Gelbbrust-Feinsänger* 212
Avocet, Pied *Säbelschnäbler* 147
Babbler, Blackcap *Weißaugendrossling* 224
Babbler, Brown *Sudandrossling* 225
Baboon, Guinea *Guinea-Pavian* 33
Barbet, Bearded *Furchenschnabel-Bartvogel* 195
Barbet, Vieillot's *Blutbrust-Bartvogel* 195
Bateleur *Gaukler* 135
Batis, Senegal *Senegalschnäpper* 222
Bee-eater, Blue-cheeked *Blauwangenspint* 187
Bee-eater, European *Bienenfresser* 187
Bee-eater, Little *Zwergspint* 186
Bee-eater, Little Green *Smaragdspint* 187
Bee-eater, Northern Carmine *Karminspint* 188
Bee-eater, Red-throated *Rotkehlspint* 185
Bee-eater, Swallow-tailed *Schwalbenschwanzspint* 186
Bee-eater, White-throated *Weißkehlspint* 186
Bishop, Black-winged *Flammenweber* 246
Bishop, Northern Red *Feuerweber* 247
Bishop, Yellow-crowned *Tahaweber* 246
Bittern, Dwarf *Graurückendommel* 114
Bittern, Little *Zwergdommel* 114
Bluebill, Western *Rotbrust-Samenknacker* 248
Boomslang *Boomslang* 91
Bristlebill, Grey-headed *Graukopfbleda* 209
Brubru *Brubruwürger* 232
Buffalo, West African Forest *Rotbüffel* 72
Bulbul, Garden *Graubülbül* 208
Bunting, Brown-rumped *Braunbürzelammer* 255
Bunting, Gosling's *Graukehlammer* 254
Bushbaby, Senegal *Senegal-Galago* 38
Bushbuck *Buschbock* 74
Bushshrike, Grey-headed *Graukopfwürger* 234
Bushshrike, Sulphur-breasted *Orangebrustwürger* 232
Bustard, Black-bellied *Schwarzbauchtrappe* 146
Bustard, Savile's *Saviletrappe* 146
Bustard, Stanley *Kafferntrappe* 145
Bustard, White-bellied *Senegaltrappe* 145
Buzzard, Grasshopper *Heuschreckenteesa* 134
Buzzard, Lizard *Sperberbussard* 134
Camaroptera, Grey-backed *Meckerbogenflügel* 213
Canary, Yellow-fronted *Mosambikgirlitz* 255
Caracal *Karakal* 45
Chameleon, Senegal *Senegal Chamäleon* 101
Chameleon, Slender *Fersensporn-Chamäleon* 101
Chat, Western White-fronted Black- *Weißstirnschmätzer* 221
Chiffchaff, Common *Zilpzalp* 216
Chimpanzee, Common *Schimpanse* 36
Cisticola, Red-faced *Rotgesicht-Zistensänger* 210
Cisticola, Singing *Weißbrauen-Zistensänger* 211
Cisticola, Zitting *Zistensänger* 211
Civet, African *Afrikanische Zibetkatze* 52
Civet, African Palm *Pardelroller* 53
Cobra, Black-necked Spitting *Afrikanische Speikobra* 87
Cobra, Forest *Schwarzweiße Hutschlange* 86
Cobra, Mali *Malische Kobra* 88
Cobra, Senegalese *Senegalesische Kobra* 88
Colobus, King *Weißbart-Stummelaffe* 34
Colobus, Temminck's Red *Temminck-Stummelaffe* 35
Cordonbleu, Red-cheeked *Schmetterlingsastrild* 249
Cormorant, Great *Kormoran* 107
Cormorant, Long-tailed *Riedscharbe* 107
Coucal, Black *Grillkuckuck* 175
Coucal, Senegal *Spornkuckuck* 174
Courser, Bronze-winged *Amethystrennvogel* 150
Courser, Temminck's *Temminckrennvogel* 150
Crake, African *Savannenralle* 143
Crake, Black *Schwarzkielralle* 143
Crane, Black Crowned *Kronenkranich* 144
Cricket, Longtail *Schuppenkopfprinie* 212
Crocodile, West African *Westafrikanisches Krokodil* 96
Crombec, Green *Grünmantelsylvietta* 214
Crombec, Northern *Braunbauchsylvietta* 214
Crow, Pied *Schildrabe* 236
Cuckoo, African *Afrikanerkuckuck* 172
Cuckoo, African Emerald *Smaragdkuckuck* 174
Cuckoo, Common *Kuckuck* 172
Cuckoo, Dideric *Goldkuckuck* 174
Cuckoo, Great Spotted *Häherkuckuck* 173
Cuckoo, Klaas's *Klaaskuckuck* 173
Cuckoo, Levaillant's *Kapkuckuck* 172

Cuckoo-shrike, Red-shouldered *Rotschulter-Raupenfresser* 208
Curlew, Eurasian *Großer Brachvogel* 155
Darter, African *Afrika-Schlangenhalsvogel* 108
Dog, African Wild *Afrikanischer Wildhund* 62
Dove, African Collared- *Lachtaube* 166
Dove, Black-billed Wood- *Erzflecktaube* 167
Dove, Blue-spotted Wood- *Stahlflecktaube* 168
Dove, European Turtle- *Turteltaube* 165
Dove, Laughing *Palmtaube* 167
Dove, Mourning Collared- *Brillentaube* 166
Dove, Namaqua *Kaptäubchen* 168
Dove, Red-eyed *Halbmondtaube* 166
Dove, Vinaceous *Röteltaube* 167
Drongo, Fork-tailed *Trauerdrongo* 235
Drongo, Square-tailed *Geradschwanzdrongo* 235
Duck, Fulvous Whistling- *Gelbbrust-Pfeifgans* 121
Duck, Knob-billed *Glanzente* 122
Duck, White-backed *Weißrücken-Pfeifgans* 123
Duck, White-faced Whistling- *Witwenpfeifgans* 121
Duiker, Common *Kronenducker* 77
Duiker, Maxwell's *Maxwell-Ducker* 76
Duiker, Red-flanked *Rotflankenducker* 76
Duiker, Yellow-backed *Gelbrückenducker* 77
Eagle, African Fish- *Schreiseeadler* 135
Eagle, African Hawk- *Afrikanischer Habichtsadler* 136
Eagle, Beaudouin's Snake- *Beaudouin-Schlangenadler* 130
Eagle, Brown Snake- *Einfarb-Schlangenadler* 130
Eagle, Crowned Hawk- *Kronenadler* 137
Eagle, Long-crested Hawk- *Schopfadler* 137
Eagle, Martial *Kampfadler* 136
Eagle, Tawny *Raubadler* 136
Eagle, Western Banded Snake- *Bandschlangenadler* 130
Egret, Cattle *Kuhreiher* 113
Egret, Intermediate *Asienmittelreiher* 111
Egret, Little *Seidenreiher* 112
Egret, Western Great *Silberreiher* 111
Egret, Western Reef- *Küstenreiher* 112
Eland, West African Giant Derby *Riesen-Elenantilope* 73
Elephant , African Savanna *Afrikanischer Elefant* 28
Eremomela, Senegal *Graukappen-Eremomela* 213
Eremomela, Yellow-bellied *Gelbbaucheremomela* 213
Falcon, Barbary *Wüstenfalke* 140
Falcon, Lanner *Lannerfalke* 140
Falcon, Peregrine *Wanderfalke* 140
Falcon, Red-necked *Rotkopffalke* 139
Finch, Cut-throat *Bandamadine* 248
Finfoot, African *Binsenralle* 143
Firefinch, Bar-breasted *Pünktchenamarant* 249
Firefinch, Red-billed *Senegalamarant* 248
Flamingo, Greater *Rosaflamingo* 120
Flamingo, Lesser *Zwergflamingo* 120
Flycatcher, African Blue- *Blauhaubenschnäpper* 223
Flycatcher, Northern Black- *Senegaldrongoschnäpper* 218
Fox, Pale *Blassfuchs* 60
Francolin, Double-spurred *Doppelspornfrankolin* 141
Francolin, White-throated *Weißkehlfrankolin* 141
Garganey *Knäkente* 124
Gazelle, Dama *Damagazelle* 70
Gazelle, Red-fronted *Rotstirngazelle* 70
Gecko, Tropical House *Afrikanischer Halbfinger-Gecko* 100
Gecko, White-Spotted Wall *Mauergecko* 99
Genet, Common *Kleinfleck-Ginsterkatze* 54
Genet, Haussa *Haussa-Ginsterkatze* 54
Godwit, Bar-tailed *Pfuhlschnepfe* 155
Godwit, Black-tailed *Uferschnepfe* 154
Gonolek, Common *Goldscheitelwürger* 233
Goose, African Pygmy- *Afrikazwergente* 123
Goose, Egyptian *Nilgans* 122
Goose, Spur-winged *Sporngans* 122
Goshawk, Dark Chanting- *Graubürzel-Singhabicht* 133
Goshawk, Gabar *Gabarhabicht* 133
Goshawk, Red-chested *Rotbrusthabicht* 133
Grass-Racer, Olive *Phillips Sandrennatter* 94
Grebe, Little *Zwergtaucher* 106
Greenbul, Little *Grünbülbül* 209
Greenbul, Yellow-throated *Gelbkehlbülbül* 209
Greenshank, Common *Grünschenkel* 156
Griffon, Rueppell's *Sperbergeier* 128
Guineafowl, Helmeted *Guinea Helmperlhuhn* 141
Gull, Grey-headed *Graukopfmöwe* 160
Gull, Lesser Black-backed *Heringsmöwe* 160
Gull, Slender-billed *Dünnschnabelmöwe* 160
Hamerkop *Hammerkopf* 115
Hare, African Savanna *Savannen-Hase* 43
Hare, Cape *Kaphase* 42
Harrier, Montagu's *Wiesenweihe* 132

Englisch - Deutsch

Harrier, Pallid *Steppenweihe* 131
Harrier, Western Marsh- *Rohrweihe* 131
Hartebeest, Western *Nordafrikanische Kuhantilope* 69
Hawk, African Harrier- *Höhlenweihe* 132
Helmetshrike, White *Brillenwürger* 234
Heron, Black *Glockenreiher* 111
Heron, Black-crowned Night- *Nachtreiher* 113
Heron, Black-headed *Schwarzhalsreiher* 110
Heron, Goliath *Goliathreiher* 110
Heron, Grey *Graureiher* 109
Heron, Purple *Purpurreiher* 110
Heron, Squacco *Rallenreiher* 112
Heron, Striated *Mangrovereiher* 113
Hippopotamus *Flusspferd* 68
Hobby, African *Afrikanischer Baumfalke* 139
Hobby, Eurasian *Baumfalke* 139
Hog, Red River *Pinselohrschwein* 66
Honeyguide, Greater *Schwarzkehl-Honiganzeiger* 196
Honeyguide, Least *Barthoniganzeiger* 196
Honeyguide, Lesser *Nasenstreif-Honiganzeiger* 196
Honeyguide, Spotted *Tropfenbrust-Honiganzeiger* 196
Hoopoe, African *Afrikanischer Wiedehopf* 190
Hoopoe, Eurasian *Wiedehopf* 190
Hornbill, Abyssinian Ground- *Sudanhornrabe* 193
Hornbill, African Grey *Grautoko* 192
Hornbill, Piping *West-Schreihornvogel* 193
Hornbill, Red-billed *Rotschnabeltoko* 191
Hornbill, West African Pied *Elstertoko* 192
Hyena, Spotted *Tüpfelhyäne* 51
Hyrax, Cape *Klippschliefer* 27
Ibis, Glossy *Braunsichler* 116
Ibis, Hadada *Hagedasch* 115
Ibis, Sacred *Heiliger Ibis* 116
Indigobird, Pale-winged *Wilsonwitwe* 252
Indigobird, Quailfinch *Grünschwanzwitwe* 252
Indigobird, Village *Rotfußwitwe* 252
Jacana, African *Blaustirn-Blatthühnchen* 148
Jackal, Side-striped *Streifenschakal* 61
Kestrel, Common *Turmfalke* 138
Kestrel, Grey *Graufalke* 139
Kestrel, Lesser *Rötelfalke* 138
Kingfisher, African Pygmy- *Natalzwergfischer* 182
Kingfisher, Blue-breasted *Zügelliest* 183
Kingfisher, Giant *Riesenfischer* 184
Kingfisher, Grey-headed *Graukopfliest* 183
Kingfisher, Malachite *Haubenzwergfischer* 182
Kingfisher, Pied *Graufischer* 185
Kingfisher, Striped *Streifenliest* 184
Kingfisher, Woodland *Senegalliest* 183
Kite, Black *Schwarzmilan* 126
Kite, Black-shouldered *Gleitaar* 125
Kite, Scissor-tailed *Schwalbenschwanzaar* 126
Kite, Yellow-billed *Schmarotzermilan* 126
Knot, Red *Knutt* 158
Kob *Kob* 81
Lapwing, Black-headed *Schwarzschopfkiebitz* 152
Lapwing, Spur-winged *Spornkiebitz* 151
Lapwing, Wattled *Senegalkiebitz* 152
Lark, Black-crowned Sparrow- *Weißstirnlerche* 201
Lark, Chestnut-backed Sparrow- *Weißwangenlerche* 201
Lark, Crested *Haubenlerche* 200
Lark, Singing Bush- *Buschlerche* 200
Leopard *Leopard* 50
Lion *Löwe* 48
Lizard, Rainbow *Siedleragame* 100
Longclaw, Yellow-throated *Gelbkehlpieper* 207
Mamba, Black *Schwarze Mamba* 90
Mamba, Green *Grüne Mamba* 89
Martin, Northern House- *Mehlschwalbe* 204
Martin, Sand *Uferschwalbe* 202
Mongoose, Banded *Zebramanguste* 59
Mongoose, Egyptian *Ichneumon* 57
Mongoose, Gambian *Gambia-Manguste* 57
Mongoose, Marsh *Sumpfmanguste* 54
Mongoose, Slender *Schlankmanguste* 56
Mongoose, White-tailed *Weißschwanzmanguste* 58
Monitor, Savannah *Steppenwaran* 97
Monitor, West Africa Nile *Westafrikanischer Nilwaran* 98
Monkey, Campbell's *Campbell-Meerkatze* 32
Monkey, Green *Westliche Grünmeerkatze* 31
Monkey, Patas *Husarenaffe* 30
Moorhen, Common *Teichhuhn* 144
Moorhen, Lesser *Zwergteichhuhn* 144
Mousebird, Blue-naped *Blaunacken-Mausvogel* 181
Munia, Bronze *Kleinelsterchen* 252
Nightingale, Common *Nachtigall* 219
Nightjar, Long-tailed *Schleppennachtschwalbe* 179
Nightjar, Plain *Marmornachtschwalbe* 179

Nightjar, Standard-winged *Fahnennachtschwalbe* 179
Oribi *Oribi* 71
Oriole, African Golden- *Schwarzohrpirol* 236
Oryx, Scimitar-Horned *Säbelantilope* 78
Osprey, Western *Fischadler* 125
Ostrich, Common *Strauß* 105
Otter, African Clawless *Kapotter* 64
Owl, African Scops- *Afrika-Zwergohreule* 176
Owl, African Wood- *Afrikanischer Waldkauz* 177
Owl, Barn *Schleiereule* 175
Owl, Marsh *Kapohreule* 178
Owl, Northern White-faced *Nordbüscheleule* 176
Owl, Pel's Fishing- *Bindenfischeule* 177
Owl, Vermiculated Eagle- *Grauuhu* 176
Owl, Verreaux's Eagle- *Blaßuhu* 177
Owlet, Pearl-spotted *Perlzwergkauz* 178
Oxpecker, Yellow-billed *Gelbschnabel-Madenhacker* 237
Painted-snipe, Greater *Goldschnepfe* 148
Pangolin, Giant *Riesenschuppentier* 44
Paradise-Flycatcher, African *Graubrust-Paradiesschnäpper* 224
Paradise-Flycatcher, Black-headed *Senegalparadiesschnäpper* 223
Parrakeet, Rose-ringed *Halsbandsittich* 169
Parrot, Cape *Kappapagei* 170
Parrot, Senegal *Mohrenkopf* 170
Partridge, Stone *Felsenwachtel* 142
Pelican, Great White *Rosapelikan* 109
Pelican, Pink-backed *Rötelpelikan* 108
Petronia, Bush *Buschsteinsperling* 241
Piapiac *Piapiac* 235
Pigeon, African Green- *Rotnasen-Grüntaube* 169
Pigeon, Bruce's Green- *Waaliataube* 168
Pigeon, Speckled *Guineataube* 165
Pintail, Northern *Spießente* 123
Pipit, Plain-backed *Braunrückenpieper* 206
Pipit, Tawny *Brachpieper* 207
Pipit, Tree *Baumpieper* 207
Plantain-eater, Western Grey *Schwarzschwanz-Lärmvogel* 171
Plover, Common Ringed *Sandregenpfeifer* 153
Plover, Egyptian *Krokodilwächter* 149
Plover, Kentish *Seeregenpfeifer* 154
Plover, Kittlitz's *Hirtenregenpfeifer* 153
Plover, Little Ringed *Flußregenpfeifer* 153
Plover, White-headed *Weißscheitelkiebitz* 152
Porcupine, Crested *Gewöhnliches Stachelschwein* 37
Pratincole, Collared *Rotflügel-Brachschwalbe* 151
Prinia, Tawny-flanked *Rahmbrustprinie* 211
Puffback, Northern *Gambia-Schneeballwürger* 232
Python, African Rock *Nördlicher Felsenpython* 85
Python, Royal *Königspython* 84
Pytilia, Green-winged *Buntastrild* 247
Pytilia, Red-winged *Auroraastrild* 248
Quailfinch, Black-faced *Wachtelastrild* 251
Quelea, Red-billed *Blutschnabelweber* 245
Ratel *Honigdachs* 63
Redshank, Common *Rotschenkel* 156
Redstart, Common *Gartenrotschwanz* 220
Reedbuck, Bohor *Senegal-Riedbock* 82
Robin-Chat, Snowy-crowned *Schneescheitelrötel* 219
Robin-Chat, White-crowned *Weißscheitelrötel* 219
Roller, Abyssinian *Senegalracke* 188
Roller, Blue-bellied *Opalracke* 189
Roller, Broad-billed *Zimtracke* 189
Roller, Rufous-crowned *Strichelracke* 189
Ruff *Kampfläufer* 159
Sanderling *Sanderling* 158
Sandgrouse, Chestnut-bellied *Braunbauch-Flughuhn* 164
Sandgrouse, Four-banded *Buschflughuhn* 164
Sandpiper, Common *Flußuferläufer* 157
Sandpiper, Curlew *Sichelstrandläufer* 159
Sandpiper, Green *Waldwasserläufer* 157
Sandpiper, Marsh *Teichwasserläufer* 156
Sandpiper, Wood *Bruchwasserläufer* 157
Sawwing, Fanti *Scherenschwanzschwalbe* 205
Scimitar-bill, Black *Mohrensichelhopf* 191
Scrub-Robin, African *Afrikanischer Heckensänger* 220
Scrub-Robin, Black *Rußheckensänger* 220
Scrub-Robin, Rufous-tailed *Heckensänger* 220
Serval *Serval* 47
Shikra *Schikrasperber* 134
Shoveler, Northern *Löffelente* 124
Shrike, Woodchat *Rotkopfwürger* 231
Shrike, Yellow-billed *Gelbschnabelwürger* 231

Englisch - Deutsch

Silverbill, African *Afrikasilberschnabel* 251
Sitatunga *Sitatunga* 75
Skimmer, African *Afrikanischer Scherenschnabel* 163
Snake, Brown House *Afrikanische Hausschlange* 94
Snake, Herald *Weißlippen-Schlange* 92
Snake, Spotted Bush *Gefleckte Buschschlange* 92
Snipe, Common *Bekassine* 154
Sparrow, Grey-headed *Graukopfsperling* 241
Sparrow, House *Haussperling* 240
Sparrow, Sudan Golden- *Braunrücken-Goldsperling* 241
Spinetail, Mottled *Baobabsegler* 180
Spoonbill, African *Afrikanischer Löffler* 116
Spoonbill, Eurasian *Löffler* 116
Squirrel, Gambian Sun *Gambische Sonnenhörnchen* 41
Squirrel, Red-legged Sun *Rotfüßige Sonnenhörnchen* 41
Squirrel, Striped Ground *Gestreiftes Borstenhörnchen* 40
Starling, Bronze-tailed *Erzglanzstar* 238
Starling, Chestnut-bellied *Rotbauch-Glanzstar* 239
Starling, Greater Blue-eared *Grünschwanz-Glanzstar* 237
Starling, Lesser Blue-eared *Messingglanzstar* 237
Starling, Long-tailed Glossy- *Langschwanz-Glanzstar* 239
Starling, Purple *Purpurglanzstar* 238
Starling, Splendid Glossy- *Prachtglanzstar* 238
Starling, Violet-backed *Amethystglanzstar* 240
Stilt, Black-winged *Stelzenläufer* 147
Stint, Little *Zwergstrandläufer* 159
Stork, Abdim's *Abdimstorch* 118
Stork, Black *Schwarzstorch* 118
Stork, Marabou *Marabu* 117
Stork, Saddle-billed *Sattelstorch* 119
Stork, White *Weißstorch* 119
Stork, Woolly-necked *Afrika-Wollhalsstorch* 117
Stork, Yellow-billed *Nimmersatt* 118
Sunbird, Beautiful *Elfennektarvogel* 228
Sunbird, Collared *Waldnektarvogel* 227
Sunbird, Copper *Kupfernektarvogel* 230
Sunbird, Pygmy *Grünbrust-Nektarvogel* 226
Sunbird, Scarlet-chested *Rotbrust-Glanzköpfchen* 228
Sunbird, Splendid *Rotbauch-Nektarvogel* 229
Sunbird, Variable *Ziernektarvogel* 230
Sunbird, Western Violet-backed *Violettmantel-Nektarvogel* 229
Swallow, Barn *Rauchschwalbe* 202
Swallow, Lesser-striated *Rötelschwalbe-rufula* 204
Swallow, Mosque *Senegalschwalbe* 203
Swallow, Red-chested *Singschwalbe* 203
Swallow, Rufous-chested *Rotbrustschwalbe* 203
Swallow, West African *Afrikanischer Schwalbe* 204
Swamphen, African *Smaragdhuhn* 143
Swift , White Rumped *Kaffernsegler* 180
Swift, African Palm- *Palmensegler* 181
Swift, Little *Haussegler* 181
Tchagra, Black-crowned *Senegaltschagra* 233
Teal, Common *Krickente* 124
Tern, Caspian *Raubseeschwalbe* 161
Tern, Common *Flußseeschwalbe* 162
Tern, Little *Zwergseeschwalbe* 162
Tern, Royal *Königsseeschwalbe* 161
Tern, Whiskered *Weißbart-Seeschwalbe* 163
Tern, White-winged *Weißflügel-Seeschwalbe* 162
Thick-knee, Senegal *Senegaltriel* 149
Thick-knee, Spotted *Kaptriel* 149
Thrush, African *Afrikadrossel* 210
Tinkerbird, Lemon-rumped *Goldbürzel-Bartvogel* 194
Tinkerbird, Yellow-fronted *Gelbstirn-Bartvogel* 194
Tit, White-shouldered *Guineameise* 225
Turaco, Guinea *Guineaturako* 171
Turaco, Violet *Schildturako* 171
Turnstone, Ruddy *Steinwälzer* 158
Vulture, Egyptian *Schmutzgeier* 128
Vulture, Hooded *Kappengeier* 127
Vulture, Lappet-faced *Ohrengeier* 129
Vulture, Palmnut *Geierseeadler* 127
Vulture, White-backed *Weißrückengeier* 128
Vulture, White-headed *Wollkopfgeier* 129
Wagtail, White *Bachstelze* 205
Wagtail, Yellow *Wiesenschafstelze* 206
Warbler, Bonelli's *Berglaubsänger* 217
Warbler, Eastern Subalpine *Weißbart-Grasmücke* 217
Warbler, Eurasian Reed- *Teichrohrsänger* 215
Warbler, Garden *Gartengrasmücke* 217
Warbler, Melodious *Orpheusspötter* 216
Warbler, Oriole *Pirolsänger* 212
Warbler, Sedge *Schilfrohrsänger* 215
Warbler, Western Olivaceous *Isabellspötter* 215
Warbler, Willow *Fitis* 216
Warthog, Common *Warzenschwein* 65

Waterbuck *Wasserbock* 80
Wattle-eye, Brown-throated *Lappenschnäpper* 222
Waxbill, Black-rumped *Grauastrild* 250
Waxbill, Lavender *Lavendel-Schönbürzelastrild* 250
Waxbill, Orange-cheeked *Orangebäckchenastrild* 250
Waxbill, Zebra *Goldbrustastrild* 251
Weaver, Black-headed *Schwarzkopfweber* 244
Weaver, Black-necked- *Kurzflügelweber* 245
Weaver, Chestnut-crowned Sparrow- *Kastanienscheitelweber* 242
Weaver, Little *Zwergweber* 243
Weaver, Speckle-fronted *Schuppenkopfweber* 242
Weaver, Village *Textor* 244
Weaver, Vitelline Masked- *Dotterweber* 243
Weaver, White-billed Buffalo- *Alektoweber* 242
Whimbrel *Regenbrachvogel* 155
Whinchat *Braunkehlchen* 221
White-eye, African Yellow *Senegalbrillenvogel* 226
Whydah, Long-tailed Paradise- *Langschwanzwitwe* 254
Whydah, Northern Paradise- *Senegalwitwe* 254
Whydah, Pin-tailed *Dominikanerwitwe* 253
Wildcat, African *Afrikanische Wildkatze* 46
Wolf, African Golden *Afrikanischer Goldwolf* 81
Woodhoopoe, Green *Baumhopf* 190
Woodpecker, Brown-backed *Braunrückenspecht* 200
Woodpecker, Buff-spotted *Termitenspecht* 198
Woodpecker, Cardinal *Kardinalspecht* 198
Woodpecker, Fine-spotted *Pünktchenspecht* 197
Woodpecker, Grey *Graubrustspecht* 199

Index Französisch - Deutsch

Agrobate menu Afrikanischer Heckensänger 220
Agrobate podobé *Rußheckensänger* 220
Agrobate roux *Heckensänger* 220
Aigle couronné *Kronenadler* 137
Aigle fascié *Afrikanischer Habichtsadler* 136
Aigle huppard *Schopfadler* 137
Aigle martial *Kampfadler* 136
Aigle ravisseur *Raubadler* 136
Aigrette à gorge blanche *Küstenreiher* 112
Aigrette ardoisée *Glockenreiher* 111
Aigrette garzette *Seidenreiher* 112
Alecto à bec blanc *Alektoweber* 242
Alouette chanteuse *Buschlerche* 200
Amadine cou-coupé *Bandamadine* 248
Amarante du Sénégal *Senegalamarant* 248
Amarante pointé *Pünktchenamarant* 249
Anhinga d'Afrique *Afrika-Schlangenhalsvogel* 108
Anserelle naine *Afrikazwergente* 123
Antilope rouanne *Pferdeantilope* 79
Antilope sing-sing *Wasserbock* 80
Apalis à gorge jaune *Gelbbrust-Feinsänger* 212
Astrild à joues orange *Orangebäckchenastrild* 250
Astrild cendré *Grauastrild* 250
Astrild queue-de-vinaigre *Lavendel-Schönbürzelastrild* 250
Astrild-caille à face noire *Wachtelastrild* 251
Autour de Toussenel *Rotbrusthabicht* 133
Autour gabar *Gabarhabicht* 133
Autour sombre *Graubürzel-Singhabicht* 133
Autour unibande *Sperberbussard* 134
Autruche d'Afrique *Strauß* 105
Avocette élégante *Säbelschnäbler* 147
Babouin de Guinée *Guinea-Pavian* 33
Bagadais casqué *Brillenwürger* 234
Balbuzard pêcheur *Fischadler* 125
Barbican à poitrine rouge *Furchenschnabel-Bartvogel* 195
Barbican de Vieillot *Blutbrust-Bartvogel* 195
Barbion à croupion jaune *Goldbürzel-Bartvogel* 194
Barbion à front jaune *Gelbstirn-Bartvogel* 194
Barge à queue noire *Uferschnepfe* 154
Barge rousse *Pfuhlschnepfe* 155
Bateleur des savanes *Gaukler* 135
Beaumarquet aurore *Auroraastrild* 248
Beaumarquet melba *Buntastrild* 247
Bécasseau cocorli *Sichelstrandläufer* 159
Bécasseau maubèche *Knutt* 158
Bécasseau minute *Zwergstrandläufer* 159
Bécasseau sanderling *Sanderling* 158
Bécassine des marais *Bekassine* 154
Becbleu sanguin *Rotbrust-Samenknacker* 248
Bec-en-ciseaux d'Afrique *Afrikanischer Scherenschnabel* 163
Bengali zébré *Goldbrustastrild* 251
Bergeronnette grise *Bachstelze* 205
Bergeronnette printanière *Wiesenschafstelze* 206
Bihoreau gris *Nachtreiher* 113
Blongios de Sturm *Graurückendommel* 114
Blongios nain *Zwergdommel* 114
Boomslang *Boomslang* 91
Bruant à ventre jaune *Braunbürzelammer* 255
Bruant de Gosling *Graukehlammer* 254
Brubru africain *Brubruwürger* 232
Bubale major *Nordafrikanische Kuhantilope* 69
Bucorve d'Abyssinie *Sudanhornrabe* 193
Buffle nain *Rotbüffel* 72
Bulbul à gorge claire *Gelbkehlbülbül* 209
Bulbul des jardins *Graubülbül* 208
Bulbul fourmilier *Graukopfbleda* 209
Bulbul verdâtre *Grünbülbül* 209
Busard cendré *Wiesenweihe* 132
Busard des roseaux *Rohrweihe* 131
Busard pâle *Steppenweihe* 131
Busautour des sauterelles *Heuschreckenteesa* 134
Calao à bec noir *Grautoko* 192
Calao à bec rouge *Rotschnabeltoko* 191
Calao longibande *Elstertoko* 192
Calao siffleur *West-Schreihornvogel* 193
Camaroptère à tête grise *Meckerbogenflügel* 213
Caméléon gracilis *Fersensporn-Chamäleon* 101
Caméléon senegalensis *Senegal Chamäleon* 101
Canard à bosse *Glanzente* 122
Canard pilet *Spießente* 123
Canard souchet *Löffelente* 124
Capucin bec-d'argent *Afrikasilberschnabel* 251
Capucin nonnette *Kleinelsterchen* 252
Caracal *Karakal* 45
Céphalophe à dos jaune *Gelbrückenducker* 77
Céphalophe à flancs roux *Rotflankenducker* 76
Céphalophe de Grimm *Kronenducker* 77

Céphalophe de Maxwell *Maxwell-Ducker* 76
Chacal à flancs rayés *Streifenschakal* 61
Chacal du Sénégal *Afrikanischer Goldwolf* 81
Chat sauvage d'Afrique Afrikanische *Wildkatze* 46
Chevalier aboyeur *Grünschenkel* 156
Chevalier cul-blanc *Waldwasserläufer* 157
Chevalier gambette *Rotschenkel* 156
Chevalier guignette *Flußuferläufer* 157
Chevalier stagnatile *Teichwasserläufer* 156
Chevalier sylvain *Bruchwasserläufer* 157
Chevêchette perlée *Perlzwergkauz* 178
Chimpanzé commun *Schimpanse* 36
Choucador à longue queue *Langschwanz-Glanzstar* 239
Choucador à oreillons bleus *Grünschwanz-Glanzstar* 237
Choucador à queue violette *Erzglanzstar* 238
Choucador à ventre roux *Rotbauch-Glanzstar* 239
Choucador de Swainson *Messingglanzstar* 237
Choucador pourpré *Purpurglanzstar* 238
Choucador splendide *Prachtglanzstar* 238
Chouette africaine *Afrikanischer Waldkauz* 177
Chouette-pêcheuse de Pel *Bindenfischeule* 177
Cigogne blanche *Weißstorch* 119
Cigogne d'Abdim *Abdimstorch* 118
Cigogne épiscopale *Afrika-Wollhalsstorch* 117
Cigogne noire *Schwarzstorch* 118
Circaète brun *Einfarb-Schlangenadler* 130
Circaète cendré *Bandschlangenadler* 130
Circaète de Beaudouin *Beaudouin-Schlangenadler* 130
Cisticole à face rousse *Rotgesicht-Zistensänger* 210
Cisticole chanteuse *Weißbrauen-Zistensänger* 211
Cisticole des joncs *Zistensänger* 211
Civette africaine *Afrikanische Zibetkatze* 52
Cobe de Buffon *Kob* 81
Cobe des roseaux *Senegal-Riedbock* 82
Cobra cracheur à cou noir *Afrikanische Speikobra* 87
Cobra de Senegal *Senegalesische Kobra* 88
Cobra noir et blanc *Schwarzweiße Hutschlange* 86
Cochevis huppé *Haubenlerche* 200
Coliou huppé *Blaunacken-Mausvogel* 181
Colobe à camial *Weißbart-Stummelaffe* 34
Colobe Temmincki *Temminck-Stummelaffe* 35
Colombar à front nu *Rotnasen-Grüntaube* 169
Colombar waalia *Waaliataube* 168
Combassou de Wilson *Wilsonwitwe* 252
Combassou du Nigéria *Grünschwanzwitwe* 252
Combassou du Sénégal Rotfußwitwe 252
Combattant varié *Kampfläufer* 159
Corbeau pie *Schildrabe* 236
Cordonbleu à joues rouges *Schmetterlingsastrild* 249
Cormoran africain *Riedscharbe* 107
Corvinelle à bec jaune *Gelbschnabelwürger* 231
Cossyphe à calotte neigeuse *Weißscheitelrötel* 219
Cossyphe à calotte neigeuse *Schneescheitelrötel* 219
Coucal du Sénégal *Spornkuckuck* 174
Coucal noir *Grillkuckuck* 175
Coucou africain *Afrikanerkuckuck* 172
Coucou de Klaas *Klaaskuckuck* 173
Coucou de Levaillant *Kapkuckuck* 172
Coucou didric *Goldkuckuck* 174
Coucou foliotocol *Smaragdkuckuck* 174
Coucou geai *Häherkuckuck* 173
Coucou gris *Kuckuck* 172
Courlis cendré *Großer Brachvogel* 155
Courlis corlieu *Regenbrachvogel* 155
Courvite à ailes bronzées *Amethystrennvogel* 150
Courvite de Temminck *Temminckrennvogel* 150
Crabier chevelu *Rallenreiher* 112
Cratérope à tête noire *Weißaugendrossling* 224
Cratérope brun *Sudandrossling* 225
Crocodile d'Afrique de l'ouest *Westafrikanisches Krokodil* 96
Crombec sittelle *Braunbauchsylvietta* 214
Crombec vert *Grünmantelsylvietta* 214
Cubla de Gambie *Gambia-Schneeballwürger* 232
Daman du Cap *Klippschliefer* 27
Dendrocygne à dos blanc *Weißrücken-Pfeifgans* 123
Dendrocygne fauve *Gelbbrust-Pfeifgans* 121
Dendrocygne veuf *Witwenpfeifgans* 121
Drongo brillant *Trauerdrongo* 235
Drongo de Ludwig *Geradschwanzdrongo* 235
Échasse blanche *Stelzenläufer* 147
Échenilleur à épaulettes rouges *Rotschulter-Raupenfresser* 208
Écureuil fouisseur *Gestreiftes Borstenhörnchen* 40
Effraie des clochers *Schleiereule* 175
Éland de derby *Riesen-Elenantilope* 73
Élanion blanc *Gleitaar* 125
Élanion naucler *Schwalbenschwanzaar* 126
Éléphant de savane *Afrikanischer Elefant* 28
Elminie bleue *Blauhaubenschnäpper* 223

Französisch - Deutsch

Engoulevent à balanciers *Fahnennachtschwalbe* 179
Engoulevent à longue queue *Schleppennachtschwalbe* 179
Engoulevent terne *Marmornachtschwalbe* 179
Épervier shikra *Schikrasperber* 134
Érémomèle à croupion jaune *Gelbbaucheremomela* 213
Érémomèle à dos vert *Graukappen-Eremomela* 213
Étourneau améthyste *Amethystglanzstar* 240
Euplecte franciscain *Feuerweber* 247
Euplecte monseigneur *Flammenweber* 246
Euplecte vorabé *Tahaweber* 246
Faucon ardoisé *Graufalke* 139
Faucon chicquera *Rotkopffalke* 139
Faucon crécerelle *Turmfalke* 138
Faucon crécerellette *Rötelfalke* 138
Faucon de Cuvier *Afrikanischer Baumfalke* 139
Faucon hobereau *Baumfalke* 139
Faucon lanier *Lannerfalke* 140
Faucon pèlerin *Wüstenfalke* 140
Faucon pèlerin *Wanderfalke* 140
Fauvette des jardins *Gartengrasmücke* 217
Fauvette passerinette *Weißbart-Grasmücke* 217
Flamant nain *Zwergflamingo* 120
Flamant rose *Rosaflamingo* 120
Francolin à double éperon *Doppelspornfrankolin* 141
Francolin à gorge blanche *Weißkehlfrankolin* 141
Galago du Sénégal *Senegal-Galago* 38
Gallinule africaine *Zwergteichhuhn* 144
Gallinule poule-d'eau *Teichhuhn* 144
Ganga à ventre brun *Braunbauch-Flughuhn* 164
Ganga quadribande *Buschflughuhn* 164
Gazelle dama *Damagazelle* 70
Gecko annularis *Mauergecko* 99
Gecko mabouia *Afrikanischer Halbfinger-Gecko* 100
Genetta thierryi *Haussa-Ginsterkatze* 54
Genette commune *Kleinfleck-Ginsterkatze* 54
Gladiateur de Blanchot *Graukopfwürger* 234
Glaréole à collier *Rotflügel-Brachschwalbe* 151
Gobemouche des marais *Sumpfschnäpper* 218
Gobemouche drongo *Senegaldrongoschnäpper* 218
Goéland brun *Heringsmöwe* 160
Goéland railleur *Dünnschnabelmöwe* 160
Gonolek de Barbarie *Goldscheitelwürger* 233
Gonolek soufré *Orangebrustwürger* 232
Grand Cormoran *Kormoran* 107
Grand Indicateur *Schwarzkehl-Honiganzeiger* 196
Grand-duc de Verreaux *Blaßuhu* 177
Grand-duc du Sahel *Grauuhu* 176
Grande Aigrette *Silberreiher* 111
Grèbe castagneux *Zwergtaucher* 106
Grébifoulque d'Afrique *Binsenralle* 143
Grue couronnée *Kronenkranich* 144
Guêpier à gorge blanche *Weißkehlspint* 186
Guêpier à gorge rouge *Rotkehlspint* 185
Guêpier à queue d'aronde *Schwalbenschwanzspint* 186
Guêpier de Perse *Blauwangenspint* 187
Guêpier d'Europe *Bienenfresser* 187
Guêpier d'Orient (viridissimus) *Smaragdspint* 187
Guêpier écarlate *Karminspint* 188
Guêpier nain *Zwergspint* 186
Guib harnaché *Buschbock* 74
Guifette leucoptère *Weißflügel-Seeschwalbe* 162
Guifette moustac *Weißbart-Seeschwalbe* 163
Gymnogène d'Afrique *Höhlenweihe* 132
Héliosciure aux pattes rousses *Rotfüßige Sonnenhörnchen* 41
Héliosciure de Gambie *Gambische Sonnenhörnchen* 41
Héron cendré *Graureiher* 109
Héron garde-boeufs *Kuhreiher* 113
Héron goliath *Goliathreiher* 110
Héron intermédiaire *Asienmittelreiher* 111
Héron mélanocéphale *Schwarzhalsreiher* 110
Héron pourpré *Purpurreiher* 110
Héron strié *Mangrovereiher* 113
Hibou du Cap *Kapohreule* 178
Hippopotame commun *Flusspferd* 68
Hirondelle à ventre roux *Rotbrustschwalbe* 203
Hirondelle de fenêtre *Mehlschwalbe* 204
Hirondelle de Guinée *Singschwalbe* 203
Hirondelle de rivage *Uferschwalbe* 202
Hirondelle des mosquées *Senegalschwalbe* 203
Hirondelle fanti *Scherenschwanzschwalbe* 205
Hirondelle ouest-africaine *Afrikanischer Schwalbe* 204
Hirondelle rousseline *Rötelschwalbe-rufula* 204
Hirondelle rustique *Rauchschwalbe* 202
Huppe d'Afrique *Afrikanischer Wiedehopf* 190
Huppe fasciée *Wiedehopf* 190
Hyène tachetée *Tüpfelhyäne* 51

Hypolaïs obscure *Isabellspötter* 215
Hypolaïs polyglotte *Orpheusspötter* 216
Ibis falcinelle *Braunsichler* 116
Ibis hagedash *Hagedasch* 115
Ibis sacré *Heiliger Ibis* 116
Indicateur menu *Barthoniganzeiger* 196
Indicateur tacheté *Tropfenbrust-Honiganzeiger* 196
Irrisor moqueur *Baumhopf* 190
Irrisor noir *Mohrensichelhopf* 191
Jabiru d'Afrique *Sattelstorch* 119
Jacana à poitrine dorée *Blaustirn-Blatthühnchen* 148
Korin *Rotstirngazelle* 70
Léopard *Leopard* 50
Lièvre des savanes *Savannen-Hase* 43
Lièvre du Cap *Kaphase* 42
Lion *Löwe* 48
Loriot doré *Schwarzohrpirol* 236
Loutre à joues blanches *Kapotter* 64
Lycaon Afrikanischer *Wildhund* 62
Mahali à calotte marron *Kastanienscheitelweber* 242
Mali Cobra *Malische Kobra* 88
Mamba noir *Schwarze Mamba* 90
Mangouste à queue blanche *Weißschwanzmanguste* 58
Mangouste de Gambie *Gambia-Manguste* 57
Mangouste des marais *Sumpfmanguste* 55
Mangouste rayée *Zebramanguste* 59
Mangouste rouge *Schlankmanguste* 56
Marabout d'Afrique *Marabu* 117
Margouillat *Siedleragame* 100
Marouette à bec jaune *Schwarzkielralle* 143
Martin-chasseur à poitrine bleue *Zügelliest* 183
Martin-chasseur à tête grise *Graukopfliest* 183
Martin-chasseur du Sénégal *Senegalliest* 183
Martin-chasseur strié *Streifenliest* 184
Martinet cafre *Kaffernsegler* 180
Martinet des maisons *Haussegler* 181
Martinet des palmes *Palmensegler* 181
Martinet d'Ussher *Baobabsegler* 180
Martin-pêcheur géant *Riesenfischer* 184
Martin-pêcheur huppé *Haubenzwergfischer* 182
Martin-pêcheur pie *Graufischer* 185
Martin-pêcheur pygmée *Natalzwergfischer* 182
Merle africain *Afrikadrossel* 210
Mésange galonnée *Guineameise* 225
Milan d'Afrique *Schmarotzermilan* 126
Milan noir *Schwarzmilan* 126
Moineau domestique *Haussperling* 240
Moineau doré *Braunrücken-Goldsperling* 241
Moineau gris *Graukopfsperling* 241
Moinelette à front blanc Weißstirnlerche 201
Moinelette à oreillons blancs *Weißwangenlerche* 201
Mone de Campbell *Campbell-Meerkatze* 32
Mouette à tête grise *Graukopfmöwe* 160
Nandinie *Pardelroller* 53
Noircap loriot *Pirolsänger* 212
Oedicnème du Sénégal *Senegaltriel* 149
Oedicnème tachard *Kaptriel* 149
Oie-armée de Gambie *Sporngans* 122
Ombrette africaine *Hammerkopf* 115
Oryctérope du Cap *Erdferkel* 26
Oryx algazelle *Säbelantilope* 78
Ouette d'Égypte *Nilgans* 122
Ourébi *Oribi* 71
Outarde à ventre noir *Schwarzbauchtrappe* 146
Outarde de Denham *Kafferntrappe* 145
Outarde de Savile *Saviletrappe* 146
Outarde du Sénégal *Senegaltrappe* 145
Palmiste africain *Geierseeadler* 127
Pangolin géant *Riesenschuppentier* 44
Patas *Husarenaffe* 30
Pélican blanc *Rosapelikan* 109
Pélican gris *Rötelpelikan* 108
Percnoptère d'Égypte *Schmutzgeier* 128
Perroquet à cou brun *Kappapagei* 170
Perroquet youyou *Mohrenkopf* 170
Perruche à collier *Halsbandsittich* 169
Petit Indicateur *Nasenstreif-Honiganzeiger* 196
Petit Moineau *Buschsteinsperling* 241
Petit-duc à face blanche *Nordbüscheleule* 176
Petit-duc africain *Afrika-Zwergohreule* 176
Phacochère *Warzenschwein* 65
Philothamnus semivariegatus *Gefleckte Buschschlange* 92
Phragmite des joncs *Schilfrohrsänger* 215
Piapiac africain *Piapiac* 235
Pic à dos brun *Braunrückenspecht* 200
Pic à taches noires *Pünktchenspecht* 197
Pic cardinal *Kardinalspecht* 198
Pic goertan *Graubrustspecht* 199
Pic tacheté *Termitenspecht* 198

Französisch - Deutsch

Pie-grièche à tête rousse *Rotkopfwürger* 231
Pigeon roussard *Guineataube* 165
Pintade de Numidie *Guinea Helmperlhuhn* 141
Pipit à dos uni *Braunrückenpieper* 206
Pipit des arbres *Baumpieper* 207
Pipit rousseline *Brachpieper* 207
Piqueboeuf à bec jaune *Gelbschnabel-Madenhacker* 237
Pluvian fluviatile *Krokodilwächter* 149
Pluvier à collier interrompu *Seeregenpfeifer* 154
Pluvier grand-gravelot *Sandregenpfeifer* 153
Pluvier pâtre *Hirtenregenpfeifer* 153
Pluvier petit-gravelot *Flußregenpfeifer* 153
Porc-épic à crête *Gewöhnliches Stachelschwein* 37
Potamochère roux *Pinselohrschwein* 66
Pouillot de Bonelli *Berglaubsänger* 217
Pouillot fitis *Fitis* 216
Pouillot véloce *Zilpzalp* 216
Poulette de roches *Felsenwachtel* 142
Prinia modeste *Rahmbrustprinie* 211
Pririt à collier *Lappenschnäpper* 222
Pririt du Sénégal *Senegalschnäpper* 222
Psammophis phillipsi *Phillips Sandrennatter* 94
Pygargue vocifer *Schreiseeadler* 135
Python de Seba *Nördlicher Felsenpython* 85
Python royal *Königspython* 84
Râle des prés *Savannenralle* 143
Rat des pharaons *Ichneumon* 57
Ratel *Honigdachs* 63
Renard pâle *Blassfuchs* 60
Rhynchée peinte *Goldschnepfe* 148
Rolle violet *Zimtracke* 189
Rollier à ventre bleu *Opalracke* 189
Rollier d'Abyssinie *Senegalracke* 188
Rollier varié *Strichelracke* 189
Rossignol philomèle *Nachtigall* 219
Rougequeue à front blanc *Gartenrotschwanz* 220
Rousserolle effarvatte *Teichrohrsänger* 215
Sarcelle d'été *Knäkente* 124
Sarcelle d'hiver *Krickente* 124
Sentinelle à gorge jaune *Gelbkehlpieper* 207
Serin du Mozambique *Mosambikgirlitz* 255
Serpent de l'Herald *Weißlippen-Schlange* 92
Serpent des maison *Afrikanische Hausschlange* 94
Serval *Serval* 47
Singe vert *Westliche Grünmeerkatze* 31
Sitatunga *Sitatunga* 75
Souimanga à collier *Waldnektarvogel* 227
Souimanga à longue queue *Elfennektarvogel* 228
Souimanga à poitrine rouge *Rotbrust-Glanzköpfchen* 228
Souimanga à ventre jaune *Ziernektarvogel* 230
Souimanga cuivré *Kupfernektarvogel* 230
Souimanga éclatant *Rotbauch-Nektarvogel* 229
Souimanga pygmée *Grünbrust-Nektarvogel* 226
Souimanga violet *Violettmantel-Nektarvogel* 229
Spatule blanche *Löffler* 116
Spatule d'Afrique *Afrikanischer Löffler* 116
Spiloptile à front écailleux *Schuppenkopfprinie* 212
Sporopipe quadrillé *Schuppenkopfweber* 242
Sterne caspienne *Raubseeschwalbe* 161
Sterne naine *Zwergseeschwalbe* 162
Sterne pierregarin *Flußseeschwalbe* 162
Sterne royale *Königsseeschwalbe* 161
Talève d'Afrique *Smaragdhuhn* 143
Tantale ibis *Nimmersatt* 118
Tarier des prés *Braunkehlchen* 221
Tchagra à tête noire *Senegaltschagra* 233
Tchitrec à ventre roux *Senegalparadiesschnäpper* 223
Tchitrec d'Afrique *Graubrust-Paradiesschnäpper* 224
Tisserin à cou noir *Kurzflügelweber* 245
Tisserin à tête noire *Schwarzkopfweber* 244
Tisserin gendarme *Textor* 244
Tisserin minule *Zwergweber* 243
Tisserin vitellin *Dotterweber* 243
Touraco gris *Schwarzschwanz-Lärmvogel* 171
Touraco vert *Guineaturako* 171
Touraco violet *Schildturako* 171
Tournepierre à collier *Steinwälzer* 158
Tourtelette améthystine *Stahlflecktaube* 168
Tourtelette d'Abyssinie *Erzflecktaube* 167
Tourtelette masquée *Kaptäubchen* 168
Tourterelle à collier *Halbmondtaube* 166
Tourterelle des bois *Turteltaube* 165
Tourterelle maillée *Palmtaube* 167
Tourterelle pleureuse *Brillentaube* 166
Tourterelle rieuse *Lachtaube* 166
Tourterelle vineuse *Röteltaube* 167
Traquet à front blanc *Weißstirnschmätzer* 221
Traquet brun *Rußschmätzer* 221
Travailleur à bec rouge *Blutschnabelweber* 245

Vanneau à éperons *Spornkiebitz* 151
Vanneau à tête blanche *Weißscheitelkiebitz* 152
Vanneau à tête noire *Schwarzschopfkiebitz* 152
Vanneau du Sénégal *Senegalkiebitz* 152
Varan d'Afrique de l'ouest *Westafrikanischer Nilwaran* 98
Varan des savanes *Steppenwaran* 97
Vautour à tête blanche *Wollkopfgeier* 129
Vautour africain *Weißrückengeier* 128
Vautour charognard *Kappengeier* 127
Vautour de Rüppell *Sperbergeier* 128
Vautour oricou *Ohrengeier* 129
Vert Ouest Mamba *Grüne Mamba* 89
Veuve à collier d'or *Senegalwitwe* 254
Veuve dominicaine *Dominikanerwitwe* 253
Veuve nigériane *Langschwanzwitwe* 254
Vipère heurtante *Puffotter* 93
Zostérops jaune *Senegalbrillenvogel* 226

Danksagung

Ein herzliches Dankeschön an alle unten aufgeführten Fotografinnen und Fotografen, die unentgeltlich ihr wunderschönes Fotomaterial zur Verfügung gestellt haben. Ohne ihre Hilfe wäre dieses Buch niemals zustande gekommen.

Aaltair: Abdimstorch. **Alan Drewitt:** Weißkehlfrankolin, Felsenwachtel. **Allan Hopkins:** Savannen-Hase. **Alvaro Colombo:** Halsbandsittich. **Ana Silva:** Tahaweber. **Angus Molyneux:** Asienmittelreiher. **Arno Meintjes:** Perlzwergkauz. **Artush:** Strauß. **Bernard Dupont**: Kaffernsegler, Kob, Weißlippen-Schlange. **Bill Bouton:** Spießente, Löffelente. **Bob Burgess:** Kappengeier, Weißrückengeier, Sperbergeier, Wollkopfgeier, Grünschenkel, Knutt, Schildturako, Klaaskuckuck, Nordbüscheleule, Schwalbenschwanzspint, Senegalracke, Gelbkehlbülbül, Graukopfbleda, Weißstirnschmätzer, Senegalparadiesschnäpper, Messingglanzstar, Kastanienscheitelweber, Rotbrust-Samenknacker. **Bob Gunderson:** Grillkuckuck. **Brad Schram:** Knäkente. **Bruno Portiers:** Baobabsegler, Palmensegler, Rotkehlspint, Smaragdspint, Weißbrauen-Zistensänger, Schuppenkopfprinie, Blassfuchs, Afrikanischer Goldwolf, Nordafrikanische Kuhantilope, Säbelantilope. **Charles Sharp:** Smaragdkuckuck, Senegalbrillenvogel, Spitzschwanzelster, Buschsteinsperling, Rotfüßige Sonnenhörnchen, Wasserbock. **Chris Kirby-Lambert:** Krokodilwächter, Furchenschnabel-Bartvogel, Grünbrust-Nektarvogel, Grauastrild, Guinea-Pavian, Schimpanse, Gambische Sonnenhörnchen, Senegal Chamäleon. **Ch. Weiss:** Graubrustspecht. **Cyril Laffargue:** Binsenralle, Prachtglanzstar. **Danita Delimont:** Pardelroller. **Dave Montreuil:** Rosapelikan, Schmetterlingsastrild, Küstenreiher, Steinwälzer, Heringsmöwe, Graukopfmöwe, Dünnschnabelmöwe, Raubseeschwalbe, Königsseeschwalbe, Guineataube, Spornkuckuck, Zügelliest, Zwergspint, Singschwalbe, Senegalschwalbe, Zistensänger, Pirolsänger, Senegalparadiesschnäpper, Sudandrossling, Waldnektarvogel, Ziernektarvogel, Erzglanzstar, Purpurglanzstar, Langschwanz-Glanzstar, Feuerweber, Dominikanerwitwe, Westafrikanisches Krokodil. **David Bañuls:** Husarenaffe. **David Hallam:** Geierseeadler, Rotbrusthabicht, Fahnennachtschwalbe. **Derek Keats:** Glockenreiher, Kronenadler, Goldkuckuck, Nasenstreif-Honiganzeiger, Wiesenschafstelze, Fitis, Brubruwürger, Orangebrustwürger, Amethystglanzstar, Buntastrild, Kaffernsegler. **Dilomski:** Seidenreiher. **Dirk M. de Boer:** Trauerdrongo. **Dirk van Mourik:** Löffelente, Schwalbenschwanzaar, Regenbrachvogel, Großer Brachvogel, Stahlflecktaube, Mohrenkopf, Schleppennachtschwalbe, Westlicher Rotschnabeltoko, Gelbstirn-Bartvogel, Blutbrust-Bartvogel, Haubenlerche, Wiesenschafstelze, Graurücken-Camaroptera, Isabellspötter, Zilpzalp, Rußheckensänger, Gartenrotschwanz, Rotbauch-Nektarvogel, Alektoweber, Schwarzkopfweber, Senegalamarant, Afrikasilberschnabel. **Elliotte Rusty Harold:** Braunrücken-Goldsperling. **Eric Roualet:** Guineameise. **Erni:** Blaunacken-Mausvogel. **Étienne Henry:** Saviletrappe, Gestreiftes Borstenhörnchen, Riesen-Elenantilope. **Francesco Filippo Pellegrini:** Wiesenweihe. **Francesco Veronesi:** Bindenfischeule, Graukehlammer. **Ian White:** Zwergflamingo, Weißrücken-Pfeifgans, Geierseeadler, Ohrengeier, Lannerfalke, Smaragdhuhn, Zwergteichhuhn, Goldschnepfe, Teichwasserläufer, Weißflügel-Seeschwalbe, Weißbart-Seeschwalbe, Afrikanerkuckuck, Haussegler, Smaragdspint, Rotbrust-Glanzköpfchen, Tahaweber, Bandamadine. **Jan Willem Steffelaar:** Zwergdommel, Schikrasperber, Rötelfalke, Turmfalke, Graufalke, Wanderfalke, Senegaltriel, Schwarzschopfkiebitz, Sanderling, Flußseeschwalbe, Buschflughuhn, Turteltaube, Senegalracke, Opalracke, Elstertoko, Tropfenbrust-Honiganzeiger, Bachstelze, Baumpieper, Gelbbaucheremomela, Graukappen-Eremomela, Schilfrohrsänger, Nachtigall, Weißaugendrossling, Gambia-Schneeballwürger, Lavendel-Schönbürzelastrild. **Jeroen Verhoeff** *(jeroenverhoeff.com)*: Senegalesische Kobra. **Johan Jense van Rensburg:** Sumpfmanguste. **Johannes Pfleiderer:** Haussa-Ginsterkatze. **Johan Swanepoel:** Brillenwürger. **José Luís Barros:** Berglaubsänger, Weißbart-Grasmücke. **Ken Behrens:** Kafferntrappe, Fahnennachtschwalbe, Haussegler. **Kirk Huffstater:** Grünmantel-Sylvietta. **Kivandam:** Rotbrust-Glanzköpfchen. **Klaus Rudloff:** Gelbrückenducker. **Linda de Volder:** Steppenwaran. **Martin Mecnarowski:** Rotbrust-Glanzköpfchen. **Menno Schaefer:** Schilfrohrsänger. **Mike Richardson and Sarah Winch:** Maxwell-Ducker. **Nick Brischuk:** Zwergseeschwalbe, Rotkopfwürger. **Nigel Voaden:** Sporngans, Krickente, Bandschlangenadler, Rohrweihe, Guinea Helmperlhuhn, Kronenkranich, Schwarzkehl-Honiganzeiger, Africanischer Schwalbe, Braunrückenpieper, Rotgesicht-Cistensänger, Rahmbrustprinie, Gelbbrust-Feinsänger, Gartengrasmücke, Senegalschnäpper, Violettmantel-Nektarvogel, Dominikanerwitwe, Schwarzweiße Hutschlange, Afrikanische Speikobra, Puffotter, Afrikanische Hausslange. **Odd Steinveg:** Rotbauch-Glanzstar, Flammenweber. **Odile van Asperen:** Schwarzbauchtrappe, Schwarzkehl-Honiganzeiger, Rötelschwalbe-rufula, Senegalschnäpper. **Oleg Nabrovenkov:** Knäkente, Palmensegler.

Paul Jones: Weißstirnlerche. **Pete de Waal:** Wachtelastrild. **Phil Gregory:** Afrikanischer Baumfalke. **Pierre Chabot:** Kappapagei. **Poeticpenguin:** Rötelpelikan. **Rainer Wendt:** Fersensporn-Chamäleon. **Riccardo Portigliatti:** Zwergtaucher. **Roger Wasley:** West-Schreihornvogel, Brachpieper, Weißbart-Grasmücke, Heckensänger, Rotkopfwürger, Pünktchenamarant. **Rudmer Zwerver:** Rotbrustschwalbe. **Scott Hanko:** Rotflankenducker. **Seppo Miettinen:** Zwergstrandläufer. **Seth of Rabi:** Rotfußwitwe. **Sheau Torng Lim:** Grünbülbül. **Simon West:** Mauergecko. **Steve Bunting:** Phillips Sandrennnatter. **Steve Garvie:** Scherenschwanzschwalbe. **Steve Keightley:** Rotbrust-Samenknacker, Orangebäckchenastrild, Langschwanzwitwe. **Steve Ray:** Kurzflügelweber, Rotfußwitwe. **Steve Whiteley:** Pünktchenspecht. **Steve Wilson:** Weißbart-Stummelaffe. **Sue Robinson:** Kurzflügelweber. **Tarique Sani:** Steppenweihe. **Thom Haslam:** Doppelspornfrankolin, Grünbrust-Nektarvogel, Rotbauch-Nektarvogel, Senegalwitwe, Braunrücken-Goldsperling. **Tjeerd de Wit:** Zwergdommel, Afrika-Zwergohreule, Geradschwanzdrongo. **Tom Cabuy:** Malische Kobra. **Tony Enticknap** *(www.tickspics.com):* Krickente, Rötelfalke, Baumfalke, Senegaltrappe, Bekassine, Uferschnepfe, Guineaturako, Grillkuckuck, Grünschwanz-Glanzstar. **Tore Berg:** Binsenralle. **Tracy Binus:** Braunrückenspecht. **Tris Enticknap:** Afrikanischer Scherenschnabel. **Volker Sthamer:** Seeregenpfeifer, Pfuhlschnepfe, Rotschenkel, Braunbauch-Flughuhn, Lachtaube, Röteltaube, Waaliataube, Grauuhu, Afrikanischer Waldkauz, Marmornachtschwalbe, Mohrensichelhopf, Sudanhornrabe, Goldbürzel-Bartvogel, Buschlerche, Weißwangenlerche, Rotschulter-Raupenfresser, Graubülbül, Afrikadrossel, Braunbauch-Sylvietta, Teichrohrsänger, Orpheusspötter, Senegaldrongoschnäpper, Sumpfschnäpper, Schneescheitelrötel, Gartenrotschwanz, Rußschmätzer, Lappenschnäpper, Blauhaubenschnäpper, Ziernektarvogel, Kupfernektarvogel, Gambia-Schneeballwürger, Zwergweber, Dotterweber, Textor, Schwarzkopfweber, Goldbrustastrild, Rotfußwitwe, Wilsonwitwe. **Yoann Lombard:** Auroraastrild.

Quellen

New Holland Publishers, **Birds of Prey of Africa and it's Islands**, *Alan & Meg Kemp* 1998
Helm, **Helm Field Guide: Birds of East Africa**, *Terry Stevenson & John Fanshawe* 2004
Struik Publishers, **Field Guide to the larger Mammals of Africa**, *Chris and Tilde Stuart* 2000
Johns Hopkins University Press, **Snakes of Central and Western Africa**, *Jean-Philippe Chippaux & Kate Jackson*
Helm, **Helm Field Guide: Birds of Senegal and The Gambia**, *Nic Borrow & Ron Demey* 2012
Edition Chimaira, **Chameleons of Africa**, *Colin R Tilbury*
Edition Chimaira, **Venomous Snakes of Africa**, *Maik Dobiey & Gernot Vogel*

Websites

https://www.iucnredlist.org/
https://www.hbw.com/
https://www.xeno-canto.org/
https://avibase.bsc-eoc.org/
https://ebird.org/
https://www.flickriver.com/
https://www.flickr.com/
https://nl.wikipedia.org/
www.africanbirdclub.org
https://www.researchgate.net/
www.sciencedirect.com
biology-assets.anu.edu.au
http://www.toxinology.com

Impressum

Zusammenstellung und Recherche	Ruud Troost
Übersetzung	Übersetzungsburo Fundalingua - Haarlem
Entwurf, Layout und Druckvorstufe	Löss Ontwerp - Geert Hermkens - Amsterdam
Druck	Druckerei Wilco B.V. Amersfoort
Redaktion	Ruud Troost

Checkliste

Säugetiere		wo	wann
Röhrenzähner	☐ Erdferkel		
Schliefer	☐ Klippschliefer		
Rüsseltiere	☐ Afrikanischer Elefant		
Primaten	☐ Husarenaffe		
	☐ Westliche Grünmeerkatze		
	☐ Campbell-Meerkatze		
	☐ Guinea-Pavian		
	☐ Weißbart-Stummelaffe		
	☐ Temminck-Stummelaffe		
	☐ Schimpanse		
	☐ Senegal-Galago		
Nagetiere	☐ Gewöhnliches Stachelschwein		
	☐ Gestreiftes Borstenhörnchen		
	☐ Gambische Sonnenhörnchen		
	☐ Rotfüßige Sonnenhörnchen		
	☐ Kaphase		
	☐ Savannen-Hase		
Schuppentiere	☐ Riesenschuppentier		
Raubtiere	☐ Karakal		
	☐ Afrikanische Wildkatze		
	☐ Serval		
	☐ Löwe		
	☐ Leopard		
	☐ Afrikanische Zibetkatze		
	☐ Kleinfleck-Ginsterkatze		
	☐ Haussa-Ginsterkatze		
	☐ Honigdachs		
	☐ Kapotter		
	☐ Pardelroller		
	☐ Sumpfmanguste		
	☐ Schlankmanguste		
	☐ Ichneumon		
	☐ Weißschwanzmanguste		
	☐ Gambia-Manguste		
	☐ Zebramanguste		
	☐ Tüpfelhyäne		

Säugetiere

		wo	wann
Raubtiere	☐ Blassfuchs		
	☐ Streifenschakal		
	☐ Afrikanischer Goldwolf		
	☐ Afrikanischer Wildhund		
Paarhufer	☐ Warzenschwein		
	☐ Pinselohrschwein		
	☐ Flusspferd		
Hörnträger	☐ Nordafrikanische Kuhantilope		
	☐ Rotstirngazelle		
	☐ Damagazelle		
	☐ Oribi		
	☐ Rotbüffel		
	☐ Riesen-Elenantilope		
	☐ Buschbock		
	☐ Sitatunga		
	☐ Maxwell-Ducker		
	☐ Rotflankenducker		
	☐ Gelbrückenducker		
	☐ Kronenducker		
	☐ Pferdeantilope		
	☐ Säbelantilope		
	☐ Wasserbock		
	☐ Kob		
	☐ Senegal-Riedbock		

Reptilien

		wo	wann
Schlangen	☐ Königspython		
	☐ Nördlicher Felsenpython		
	☐ Schwarzweiße Hutschlange		
	☐ Afrikanische Speikobra		
	☐ Puffotter		
	☐ Afrikanische Hausschlange		
	☐ Senegalesische Kobra		
	☐ Malische Kobra		
	☐ Grüne Mamba		
	☐ Boomslang		
	☐ Weißlippen-Schlange		
	☐ Gefleckte Buschschlange		
	☐ Schwarze Mamba		
	☐ Phillips Sandrennatter		

Reptilien		wo	wann
Krokodile	☐ Westafrikanisches Krokodil		
Warane	☐ Steppenwaran		
	☐ Westafrikanischer Nilwaran		
Geckos & Agamen	☐ Mauergecko		
	☐ Afrikanischer Halbfinger-Gecko		
	☐ Siedleragame		
Chamäleons	☐ Senegal Chamäleon		
	☐ Fersensporn-Chamäleon		

Vögel		wo	wann
Eulen	☐ Afrikanischer Waldkauz		
	☐ Afrika-Zwergohreule		
	☐ Bindenfischeule		
	☐ Blaßuhu		
	☐ Grauuhu		
	☐ Kapohreule		
	☐ Nordbüscheleule		
	☐ Perlzwergkauz		
	☐ Schleiereule		
Falken	☐ Afrikanischer Baumfalke		
	☐ Baumfalke		
	☐ Graufalke		
	☐ Lannerfalke		
	☐ Rötelfalke		
	☐ Rotkopffalke		
	☐ Turmfalke		
	☐ Wanderfalke		
	☐ Wüstenfalke		
Flamingos	☐ Rosaflamingo		
	☐ Zwergflamingo		
Gänsevögel	☐ Afrikazwergente		
	☐ Gelbbrust-Pfeifgans		
	☐ Glanzente		
	☐ Knäkente		
	☐ Krickente		
	☐ Löffelente		

Vögel		wo	wann
Gänsevögel	☐ Nilgans		
	☐ Spießente		
	☐ Sporngans		
	☐ Weißrücken-Pfeifgans		
	☐ Witwenpfeifgans		
Greifvogel	☐ Afrikanischer Habichtsadler		
	☐ Bandschlangenadler		
	☐ Beaudouin-Schlangenadler		
	☐ Einfarb-Schlangenadler		
	☐ Fischadler		
	☐ Gabarhabicht		
	☐ Gaukler		
	☐ Geierseeadler		
	☐ Gleitaar		
	☐ Graubürzel-Singhabicht		
	☐ Heuschreckenteesa		
	☐ Höhlenweihe		
	☐ Kampfadler		
	☐ Kappengeier		
	☐ Kronenadler		
	☐ Ohrengeier		
	☐ Raubadler		
	☐ Rohrweihe		
	☐ Rotbrusthabicht		
	☐ Schikrasperber		
	☐ Schmarotzermilan		
	☐ Schmutzgeier		
	☐ Schopfadler		
	☐ Schreiseeadler		
	☐ Schwalbenschwanzaar		
	☐ Schwarzmilan		
	☐ Sperberbussard		
	☐ Sperbergeier		
	☐ Steppenweihe		
	☐ Weißrückengeier		
	☐ Wiesenweihe		
	☐ Wollkopfgeier		
Hornvögel & Hopfe	☐ Afrikanischer Wiedehopf		
	☐ Baumhopf		
	☐ Elstertoko		
	☐ Grautoko		

Vögel		wo	wann
Hornvögel & Hopfe	☐ Mohrensichelhopf		
	☐ Rotschnabeltoko		
	☐ Sudanhornrabe		
	☐ West-Schreihornvogel		
Hühnervögel	☐ Doppelspornfrankolin		
	☐ Felsenwachtel		
	☐ Guinea Helmperlhuhn		
	☐ Weißkehlfrankolin		
Kranichvögel	☐ Binsenralle		
	☐ Kronenkranich		
	☐ Savannenralle		
	☐ Schwarzkielralle		
	☐ Smaragdhuhn		
	☐ Teichhuhn		
	☐ Zwergteichhuhn		
Kuckucksvögel	☐ Afrikanerkuckuck		
	☐ Goldkuckuck		
	☐ Grillkuckuck		
	☐ Häherkuckuck		
	☐ Kapkuckuck		
	☐ Klaaskuckuck		
	☐ Kuckuck		
	☐ Smaragdkuckuck		
	☐ Spornkuckuck		
Lappentaucherartige	☐ Zwergtaucher		
Mausvögel	☐ Blaunacken-Mausvogel		
Otidiformes	☐ Kafferntrappe		
	☐ Saviletrappe		
	☐ Schwarzbauchtrappe		
	☐ Senegaltrappe		
Papageien	☐ Halsbandsittich		
	☐ Kappapagei		
	☐ Mohrenkopf		
Pelecaniformes	☐ Afrikanischer Löffler		
	☐ Asienmittelreiher		

Vögel		wo	wann
Pelecaniformes	☐ Braunsichler		
	☐ Glockenreiher		
	☐ Goliathreiher		
	☐ Graureiher		
	☐ Graurückendommel		
	☐ Hagedasch		
	☐ Hammerkopf		
	☐ Heiliger Ibis		
	☐ Kuhreiher		
	☐ Küstenreiher		
	☐ Löffler		
	☐ Mangrovereiher		
	☐ Nachtreiher		
	☐ Purpurreiher		
	☐ Rallenreiher		
	☐ Rosapelikan		
	☐ Rötelpelikan		
	☐ Schwarzhalsreiher		
	☐ Seidenreiher		
	☐ Silberreiher		
	☐ Zwergdommel		
Pterocliformes	☐ Braunbauch-Flughuhn		
	☐ Buschflughuhn		
Rackenvögel	☐ Bienenfresser		
	☐ Blauwangenspint		
	☐ Graufischer		
	☐ Graukopfliest		
	☐ Haubenzwergfischer		
	☐ Karminspint		
	☐ Natalzwergfischer		
	☐ Opalracke		
	☐ Riesenfischer		
	☐ Rotkehlspint		
	☐ Schwalbenschwanzspint		
	☐ Senegalliest		
	☐ Senegalracke		
	☐ Smaragdspint		
	☐ Streifenliest		
	☐ Strichelracke		
	☐ Weißkehlspint		
	☐ Zimtracke		

Vögel		wo	wann
Rackenvögel	☐ Zügelliest		
	☐ Zwergspint		
Regenpfeifer-artige	☐ Afrikanischer Scherenschnabel		
	☐ Amethystrennvogel		
	☐ Bekassine		
	☐ Blaustirn-Blatthühnchen		
	☐ Bruchwasserläufer		
	☐ Dünnschnabelmöwe		
	☐ Flußregenpfeifer		
	☐ Flußseeschwalbe		
	☐ Flußuferläufer		
	☐ Goldschnepfe		
	☐ Graukopfmöwe		
	☐ Großer Brachvogel		
	☐ Grünschenkel		
	☐ Heringsmöwe		
	☐ Hirtenregenpfeifer		
	☐ Kampfläufer		
	☐ Kaptriel		
	☐ Knutt		
	☐ Königsseeschwalbe		
	☐ Krokodilwächter		
	☐ Pfuhlschnepfe		
	☐ Raubseeschwalbe		
	☐ Regenbrachvogel		
	☐ Rotflügel-Brachschwalbe		
	☐ Rotschenkel		
	☐ Säbelschnäbler		
	☐ Sanderling		
	☐ Sandregenpfeifer		
	☐ Schwarzschopfkiebitz		
	☐ Seeregenpfeifer		
	☐ Senegalkiebitz		
	☐ Senegaltriel		
	☐ Sichelstrandläufer		
	☐ Spornkiebitz		
	☐ Steinwälzer		
	☐ Stelzenläufer		
	☐ Teichwasserläufer		
	☐ Temminckrennvogel		
	☐ Uferschnepfe		
	☐ Waldwasserläufer		

Vögel		wo	wann
Schreitvögel	☐ Weißbart-Seeschwalbe		
	☐ Weißflügel-Seeschwalbe		
	☐ Weißscheitelkiebitz		
	☐ Zwergseeschwalbe		
	☐ Abdimstorch		
	☐ Afrika-Wollhalsstorch		
	☐ Marabu		
	☐ Nimmersatt		
	☐ Sattelstorch		
	☐ Schwarzstorch		
	☐ Weißstorch		
Schwalmartige	☐ Fahnennachtschwalbe		
	☐ Marmornachtschwalbe		
	☐ Fahnennachtschwalbe		
Segler	☐ Baobabsegler		
	☐ Haussegler		
	☐ Kaffernsegler		
	☐ Palmensegler		
Spechtvögel	☐ Barthoniganzeiger		
	☐ Blutbrust-Bartvogel		
	☐ Braunrückenspecht		
	☐ Furchenschnabel-Bartvogel		
	☐ Gelbstirn-Bartvogel		
	☐ Goldbürzel-Bartvogel		
	☐ Graubrustspecht		
	☐ Kardinalspecht		
	☐ Nasenstreif-Honiganzeiger		
	☐ Pünktchenspecht		
	☐ Schwarzkehl-Honiganzeiger		
	☐ Termitenspecht		
	☐ Tropfenbrust-Honiganzeiger		
Sperlingvögel	☐ Afrikadrossel		
	☐ Afrikanischer Heckensänger		
	☐ Afrikanischer Schwalbe		
	☐ Afrikasilberschnabel		
	☐ Alektoweber		
	☐ Amethystglanzstar		
	☐ Auroraastrild		
	☐ Bachstelze		

Vögel		wo	wann
Sperlingvögel	☐ Bandamadine		
	☐ Baumpieper		
	☐ Berglaubsänger		
	☐ Blauhaubenschnäpper		
	☐ Blutschnabelweber		
	☐ Brachpieper		
	☐ Braunbauchsylvietta		
	☐ Braunbürzelammer		
	☐ Braunkehlchen		
	☐ Braunrücken-Goldsperling		
	☐ Braunrückenpieper		
	☐ Brillenwürger		
	☐ Brubruwürger		
	☐ Buntastrild		
	☐ Buschlerche		
	☐ Buschsteinsperling		
	☐ Dominikanerwitwe		
	☐ Dotterweber		
	☐ Elfennektarvogel		
	☐ Erzglanzstar		
	☐ Feuerweber		
	☐ Fitis		
	☐ Flammenweber		
	☐ Gambia-Schneeballwürger		
	☐ Gartengrasmücke		
	☐ Gartenrotschwanz		
	☐ Gelbbaucheremomela		
	☐ Gelbbrust-Feinsänger		
	☐ Gelbkehlbülbül		
	☐ Gelbkehlpieper		
	☐ Gelbschnabel-Madenhacker		
	☐ Gelbschnabelwürger		
	☐ Geradschwanzdrongo		
	☐ Goldbrustastrild		
	☐ Goldscheitelwürger		
	☐ Grauastrild		
	☐ Graubrust-Paradiesschnäpper		
	☐ Graubülbül		
	☐ Graukappen-Eremomela		
	☐ Graukehlammer		
	☐ Graukopfbleda		
	☐ Graukopfsperling		
	☐ Graukopfwürger		

Vögel		wo	wann
Sperlingvögel	☐ Grünbrust-Nektarvogel		
	☐ Grünbülbül		
	☐ Grünmantelsylvietta		
	☐ Grünschwanz-Glanzstar		
	☐ Grünschwanzwitwe		
	☐ Guineameise		
	☐ Haubenlerche		
	☐ Haussperling		
	☐ Heckensänger		
	☐ Isabellspötter		
	☐ Kastanienscheitelweber		
	☐ Kleinelsterchen		
	☐ Kupfernektarvogel		
	☐ Kurzflügelweber		
	☐ Langschwanz-Glanzstar		
	☐ Langschwanzwitwe		
	☐ Lappenschnäpper		
	☐ Lavendel-Schönbürzelastrild		
	☐ Meckerbogenflügel		
	☐ Mehlschwalbe		
	☐ Messingglanzstar		
	☐ Mosambikgirlitz		
	☐ Nachtigall		
	☐ Orangebäckchenastrild		
	☐ Orangebrustwürger		
	☐ Orpheusspötter		
	☐ Piapiac		
	☐ Pirolsänger		
	☐ Prachtglanzstar		
	☐ Pünktchenamarant		
	☐ Purpurglanzstar		
	☐ Rahmbrustprinie		
	☐ Rauchschwalbe		
	☐ Rotbauch-Glanzstar		
	☐ Rotbauch-Nektarvogel		
	☐ Rotbrust-Glanzköpfchen		
	☐ Rotbrust-Samenknacker		
	☐ Rotbrustschwalbe		
	☐ Rötelschwalbe-rufula		
	☐ Rotfußwitwe		
	☐ Rotgesicht-Zistensänger		
	☐ Rotkopfwürger		
	☐ Rotschulter-Raupenfresser		

Vögel		wo	wann
Sperlingvögel	☐ Rußheckensänger		
	☐ Rußschmätzer		
	☐ Scherenschwanzschwalbe		
	☐ Schildrabe		
	☐ Schilfrohrsänger		
	☐ Schmetterlingsastrild		
	☐ Schneescheitelrötel		
	☐ Schuppenkopfprinie		
	☐ Schuppenkopfweber		
	☐ Schwarzkopfweber		
	☐ Schwarzohrpirol		
	☐ Senegalamarant		
	☐ Senegalbrillenvogel		
	☐ Senegaldrongoschnäpper		
	☐ Senegalparadiesschnäpper		
	☐ Senegalschnäpper		
	☐ Senegalschwalbe		
	☐ Senegaltschagra		
	☐ Senegalwitwe		
	☐ Singschwalbe		
	☐ Sudandrossling		
	☐ Sumpfschnäpper		
	☐ Tahaweber		
	☐ Teichrohrsänger		
	☐ Textor		
	☐ Trauerdrongo		
	☐ Uferschwalbe		
	☐ Violettmantel-Nektarvogel		
	☐ Wachtelastrild		
	☐ Waldnektarvogel		
	☐ Weißaugendrossling		
	☐ Weißbart-Grasmücke		
	☐ Weißbrauen-Zistensänger		
	☐ Weißscheitelrötel		
	☐ Weißstirnlerche		
	☐ Weißstirnschmätzer		
	☐ Weißwangenlerche		
	☐ Wiesenschafstelze		
	☐ Wilsonwitwe		
	☐ Ziernektarvogel		
	☐ Zilpzalp		
	☐ Zistensänger		
	☐ Zwergweber		

Vögel		wo	wann
Struthioniformes	☐ Strauß		
Suliformes	☐ Afrika-Schlangenhalsvogel		
	☐ Kormoran		
	☐ Riedscharbe		
	☐		
Taubenvögel	☐ Brillentaube		
	☐ Erzflecktaube		
	☐ Guineataube		
	☐ Halbmondtaube		
	☐ Kaptäubchen		
	☐ Lachtaube		
	☐ Palmtaube		
	☐ Röteltaube		
	☐ Rotnasen-Grüntaube		
	☐ Stahlflecktaube		
	☐ Turteltaube		
	☐ Waaliataube		
Turakos	☐ Guineaturako		
	☐ Schildturako		
	☐ Schwarzschwanz-Lärmvogel		